JN415788

NUMERICAL METHODS WITH PYTHON FOR ENGINEERS AND SCIENTISTS

이공학도를 위한

수치해석

: Python으로 코딩하기 제2판

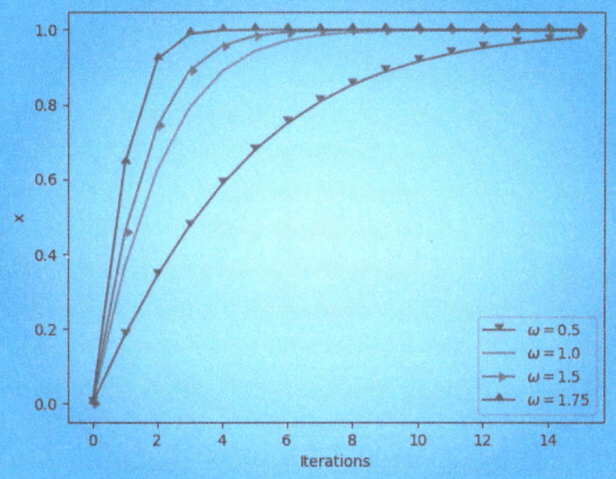

최덕기 지음

도서출판 학산미디어

머리말

이 책의 목적

수치해석을 일상과는 분리된 학문이라는 생각을 하며 입문하는 사람들의 생각과 달리 수치해석은 매우 현실적인 학문으로서 매일 매일의 생활뿐만 아니라 연구실에서의 소규모 계산으로부터 복잡한 산업 현장에서 적용될 수 있는 유용하고도 방대한 내용을 포함하고 있다. 또한, 수치해석은 고등 수학과 컴퓨터 프로그램을 사용하는 복잡한 학문의 한 분야라고 간주될 수도 있으나 실제로는 다양한 산업 및 과학 기술 분야에서 이미 널리 사용되고 있다. 수치해석은 사람들이 손으로 계산하기 어려운 문제들을 컴퓨터를 사용해서 결과를 얻고자 하는 모든 과정을 의미한다. 사람들이 생각하는 문제 해결의 방식은 동시적 (concurrent)이며 일관적 (coherent)인데 비해서 현재까지의 컴퓨터는 순차적인 과정 (sequential processes)을 통해서만 문제 해결을 할 수 있다. 물론, 병렬연산 (parallel processing)을 할 수 있는 고성능의 컴퓨터도 보편화 되었지만 그 역시 여러 개로 나누어진 작업에 대하여 순차적인 계산으로 결과를 얻는 방식은 동일하다.

여느 학문과 마찬가지로 수치해석에 입문하고자 할 때 반드시 넘어야 장벽들이 존재하는데 그중의 하나는 알고리즘 (algorithms)이고 다른 하나는 프로그래밍 (programming) 또는 코딩 (coding) 실력이다. 알고리즘은 문제를 푸는 방식을 컴퓨터가 수행할 수 있도록 만들어주는 것이 목적이며, 프로그래밍 또는 코딩은 프로그래밍 언어를 사용해서 알고리즘을 구현하는 과정을 말한다. 그러므로 연필과 종이로서만 해결하기 어려운 문제에 대한 답을 컴퓨터를 사용해서 구하기 위해서는 먼저 주어진 문제를 정확하게 정의하고 그 해법을 체계적 및 순차적으로 설명할 수 있어야 한다. 일반적으로 이러한 과정은 대학 수준의 수학으로 기술되어 있으며 이를 컴퓨터에서 순차적으로 실행될 수 있도록 변환시키는 작업이 알고리즘의 중요한 역할이다.

따라서 문제 해결에 대한 순차적인 방법인 알고리즘을 이해하는 것이 수치해석의 첫 번째 장벽을 넘는 것이 된다. 알고리즘은 수학과 순서도 (flow charts) 등에 의해서 설명되고 이해될 수 있다. 일단 알고리즘에 대한 이해가 완결되면 코딩을 통해서 컴퓨터에서 구현할 수 있게 되어 문제에 대한 수치해석적인 답을 기대할 수 있다. 물론 입문자에게 있어서는 수학뿐만 아니라 순차적 과정으로 구성되어 있는 알고리즘 자체를 이해하는 것이 어려울 수도 있다. 또한, 알고리즘에 대한 이해를 획득하였다고 해도 그 내용을 컴퓨터 언어로 구현해야 한다는 더 큰 어려움이 기다리고 있다. 즉, 생각하고 있는 아이디어를 컴퓨터 언어를 사용해서 구현한다는 것은 또 다른 문제이다.

본서를 집필하게 된 가장 중요한 목적은 수치해석 입문자들이 만나게 되는 이러한 두 가지 장벽을 넘어가는데 있어서 도움을 주고자 하는 것이다. 이 책에서는 알고리즘을 정의하고 설명하는데 있어서 수학적으로 현학적인 내용을 가능한 한 배제하고 실제로 코딩을 구현하는데 염두를 두고 진행하고자 하였다. 두 번째로는 알고리즘이 어떠한 방식으로 실제 프로그램으로 구현되는 지를 프로그래밍 언어의 가장 기본적인 기능들을 사용하여 알려주고자 하였다. 따라서 이러한 과정을 이해한다면 독자들은 수치해석에서 널리 사용되고 있는 알고리즘과 그에 대한 코딩 기술을 얻을 수 있을 것으로 기대할 수 있을 것이다. 또한, 본서에서 채택한 프로그래밍 언어는 최근 전 세계적으로 다양한 분야에서 각광을 받고 있는 Python을 사용하였으며 장점은 다음과 같다.

- C 언어 등과 달리 따로 컴파일 작업이 필요 없고, 대화형으로 사용하기에 적합하므로 아이디어를 직관적으로 구현하는데 적합하다.
- MS-Windows, OS X, 그리고 Linux에 이르기까지 다양한 컴퓨터 운영체계에서 사용이 가능하다.
- Open-source 라이선스에 의해서 무료로 배포된다.
- 다양한 분야에서 즉시 사용될 수 있는 다양한 라이브러리를 보유하고 있다.
- 전 세계를 망라하는 방대한 사용자 커뮤니티 및 자발적이며 열성적인 개발자 그룹을 보유하고 있다.

끝으로, 이 책을 가지고 학습한 독자들은 다음과 같은 목표를 성취할 수 있을 것으로 기대된다.

- 문제를 다루는 수치해석 이론에 대한 지식
- Python 언어를 사용하여 알고리즘을 코딩할 수 있는 능력
- 실제 문제에 대한 해법을 수치해석 적으로 해결할 수 있다는 자신감

이 책의 구성

이 책의 구성은 다음과 같다. 1장에서는 수치해석, 컴퓨터, Python 그리고 알고리즘에 대해서 간략하게 설명하고 있다. 2장에서는 수치해석이 추구하는 근삿값과 오차의 종류에 대하여 설명하고 있다. 3장부터 6장에서는 컴퓨터 언어인 Python의 설치와 문법에 대한 내용을 소개하고 있다. 특히 수치해석 분야에서 필요한 모든 종류의 라이브러리를 제공하는 Numpy와 Matplotlib에 대해서 예제와 함께 상세하게 설명하고 있다. 그러므로 처음으로 Python을 접하는 독자들도 본문 내용을 차분하게 따라간다면 이 책에서 다루고 있는 정도의 문제를 해석하는 데는 크게 불편함이 없을 것으로 본다. 7장부터 14장에서는 방정식의 근을 구하는 알고리즘을 다룬다. 근을 구하기 위한 몇 가지의 알고리즘을 중심으로 설명하며 실제 코딩을 통해서 근을 구하는 과정을 학습한다. 수치해석에서 가장 널리 사용되는 선형연립방정식에 대한 내용을 16장부터 23장에서는 방정식의 해를 구하기 위한 다양한 알고리즘이 소개된다. 또한, 데이터 처리와 정보 획득에대한 관심이 증가하고 있으므로 24장부터 30장에서는 데이터를 확인하고, 가공하여 필요한 정보를 추출하는 회귀법과 보간법 등의 다양한 내용을 설명하고 있다. 수치적분과 미분은 31장부터 34장에서는 수치적분의 내용을 설명하고 35장에서는 수치미분에 대한 개념을 다룬다. 끝으로 36장부터 43장에서는 상미분 방정식에 대한 여러가지 해법을 소개한다. 특별히 수치해석과 함께 Python에 입문하는 독자들을 위하여, 동일한 문제에 대하여 다른 알고리즘에서 얻은 내용을 본다는 것은 흥미롭고도 중요하다고 생각하기 때문에 15장과 44장에서는 모듈의 개념을 이용하여 복수의 알고리즘을 수행하여 결과를 비교하는 과정을 상세하게 설명하였다.

이 책의 특징

이 책은 수치해석의 기본 이론뿐만 아니라 대부분의 독자들에게 있어서 낯선 컴퓨터 언어인 Python을 사용하여 다양한 수치해석 알고리즘을 프로그램으로 구현하는데 도움을 줄 수 있는 내용으로 구성되어 있다. 시중에는 이미 수치해석에 대한 책과 Python에 대한 도서가 많이 나와 있으나 두 가지를 결합하여 최소한의 노력으로 작업을 수행시킬 수 있도록 하는 내용을 담고 있는 문헌은 찾아보기가 힘들다. 그러므로 본서에서는 수치해석 이론과 Python이라고 하는 두 가지 목표를 하나의 책으로부터 획득하는데 도움을 줄 수 있는 내용으로 구성하였다. 지나치게 현학적인 수치해석 이론 설명을 지양하였으며 그보다는 알고리즘을 쉽게 코딩에 적용할 수 있도록 상세하게 설명하였다. 또한, 컴퓨터 프로그래밍에 대한 독자들의 경험과 수준이 다양한 점을 감안하여 어느 수준에서든지 보다 쉽게 접근할 수 있도록 예제 프로그램을 작성하였다. 이 책은 매 장마다 다음과 같은 학습체계를 준수하여 쓰여졌다.

1. 수치해석 알고리즘에 대한 예제를 통한 설명
2. 알고리즘의 일반화
3. 알고리즘의 코딩 및 프로그램 수행
4. 결과에 대한 설명과 비교

또한 각 장마다 제공되고 있는 과제 문제들은 하나 하나 수행하여 모두 검증을 거친 문제들이며, 알고리즘의 비교를 원하는 경우를 고려하여 같은 주제에 대해서는 가능한 한 동일한 내용의 문제들을 배치하였다. 과제 문제를 해결하기 위하여 새로이 프로그램을 작성할 필요는 없으며 최소한의 수정만으로 실행이 가능하도록 세심하게 배려하였으므로 프로그래밍 입문자라도 큰 어려움은 없을 것으로 생각한다. 끝으로 이 책에서 사용된 모든 Python **프로그램은 https://github.com/rursvd/pynumerical2 에서 다운로드 받을 수 있다.**

감사의 글

책을 집필하느라 주말에도 연구실에서 밤늦게까지 시간을 보냈음에도 격려해준 사랑하는 가족들에게 고마움을 표하고 싶다. 그리고 학산미디어 관계자들에게 감사한다. 끝으로 독자들이 이 책을 읽고 수치해석과 Python 프로그래밍에 대해 관심과 자신감이 생겼다면 저자로서 더 기쁜 일은 없을 것이다.

2019년
죽전 연구실에서 최 덕 기

차례

- 이 책의 목적 ······ 3
- 이 책의 구성 ······ 5
- 이 책의 특징 ······ 6
- 감사의 글 ······ 7

1편 수치해석 (Numerical Methods)

1장 수치해석이란? ······ 20

1.1 수치해석과 컴퓨터 / 20
1.2 수치해석의 응용과 전망 / 21
1.3 왜 Python인가? / 22
1.4 다른 언어와 Python 과의 비교 / 23
1.5 알고리즘 (Algorithms) / 25
1.6 알고리즘의 내용과 설계 / 27

2장 수치해석과 오차 ······ 29

2.1 수치해석과 근삿값 / 29
2.2 모델링 오차 (modeling errors) / 30
2.3 반올림 오차 (round-off errors) / 30
2.4 절단 오차 (truncation erros) / 32
2.5 오차에 대한 수학적 해설 / 33
2.6 오차 계산 / 34
2.7 요약 / 37
2.8 과제 / 37

2편 Python

3장 설치하기 ······ 42

3.1 Python은? / 42
3.2 윈도우용 Python 설치하기 / 42

4장 Python 문법 ······ 46

4.1 Python 문법 / 46
4.2 리스트(lists) / 47
4.3 프로그램 작성시 유의점 / 49
4.4 연산기호 / 49
4.5 조건 (if/else) / 50
4.6 반복 (for/range) / 52
4.7 함수 (functions) / 55
4.8 과제 / 57

5장 Numpy 58

5.1 Numpy / 58
5.2 벡터와 행렬 / 60
5.3 arange/linspace 함수 / 62
5.4 ones/zeros 함수 / 64
5.5 행렬의 덧셈과 뺄셈 / 64
5.6 행렬과 상수의 곱셈과 나눗셈 / 65
5.7 내적과 행렬곱 / 66
5.8 조회와 추출 (indexing and slicing) / 69
5.9 벡터화 기법 / 73
5.10 요약 / 75
5.11 과제 / 75

6장 Matplotlib 77

6.1 함수를 그리는 법 / 77
6.2 데이터를 사용하여 그리기 / 80
6.3 요약 / 81
6.4 과제 / 81

3편 방정식의 근 구하기

7장 방정식의 근 구하기 84

7.1 근의 존재구간 / 84
7.2 중간값 정리 / 85
7.3 평균값 정리 / 86
7.4 근의 존재 여부 / 87
7.5 요약 / 90
7.6 과제 / 91

8장 이분법 (Bisection methods) 92

8.1 이분법: 해설 / 92
8.2 이분법: 코딩 / 93
8.3 요약 / 96
8.4 과제 / 96

9장 고정점 방법 (Fixed point methods) 98

9.1 고정점 방법: 해설 / 98
9.2 고정점 방법: 코딩 / 100
9.3 요약 / 102
9.4 과제 / 102

10장 Newton-Raphson 방법 103

10.1 Newton-Raphson 방법:해설 / 103
10.2 Newton-Raphson 방법: 코딩 / 105
10.3 요약 / 107
10.4 과제 / 108

11장 완화법 (Relaxation Methods) 109

11.1 완화법: 해설 / 109
11.2 완화법: 코딩 / 112
11.3 요약 / 114
11.4 과제 / 114

12장 비선형 연립방정식 ······ 116

12.1 비선형 연립방정식: 해설 / *116*
12.2 비선형 연립방정식: 코딩 / *119*
12.3 요약 / *121*
12.4 과제 / *121*

13장 할선법 (Secant methods) ······ 123

13.1 할선법: 해설 / *123*
13.2 할선법: 코딩 / *125*
13.3 요약 / *127*
13.4 과제 / *127*

14장 근 구하기 알고리즘의 비교 ······ 128

14.1 알고리즘의 문제 / *128*
14.2 알고리즘의 비교 / *129*
14.3 요약 / *132*

15장 모듈화 프로그래밍의 응용 I ······ 133

15.1 모듈화 프로그래밍 / *133*
15.2 모듈화 프로그래밍의 응용 : 코딩 / *133*

4편 선형연립방정식

16장 선형연립방정식 ······ 142

16.1 선형연립방정식: 개요 / *142*
16.2 선형연립방정식의 해법의 종류 / *144*

17장 Cramer 방법 ······ 145

17.1 Cramer 방법: 해설 / *145*
17.2 Cramer 방법: 코딩 / *147*
17.3 요약 / *149*
17.4 과제 / *149*

18장 Gauss 소거법 (Gaussian Elimination) ······ 152

18.1 Gauss 소거법: 개요 / *152*
18.2 Gauss 소거법: 해설 / *153*
18.3 Gauss 소거법: 일반화 / *155*
18.4 Gauss 소거법: 코딩 / *158*
18.5 Gauss 소거법: 피보팅 문제 / *161*
18.6 요약 / *162*
18.7 과제 / *162*

19장 LU 분해법 (LU Decomposition) ······ 165

19.1 LU 분해법: 해설 / *165*
19.2 분해법: 선형연립방정식의 해법 / *167*
19.3 Cholesky 분해법: 해설 / *170*
19.4 Cholesky 분해법: 코딩 / *174*
19.5 요약 / *175*
19.6 과제 / *176*

20장 Jacobi 방법 ···· 178
20.1 Jacobi 방법: 해설 / *178*
20.2 Jacobi 방법: 알고리즘 / *180*
20.3 Jacobi 방법: 코딩 / *183*
20.4 요약 / *186*
20.5 과제 / *186*

21장 Gauss-Seidel 방법 ···· 189
21.1 Gauss-Seidel 방법: 해설 / *189*
21.2 Gauss-Seidel 방법: 일반화 / *191*
21.3 Gauss-Seidel 방법: 코딩 / *192*
21.4 요약 / *195*
21.5 과제 / *195*

22장 반복법에 대한 비교와 분석 ···· 198
22.1 반복법 알고리즘의 특성 / *198*
22.2 근사해의 수렴특성 / *198*
22.3 피보팅 (pivoting)의 영향 / *200*
22.4 요약 / *202*

23장 SOR 방법 ···· 203
23.1 SOR 방법: 해설 / *203*
23.2 SOR 방법: 코딩 / *205*
23.3 요약 / *209*
23.4 과제 / *209*

5편 데이터와 수치해석

24장 데이터와 수치해석 ···· 214
24.1 데이터와 수치해석의 필요성 / *214*
24.2 데이터의 분류 / *214*
24.3 데이터의 기본정보 / *217*
24.4 데이터 기본정보: 코딩 / *219*
24.5 데이터의 가시화 / *220*
24.6 요약 / *224*
24.7 과제 / *225*

25장 회귀법 ···· 226
25.1 회귀법과 보간법 / *226*
25.2 회귀법 / *226*
25.3 최소자승법: 해설 / *227*
25.4 최소자승법: 일반화 / *231*
25.5 최소자승법: 코딩 / *232*
25.6 요약 / *233*
25.7 과제 / *234*

26장 다항식 회귀법 ···· 235
26.1 다항식 회귀법: 해설 / *235*
26.2 다항식 회귀법: 코딩 / *237*
26.3 요약 / *240*
26.4 과제 / *240*

27장 비선형 회귀법 241
27.1 비선형 회귀법: 해설 / 241
27.2 비선형 회귀법: 코딩 / 243
27.3 요약 / 246
27.4 과제 / 247

6편 보간법 (Interpolation)

28장 선형보간법 (linear interpolation) 250
28.1 보간법의 목적 / 250
28.2 선형보간법: 해설 / 251
28.3 선형보간법: 데이터 / 252
28.4 선형보간법: 함수 / 255
28.5 요약 / 257
28.6 과제 / 257

29장 다항식 보간법 (polynomial interpolation) 259
29.1 Newton 다항식 보간법: 해설 / 259
29.2 Newton의 다항식 보간법: 데이터 / 261
29.3 Newton 다항식 보간법: 코딩 / 264
29.4 Newton의 다항식 보간법: 함수 / 266
29.5 요약 / 268
29.6 과제 / 268

30장 Lagrange 보간법 270
30.1 Lagrange 보간법: 해설 / 270
30.2 Lagrange 보간법: 예제 / 272
30.3 요약 / 273

7편 적분과 미분 (Calculus)

31장 사다리꼴 적분공식 276
31.1 수치적분 / 276
31.2 사다리꼴 적분공식: 해설 / 277
31.3 조합 사다리꼴 적분공식: 해설 / 279
31.4 조합 사다리꼴 적분공식: 코딩 / 282
31.5 조합 사다리꼴 적분공식: 오차 / 283
31.6 요약 / 284
31.7 과제 / 285

32장 Simpson 적분공식 287
32.1 Simpson 적분공식: 해설 / 287
32.2 조합 Simpson 적분공식: 해설 / 289
32.3 조합 Simpson 적분공식: 코딩 / 290
32.4 조합 Simpson 적분공식: 오차 / 291
32.5 요약 / 292
32.6 과제 / 293

33장 데이터에 대한 수치적분 295
33.1 데이터와 수치적분 / 295
33.2 데이터에 대한 사다리꼴 수치적분: 코딩 / 295
33.3 데이터에 대한 Simpson 수치적분: 코딩 / 297
33.4 등 간격이 아닌 데이터에 대한 수치적분: 코딩 / 298
33.5 요약 / 300
33.6 과제 / 301

34장 Gauss 적분법 303
34.1 Gauss 적분법: 해설 / 303
34.2 Gauss 적분: 코딩 / 306
34.3 요약 / 307
34.4 과제 / 308

35장 수치미분 (numerical differentiation) 310
35.1 수치미분: 해설 / 310
35.2 수치미분: 함수에 대한 1차 미분 / 312
35.3 수치미분: 함수에 대한 2차 미분 / 314
35.4 수치미분: 코딩 / 314
35.5 수치미분: 데이터에 대한 미분 / 316
35.6 요약 / 317
35.7 과제 / 318

8편 상미분 방정식 (Ordinary Differential Equations)

36장 Euler 방법 322
36.1 상미분방정식 / 322
36.2 초기값 문제 / 323
36.3 Euler 방법: 해설 / 323
36.4 Euler 방법: 코딩 / 325
36.5 Euler 방법에서의 오차 / 327
36.6 요약 / 330
36.7 과제 / 330

37장 Runge-Kutta 방법 332
37.1 Runge-Kutta 방법: 해설 / 332
37.2 2차 Runge-Kutta 방법: 해설 / 333
37.3 2차 Runge-Kutta 방법: 코딩 / 335
37.4 2차 Runge-Kutta 방법: 오차의 감소 / 337
37.5 요약 / 338
37.6 과제 / 338

38장 4차 Runge-Kutta 방법 340
38.1 4차 Runge-Kutta 방법: 해설 / 340
38.2 4차 Runge-Kutta 방법: 예제 / 341
38.3 4차 Runge-Kutta 방법: 코딩 / 343
38.4 4차 Runge-Kutta 방법: 오차 / 344
38.5 요약 / 345
38.6 과제 / 346

39장 예측자-수정자 방법 347
39.1 예측자와 수정자 / 347
39.2 Heun 방법: 해설 / 347
39.3 Heun 방법: 코딩 / 349
39.4 Heun 방법: 오차 / 351
39.5 요약 / 352
39.6 과제 / 352

40장 Adams-Bashforth 방법 354
40.1 다단계 방법 (multi-step methods) / 354
40.2 Adams-Bashforth 방법: 해설 / 355
40.3 Adams-Bashforth 방법: 코딩 / 358
40.4 Adams-Bashforth 방법: 오차 / 360
40.5 요약 / 361
40.6 과제 / 361

41장 Adams-Bashforth-Moulton 방법 363
41.1 Adams-Bashforth-Moulton 방법: 해설 / 363
41.2 2단계 Adams-Bashforth-Moulton 방법 : 코딩 / 365
41.3 4단계 Adams-Bashforth-Moulton 방법: 해설 및 코딩 / 366
41.4 Adams-Bashforth-Moulton 방법: 오차 / 369
41.5 요약 / 370
41.6 과제 / 371

42장 연립미분방정식 373
42.1 연립미분방정식: 해설 / 373
42.2 연립미분방정식: Euler 방법 코딩 / 375
42.3 연립미분방정식: RK4 방법 해설 / 376
42.4 연립미분방정식: RK4 방법 코딩 / 378
42.5 연립미분방정식: 오차 / 379
42.6 요약 / 381
42.7 과제 / 381

43장 고차미분방정식 (Higher-order Differential Equations) 382
43.1 고차미분방정식과 Euler 방법: 해설 / 382
43.2 고차미분방정식과 Euler 방법: 코딩 / 384
43.3 고차미분방정식과 4차 Runge-Kutta 방법: 해설 / 386
43.4 고차미분방정식과 RK4 방법: 코딩 / 389
43.5 요약 / 391
43.6 과제 / 391

44장 모듈화 프로그래밍의 응용 II 393
44.1 모듈화 프로그래밍 / 393
44.2 모듈화 프로그래밍의 응용 II : 코딩 / 393

Appendices

- 과제 해답 ········· 400
- 참고문헌 ········· 449
- 찾아보기 ········· 450

그림 차례

그림 1.1 Neumann 컴퓨터 구조에 대한 개략도 ········· 21
그림 1.2 계산기 ········· 25
그림 1.3 3^2을 공학용 계산기에서 구현하기 위한 첫 번째 알고리즘 ········· 26
그림 1.4 3^2을 공학용 계산기에서 구현하기 위한 두 번째 알고리즘 ········· 26
그림 2.1 $e^{0.7}$에 대한 Taylor 급수의 항별 추가에 의한 함숫값 변화와 오차 ········· 32
그림 2.2 근사해 x와 오차 ϵ 의 수렴도 ········· 37
그림 3.1 Anaconda 사이트의 다운로드 화면 ········· 43
그림 3.2 Anaconda 사이트의 윈도우용 설치기 ········· 44
그림 3.3 Jupyter notebook 을 실행시킨 화면 ········· 45
그림 3.4 새로운 노트북을 만들기 위한 메뉴 선택과정 ········· 45
그림 3.5 새로운 노트북이 만들어진 화면 ········· 45
그림 3.6 새로운 노트북에서 코딩을 시작하는 화면 ········· 45
그림 3.7 새로운 노트북에서 Python 으로 연산을 수행한 화면 ········· 45
그림 6.1 Matplotlib로 그린 $y=1/\sqrt{x^2+1}$ ········· 78
그림 6.2 $y=1/\sqrt{x^2+1}$ 와 $y=1/\sqrt{3x^2+1}$의 그림 ········· 79
그림 6.3 데이터를 그림으로 나타낸 결과 ········· 81
그림 7.1 구간에서 함숫값의 부호가 모두 양인 경우 ········· 87
그림 7.2 구간에서 함숫값의 부호가 모두 음인 경우 ········· 88
그림 7.3 구간에서 함숫값의 부호가 다른 경우의 근의 존재 ········· 89
그림 9.1 고정점 방법에 의한 근삿값의 수렴도 ········· 101
그림 10.1 $f(x)=-x^2+6x-5$ 에 대한 Newton-Raphson 방법에서 근의 수렴과 오차 ········· 107
그림 11.1 다양한 완화계수 ω 값을 사용한 $f(x)=1-xe^{(1-x)}$ 에 대한 Newton-Raphson 방법에 의한 결과 비교 ········· 113
그림 13.1 $f(x)=-x^2+6x-5$ 에 대한 할선법의 기하학적 설명 ········· 125
그림 14.1 $f(x)=x^5-1$ 의 그래프 ········· 129

그림 14.2 구간 $-2 \le x \le 3$ 에서 $f(x)=x^5-1=0$ 에 대한 근을 구하기 위한 이분법의 적용 결과 130
그림 14.3 초기값 $x^{(0)}=3.0$ 으로 수행한 고정법의 $f(x)=x^5-1$ 에 대한 근 구하기 결과 130
그림 14.4 초기값 $x^{(0)}=3.0$ 으로 수행한 Newton-Raphson 방법의 $f(x)=x^5-1$ 에 대한 근 구하기 과정 131
그림 15.1 방정식 $x^x+2x-6=0$ 에 대한 이분법과 할선법의 해석결과 비교 140
그림 20.1 Jacobi 방법으로 구한 근사값 x_1, x_2, x_3 의 수렴 특성 185
그림 20.2 Jacobi 방법으로 구한 근삿값에 대한 오차 $\epsilon_1, \epsilon_2, \epsilon_3$ 의 감소특성 186
그림 21.1 Gauss-Seidel 방법으로 구한 근삿값 x_1, x_2, x_3 의 수렴 특성 194
그림 21.2 Gauss-Seidel 방법으로 구한 근삿값에 대한 오차 $\epsilon_1, \epsilon_2, \epsilon_3$ 의 감소특성 195
그림 22.1 Jacobi 방법과 Gauss-Seidel 방법으로 구한 근사값 x_1, x_2, x_3 의 수렴 특성 199
그림 22.2 Gauss-Seidel 방법으로 구한 근사값에 대한 오차 $\epsilon_1, \epsilon_2, \epsilon_3$ 의 감소특성 199
그림 23.1 SOR 방법으로 구한 근사값 x_1, x_2, x_3 의 수렴특성 $(\omega=1.5)$ 207
그림 23.2 SOR 방법으로 구한 근삿값 x_1, x_2, x_3 의 수렴 특성 $(\omega=1.5)$ 208
그림 23.3 SOR 방법으로 구한 근사값 x_1, x_2, x_3 의 수렴 특성 $(\omega=1.0)$ 208
그림 23.4 SOR 방법으로 구한 근사값 x_1, x_2, x_3 의 수렴 특성 $(\omega=1.25)$ 208
그림 23.4 SOR 방법으로 구한 근사값 x_1, x_2, x_3 의 수렴 특성 $(\omega=1.75)$ 209
그림 24.1 신그림 (line plot) 221
그림 24.2 히스토그램 (histogram) 223
그림 24.3 산점도 (scatter plot) 224
그림 25.1 다양한 데이터의 관계와 성향 227
그림 25.2 관측된 데이터(원으로 표시됨)의 경향을 모사하기 위한 3개의 회귀직선 228
그림 25.3 관측된 데이터와 최소 자승법으로 구한 직선 $f(x)=\frac{1}{2}x+\frac{3}{2}$ 의 비교 230
그림 26.1 데이터와 2차 다항식 회귀곡선과의 비교 236
그림 26.2 데이터와 2차 다항식 회귀곡선과의 비교 239
그림 27.1 데이터와 비선형 회귀곡선과의 비교 245
그림 28.1 선형보간법의 적용 253
그림 28.3 함수에 대한 선형보간법의 적용$(h=0.5)$ 256
그림 29.1 데이터에 대한 Newton 2차 보간함수와 선형보간 함수를 사용한 결과의 비교 261
그림 29.2 데이터에 대한 Newton 2차 보간 함수를 사용한 결과 264
그림 29.3 복잡한 함수에 대하여 Newton 2차 다항식 보간법을 적용한 결과 268
그림 30.1 2차 Lagrange 다항식 $L_{0(x)}$, $L_{1(x)}$, $L_{2(x)}$ 272
그림 30.2 2차 Lagrange 보간다항식과 데이터 273
그림 31.1 적분대상 함수 $f(x)$ 와 사다리꼴 적분공식 $(n=1)$에 의해 표시된

적분영역 277
그림 31.2 적분대상 함수 $f(x)$ 와 사다리꼴 적분공식 $(n=2)$에 의해 표시된 적분영역 279
그림 31.3 적분대상 함수 $f(x)$ 와 사다리꼴 적분공식 $n=1$에 의해 표시된 280
그림 31.4 적분대상 함수 $f(x)$ 와 사다리꼴 적분공식 $n=2$에 의해 표시된 적분 영역 280
그림 31.5 적분대상 함수 $f(x)$ 와 사다리꼴 적분공식 $n=4$에 의해 표시된 적분 영역 281
그림 32.1 식 (32.5)에 적용한 사다리꼴 적분 공식과 Simpson 공식의 적분 결과 오차 비교 292
그림 36.1 $y'=t-y$ 에 대한 Euler 방법에서의 근사해와 엄밀해의 비교 327
그림 36.2 $y'=t-1$ 에 대한 2개의 다른 간격을 사용한 Euler 방법에서의 근사해 비교 329
그림 37.1 $y'=t-y$ 에 대한 2차 Runge–Kutta 방법, Euler 방법, 엄밀해의 비교 337
그림 38.1 $y'=t-y$ 에 대한 4차 및 2차 Runge–Kutta 방법, Euler 방법과 엄밀해의 비교 345
그림 39.1 $y'=t-y$ 에 대한 Heun 방법, Euler 방법과 엄밀해의 비교 352
그림 40.1 $y'=t-y$ 에 대한 Adams–Bashforth 2단계 방법, Euler 방법과 엄밀해의 비교 360
그림 41.1 $y'=t-y$ 에 대한 4단계 Adams–Bashforth–Moulton 방법, 4차 Runge–Kutta 방법, Euler 방법과 엄밀해의 비교 370
그림 42.1 연립미분방정식에 대한 Euler 방법의 근사해와 엄밀해의 비교 380
그림 42.2 연립미분방정식에 대한 4차 Runge–Kutta 방법의 근사해와 엄밀해의 비교 380
그림 43.1 고차미분방정식에 대한 Euler 방법, 4차 Runge–Kutta 방법과 엄밀해의 비교 391
그림 44.1 RK2 방법, Heun 방법과 해석적 방법에 의한 미분방정식 근에 대한 결과 비교 398

표 차례

표 2.1 부동소수점 (floating point) 표기와 IEEE에 의한 비트 할당 규정 31
표 2.2 $e^{0.7}$에 대한 Tayor 급수의 항의 개수에 따른 근삿값의 비교 32
표 2.3 수치해석에서 얻은 근사해 x 의 결과 36
표 2.4 반복과정에서의 근사해의 오차와 수렴 36
표 8.1 $f(x)=-x^2+6x-5$ 에 대한 이분법 해석의 결과와 오차 95

표 9.1 $f(x)=-x^2+6x-5=0$ 에 대한 고정점 해석의 결과와 오차 102
표 10.1 Newton-Raphson 방법에 의한 결과와 오차 107
표 11.1 다양한 완화계수 ω 값을 사용한 $f(x)=1-xe^{(1-x)}$ 에 대한 Newton-Raphson 방법에 의한 결과 114
표 13.1 방정식 $f(x)=-x^2+6x-5$ 에 대한 할선법의 결과와 오차 126
표 20.1 Jacobi 방법과 선형연립방정식 (20.1) 에 대한 근삿값 x_1, x_2 의 수렴 180
표 21.1 Gauss-Seidel 방법과 선형연립방정식 (21.1)에 대한 근사값 x_1, x_2 의 수렴 190
표 22.1 Jacobi 방법으로 수행한 식 (22.2)의 근사해 x_1, x_2, x_3 의 발산 201
표 22.2 Gauss-Seidel 방법으로 수행한 식 (22.2)의 근사해 x_1, x_2, x_3 의 발산 201
표 25.1 데이터와 최소자승법으로 구한 회귀직선 $f(x)=\frac{1}{2}x+\frac{3}{2}$ 과의 오차 230
표 32.1 식 (32.5)의 예제를 대상으로 한 Simpson 적분공식으로 얻은 결과(T)와 적분구간의 수(n)의 관계 292
표 34.1 Gauss 적분을 위한 적분점과 가중치($n=2,3,4$) 305
표 34.2 적분 (34.9)에 대하여 2,3,4점 Gauss 적분공식의 수행결과 307
표 36.1 $y'=t-y$ 에서의 Euler 방법(h=0.2)의 오차 328
표 37.1 2차 Runge-Kutta 방법에 의한 $y'=t-y$ 의 해 335
표 37.2 $y'=t-y$ 에서의 2차 Runge-Kutta 방법과 Euler 방법의 오차(%) 비교 337
표 38.1 4차 Runge-Kutta 방법에 의한 $y'=t-y$ 의 근사해 343
표 38.2 $y'=t-y$ 에서의 4차 및 2차 Runge-Kutta 방법과 Euler 방법의 오차(%) 비교 345
표 39.1 Heun 방법에 의한 $y'=t-y$ 의 근사해 349
표 39.2 $y'=t-y$ 에서의 Heun 방법, 2차 Runge-Kutta 방법과 Euler 방법의 오차(%) 비교 351
표 40.1 $y'=t-y$ 에서의 Adams-Bashforth 2단계 방법과 Euler 방법의 오차(%) 비교 360
표 41.1 미분방정식 $y'=t-y$ 에 대한 4단계 Adams-Bashforth-Moulton 방법 4차 Runge-Kutta 방법 그리고 Euler 방법에서의 오차 비교 370
표 42.1 Euler 방법에 의한 연립미분방정식의 근사해 374
표 42.2 연립미분방정식 식(42.3)에서 4차 Runge-Kutta 방법으로 계산한 K 와 M 377

제 I 편

수치해석

(Numerical Methods)

1장

수치해석이란?

1.1 수치해석과 컴퓨터

수치해석적인 방법의 개발은 컴퓨터의 발전과 함께 진행되었지만 실상은 컴퓨터가 오늘날처럼 보편화되기 훨씬 이전에 이미 시작되었다고 볼 수 있다. 예를 들어, 알고리즘은 현대식 컴퓨터가 태어나기도 전부터 많은 학자들의 관심대상이 되어있었음을 여러 문헌에서 확인할 수 있다. 그러므로 추상적이며 수학적인 영역에 머물러 있던 수치해석이라는 방법론의 실현은 실제로 작동하는 컴퓨터의 등장과 함께 서서히 구체화되기 시작했다. 현대식 컴퓨터의 원시모델 (prototype)이라고 할 수 있는 Babbage의 기계식 컴퓨터 (Charles Babbage, 1791 – 1871)의 등장은 비록 당시의 기술적인 한계로 인해서 의도된 것처럼 완벽하게 작동하지는 않았지만, 보다 뛰어난 컴퓨터에 대한 실현 가능성을 확인시켜주는 데는 충분하였다. 현대적인 컴퓨터의 구조 (architecture)가 확정된 것은 Neumann (John von Neumann, 1903 – 1957) 등에 의해서 제안된 von Neumann architecture에 의한 결과였다. Neumann은 1945년에 "*First Draft of a Report on the EDVAC*"[1]이라는 논문에서 다음과 같이 전자식 컴퓨터의 구조에 대하여 규정하였다.

연산장치 (processing unit) 대수연산과 논리구조를 구현하는 장치
제어장치 (control unit) 명령과 프로그램 계수를 구현하는 장치
기억장치 (memory unit) 자료와 명령을 저장하는 장치

1) https://en.wikipedia.org/wiki/Von_Neumann_architecture

저장장치 (mass storage) 자료 저장을 위한 외부장치

입출력 장치 (input−output unit) 입력과 출력을 위한 장치

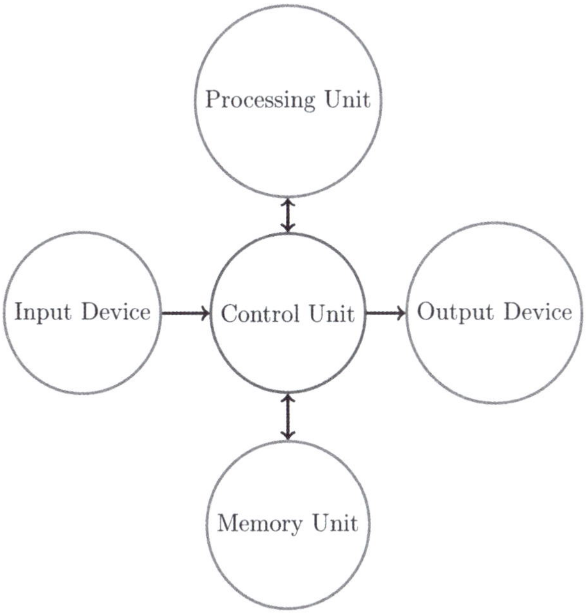

그림 1.1 Neumann 컴퓨터 구조에 대한 개략도

현재 우리가 사용하고 있는 컴퓨터 구조는 그림 1.1에서 보는 것과 같은 Neumann 구조를 따르고 있으므로 컴퓨터를 사용해서 작업을 수행하고자 하는 경우는 이러한 원리를 감안하여 알고리즘을 작성하고 그에 따라 필요한 작업들이 구현되어야만 한다. 최근에는 기존 컴퓨터 구조를 넘어서는 양자 컴퓨팅 (quantum computing)에 대한 관심이 높아지고 있지만 현실화 되기 위해서는 아직도 많은 연구가 진행되어야 할 것으로 본다.

1.2 수치해석의 응용과 전망

수치해석에서 다루는 내용으로는 이공계 뿐만 아니라 사회 분야에서의 복잡한 문제

들을 총체적으로 망라하고 있다. 고전적인 내용으로는 방정식의 근을 구하는 것으로부터 시작해서 복잡한 선형 및 비선형 대수 방정식과 데이터 처리 그리고 미분방정식의 해를 구하는 데까지 방대한 영역을 포함하고 있다. 또한 컴퓨터의 발전에 따라서 수치해석이 감당하게 될 영역은 더욱 더 늘어나게 될 것이다. 최근 각광을 받고 있는 인공지능 (artificial intelligence) 및 기계학습 (machine learning) 분야는 수치해석에 있어서 새로운 개척 영역이다. 새로운 산업의 탄생은 수치해석으로 하여금 고전적인 분야에만 머물러 있지 않고 방대한 양의 데이터를 효율적으로 다룰 수 있는 알고리즘을 개발할 것을 요구하고 있다. 예를 들어, 빅 데이터로 불리는 새로운 산업의 경향은 하드웨어는 물론 소프트웨어에도 큰 도전과 기회가 되고 있으며 다양한 분야의 산업에서의 요구에 따라 수치해석에 대한 수요도 더욱 늘어날 것으로 예측된다.

1.3 왜 Python인가?

최근 과학기술 분야에서, 특별히 수치해석에 있어서 Python을 사용하는 빈도와 사용자가 급격하게 증가하는 이유는 다양하다. 최근까지 고전적인 프로그래밍 언어인 FORTRAN이나 C 언어 등을 통해서 과학기술 분야에서의 알고리즘이 컴퓨터에서 구현되어왔다. 한편, 수치해석 분야에 사용될 수 있는 다양한 라이브러리를 제공하여 편이성과 접근성을 획기적으로 개선한 MATLAB은 최근까지 가장 널리 사용되고 있는 상용 소프트웨어 중의 하나이다.

Python의 장점 중의 하나는 강력한 생태계가 갖추어져 있다는 점이다. 생태계라는 것은 학습, 개발, 적용, 개선 등의 순환 사이클이 잘 구성되어 있다는 것을 의미한다. 즉, Python을 학습하게 되면 다양한 학제와 산업계에서 사용되고 있는 최신의 알고리즘과 기술들에 대한 이해력을 증진시킬 수 있다. 또한 Python은 기본적인 수치해석 기법뿐만 아니라 많은 응용 분야에 손쉽게 접근하여 응용할 수 있는 강력한 라이브러리를 제공하고 있다. 신호처리, 통계, 미분방정식, 인공지능, 머신러닝 등에 대한 각종 라이브러리가 존재하며 지속적으로 갱신되고 보완되고 있다. 더군다나 Python은 오픈소스 전략을 취하고 있으므로 무료로 배포되고 있다는 점도 매력적이다. 실제로 선진국의 다양한 연구소와 회사에서는 Python을 주요 개발 언어로 채택하고 있으며, 과학기술 분야 뿐 아니라 경제, 사회, 금융 분야에서도 Python에 능통한 개발자들을 적극적으로 채용하고 있다. 그러므로 Python을 학습하게 되면 다양한 분야에서 곧 바로 적용될 수 있는 프로그래밍 언어가 가질 수 있는 장점을 보유할 수 있다.

1.4 다른 언어와 Python 과의 비교

다음에 주어진 두 개의 프로그램은 다양한 프로그래밍 언어를 같은 주제에 대하여 코딩한 후에 비교하는 사이트[2)]에서 발췌한 것이며 여기서는 C 언어와 Python을 사용하여 미분방정식을 구하는 알고리즘 중의 하나인 4차 Runge-Kutta 방법에 대하여 두 언어로 작성한 결과를 비교한 것이다. 첫 번째 프로그램에서는 C 언어로 표현되었고, 두 번째에서는 Python으로 기술된 것이다. 대체적으로 볼 때 Python으로 된 프로그램이 보다 간결하게 제시된 것을 볼 수 있다. 단, 두 프로그램은 공히 전문가급의 기법으로 코딩된 것으로 최대한의 효율성과 간결성을 추구하여 제작되었으므로 일반적인 코딩기법과 다를 수가 있음을 유의해야 한다.

```
/* C 언어 */
#include <stdio.h>
#include <stdlib.h>
#include <math.h>

double rk4(double(*f)(double, double), double dx, double x, double y)
{
double k1 = dx * f(x, y),
k2 = dx * f(x + dx / 2, y + k1 / 2),
k3 = dx * f(x + dx / 2, y + k2 / 2),
k4 = dx * f(x + dx, y + k3);
```

2) Side-by-side code snippets from Rosetta Code https://rosetta.alhur.es/

```
return y + (k1 + 2 * k2 + 2 * k3 + k4) / 6;
}

double rate(double x, double y)
{
return x * sqrt(y);
}

int main(void)
{
double *y, x, y2;
double x0 = 0, x1 = 10, dx = .1;
int i, n = 1 + (x1 - x0)/dx;
y = (double *)malloc(sizeof(double) * n);

for (y[0] = 1, i = 1; i < n; i++)
y[i] = rk4(rate, dx, x0 + dx * (i - 1), y[i-1]);

printf("x₩ty₩trel. err.₩n------------₩n");
for (i = 0; i < n; i += 10) {
x = x0 + dx * i;
y2 = pow(x * x / 4 + 1, 2);
printf("%g₩t%g₩t%g₩n", x, y[i], y[i]/y2 - 1);
}

return 0;
}

/* Python */
def RK4(f):
    return lambda t, y, dt: (
            lambda dy1: (
            lambda dy2: (
            lambda dy3: (
            lambda dy4: (dy1 + 2*dy2 + 2*dy3 + dy4)/6
            )( dt * f( t + dt  , y + dy3   ) )
```

```
    )( dt * f( t + dt/2, y + dy2/2 ) )
    )( dt * f( t + dt/2, y + dy1/2 ) )
    )( dt * f( t         , y           ) )

def theory(t): return (t**2 + 4)**2 /16

from math import sqrt
dy = RK4(lambda t, y: t*sqrt(y))

t, y, dt = 0., 1., .1
while t <= 10:
    if abs(round(t) - t) < 1e-5:
print("y(%2.1f)\t= %4.6f \t error: %4.6g" %
( t, y, abs(y - theory(t)))) t, y = t + dt, y + dy( t, y, dt )
```

1.5 알고리즘 (Algorithms)

그림 1.2 계산기

알고리즘은 컴퓨터가 문제를 풀 수 있도록 순서와 작업을 지정해 주는 체계적인 과정이다. 실제로는 일상에서 행하는 사소한 일에서도 수치해석에서의 알고리즘이 구현되고 있다고 볼 수 있다. 예를 들어, 3^2을 계산하는 알고리즘을 고안해서 그림 1.2에서 보는 것과 같은 계산기에서 구현하고자 한다고 생각해보자. 이때 계산하는 과정을 어떠한 순서로 놓는 가에 따라 다른 알고리즘이 되며 효율성에서도 차이가 날 것으로 예상할 수 있다. 이 문제를 해결하기 위해서 서로 다른 두 가지의 알고리즘을 고려해 보기로 한다.

그림 1.3 3^2 을 공학용 계산기에서 구현하기 위한 첫 번째 알고리즘

그림 1.3에서는 3→x→3→ = 의 순서로 계산하는 알고리즘을 보여주고 있다. 만일 키보드로 입력해서 계산하는 것을 염두에 두었다면 일반적인 공학용 계산기의 사용 방법과 다른 점이 없다. 그러나 3^2을 계산하는 알고리즘은 유일하지 않으며 다른 방식도 있을 것이다.

그림 1.4 3^2 을 공학용 계산기에서 구현하기 위한 두 번째 알고리즘

두 번째 알고리즘은 그림 1.4에서 볼 수 있듯이 3→3→x→= 의 순서로 계산하고 있다. 계산하는 방식이 조금 낯설기는 하지만 그렇다고 틀린 것은 아니며 생각하기에 따라서는 논리적 구조와 더 잘 맞는다고 생각할 수도 있다. 같은 문제에 대한 사람들의 해법이 다를 수 있듯이 컴퓨터에서도 다양한 알고리즘이 존재할 수 있다. 물론 가장 중요한 점은 선택된 알고리즘이 경제적이며 효율적인가에 달려 있을 것이다. 공학용 계산기로 해결할 수 있는 문제 정도는 큰 고려의 대상이 안될 수도 있으나 방대한 양의 계산을 해야 하는 실제 문제를 다루는 데 있어서는 알고리즘의 차이가 큰 변수로 작용할 수밖에 없다.

1.6 알고리즘의 내용과 설계

효율적인 알고리즘은 기본적으로 다음과 같은 작업을 유한한 시간과 비용 한도 내에서 수행할 수 있어야 한다.3)

- 계산 (calculation)
- 데이터 처리 (data processing)
- 상식적인 판단 (reasoning)

그러므로 효율적인 알고리즘을 설계하는 일은 많은 경험이 요구되며 다음과 같은 단계로 진행된다. 1에서 2까지의 단계를 모델링 과정이라고 하며 실제 현상을 수학 모델로 구체화 시키기 위해서는 많은 경험이 필요하다. 그러므로 일반적인 수치해석에 입문하는 과정에서는 모델링 과정을 학습하기 보다는 이미 검증된 모델을 사용하게 된다. 예를 들어, 미분방정식 등은 자연 현상을 모델링하기에 좋은 도구가 된다. 3에서 6까지의 과정에서는 방정식이나 식의 전개과정이 주로 포함된다. 복잡한 알고리즘의 경우에는 고등 수학이 필요하게 되므로 심도 있는 학습이 필요하게 된다. 7에서 9까지는 알고리즘을 컴퓨터 언어를 사용하여 구현하는 과정이다. 이 과정에서는 알고리즘에 대한 완전한 이해와 프로그램 언어에 대한 지식을 배우게 된다. 본서에서는 3에서 9까지의 과정을 주로 학습하게 된다.

1 문제를 정의한다.
2 모델을 개발한다.
3 알고리즘을 특성을 선택한다.
4 알고리즘을 설계한다.
5 알고리즘의 정확성을 검증한다.
6 알고리즘을 해석한다.

---

3) https://en.wikipedia.org/wiki/Algorithm

7 알고리즘을 코딩하여 프로그램으로 구현한다.

8 프로그램을 검증한다.

9 알고리즘에 대한 내용을 기록으로 남긴다.

2장 수치해석과 오차

2.1 수치해석과 근삿값

대부분의 사람들은 컴퓨터로 계산을 한다고 하면 그 결과가 매우 정확하다고 생각할 것이다. 그러나 수치해석을 배워감에 따라 실제로는 결과에 많은 오차가 포함되어 있음을 알게 된다. 사전에 어느 정도 예측할 수 있는 오차가 있는 반면, 발생 원인을 명확하게 규명하기 어려운 오차도 존재하며, 어떤 경우든지 오차를 완전하게 파악하고 제거하는 일은 불가능하다. 그러므로 수치해석은 문제에 대한 실제 값이 아닌 근삿값을 구하는 것으로 볼 수 있으며, 현실적으로 볼 때는 수학적 모델에 적절한 알고리즘을 적용하여 문제의 해에 대한 근삿값을 구하는 것이 목적이다. 그러므로 수치해석을 연구하는 학자들은 다양한 오차를 규정하고 그 오차들을 줄이는데 많은 노력을 쏟아왔다.

예를 들어, 함수의 최솟값을 구하고자 하는 경우를 생각해보자. 간단한 함수는 그래프를 그려서 쉽게 구할 수 있겠으나 3개 이상의 독립 변수가 사용되는 고차원 함수인 경우에는 그래프로 그리기가 불가능할 뿐 아니라 직관적으로 함수의 최솟값의 위치를 파악하기가 매우 어렵다. 따라서 눈에 보이는 직접적 방법이 아닌 수학적인 알고리즘을 사용한 간접적인 방법으로 해석할 수밖에 없다. 수치해석에서는 다양한 오차가 존재하지만 일반적으로 오차는 다음과 같이 분류될 수 있다.

- 모델링 오차 (modeling errors)
- 반올림 오차 (round-off errors)
- 절단 오차 (truncation errors)

2.2 모델링 오차 (modeling errors)

모델링 오차는 해석하고자 하는 문제의 정의를 잘못 규정하였거나, 충분한 정보가 없는 상태에서 만들어 낸 모델로 인해 발생하는 오차이다. 예를 들어, 미래의 날씨를 정확하게 예측할 수 있는 모델을 만드는 것은 학자들에게 큰 도전이 되고 있으며 일기 예보 모델은 자연 현상 중에서 작성하기가 어려운 것으로 정평이 나있다. 또한, 용액에서 다른 물질이 용해되는 모델이나, 힘과 변형의 비선형적 관계를 규정짓는 모델 등 산업과 사회의 발전에 따라 보다 정교한 모델링에 대한 요구가 증대되고 있다. 수학적 모델을 개발하는 일은 적절한 정보, 수학적 배경, 그리고 물리적 현상에 대한 이해 등이 맞물려진 복합적이며 융합적인 다학제 분야의 중요한 연구주제가 되고 있다.

2.3 반올림 오차 (round-off errors)

정보를 담는 가장 기본적인 단위는 비트 (bit)이며 이진수를 적용하여 0과 1의 내용으로 규정될 수 있다. 예를 들어, 컴퓨터의 하드웨어에서 사용한 물리적 저장장치가 8 비트라면 2^8 = 256 개의 구분되는 정보를 저장할 수 있다. 실제로 컴퓨터에 데이터가 저장되는 방식은 이진수 형식이나 여기서는 이해를 돕기 위해서 숫자가 그대로 저장되는 것으로 설명하였으므로 저장 형식은 다르나 원리는 같으므로 그러한 관점에서 이해하면 될 것으로 보인다. 그러므로 크기가 8 비트인 저장 공간에는 0부터 255까지의 수를 담을 수 있다. 예를 들어, 99999 라는 숫자를 8 비트 공간에 저장하기에는 자릿수가 모자라게 되므로 어느 정도에서 끊어야 할 필요가 생기게 된다. 따라서 실제의 자리수를 완전히 표현하지 못하게 되는 문제가 발생한다. 이 현상은 컴퓨터에서 숫자를 다룰 때 항상 발생하게 되는 문제인데 큰 수만이 아니라 크기가 작은 수의 경우도 마찬가지이다. 이러한 문제를 해결하는 가장 이상적인 방법은 무한대 자리의 수를 버림 없이 모두 저장할 수 있는 저장 공간을 가지는 컴퓨터를 만드는 것이나 물리적 및 경제적인 이유로 인해서 현재로서는 실현이 불가능하다.

또 다른 예를 들어보면 다음과 같다. 반올림 오차는 연산 시에 사용되는 근삿값과 실제 값의 차이를 의미한다. 예를 들면, 32 (=2^{32}=4294967296)비트로 표시된 숫자를 16 (=2^{16}=65536)비트로 줄이는 과정에서 발생될 수 있다. 예를 들어, 1/3을 표시할 때 원래의 값은 다음과 같이 무리수이다.

$$\frac{1}{3} = 0.333333333333\ldots \tag{2.1}$$

만일 1/3의 값을 0.3333으로 근사하여 사용하게 되면 반올림 오차는 0.00003333 이 된다. 그러므로 연산을 수행할 때 마다 수치적인 오차가 누적될 수밖에 없다. 결론적으로 반올림 오차는 컴퓨터의 하드웨어와 소프트웨어 적인 한계로 인해서 실제의 수를 정확하게 표현할 수 없기 때문에 발생되는 오차이다.

앞에서도 언급하였듯이 반올림 오차를 줄이기 위해서는 가능한 많은 자리수를 사용하는 것이 중요하다. 컴퓨터에서의 반올림 오차에 관련하여 물리적인 비트를 사용하는 데는 IEEE (Institute of Electrical and Electronics Engineers)가 규정한 규칙을 사용하는 것이 보편적이다. 실제의 연산 프로그램에서는 단일 정밀도 (single precision)와 배정밀도 (double precision)가 주로 사용된다. 그림 2.1에서는 IEEE의 규정에 의한 부동소수점 (floating point)에 대한 비트 할당 규정의 두 가지 예를 보여주고 있다. 전체 비트는 부호 (sign), 지수 (exponent), 그리고 가수 (mantissa)로 구성된다. 단정밀도는 32 비트, 배정밀도는 64 비트를 고려한 것이다. 단정밀도에서는 부호 구별을 위해서 1 비트, 지수는 8 비트, 그리고 가수는 23 비트를 사용한다. 배정밀도에서도 같은 방식으로 이해될 수 있다.

표 2.1 부동소수점 (floating point) 표기와 IEEE에 의한 비트 할당 규정

precision	sign	exponet	mantissa	total
single	1	8	23	32
double	1	11	52	64

2.4 절단 오차 (truncation erros)

절단 오차(truncation erros)는 수학적 표기에 있어서 실제 값과 근삿값의 차이로 인해서 발생되는 오차이다. 대표적인 원인으로 들 수 있는 것은 무한급수를 유한급수로 변환시킬 때에 발생되는 것이다. 예를 들어 지수함수 e^x에 대한 Taylor 급수는 다음과 같이 표시할 수 있으며 x=0.7로 하여 식 (2.2)의 각 항을 순차적으로 더해가며 근삿값과 절단 오차의 크기를 가늠하는 과정을 설명하고 있다.

$$e^x = 1 + x + \frac{x^2}{2!} + \frac{x^3}{3!} + \frac{x^4}{4!} + \cdots \tag{2.2}$$

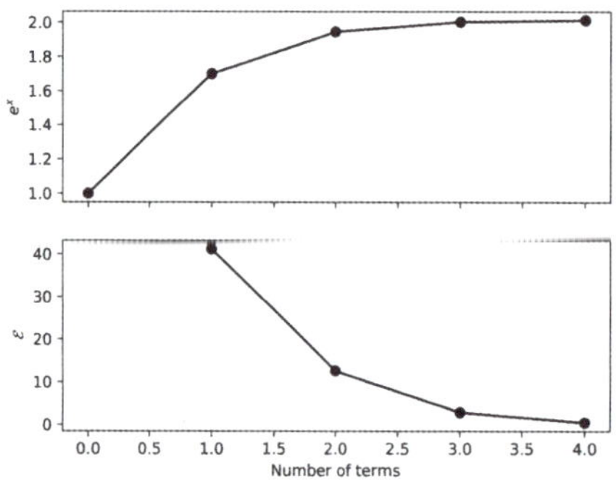

그림 2.1 $e^{0.7}$ 에 대한 Taylor 급수의 항별 추가에 의한 함숫값 변화와 오차

표 2.2 $e^{0.7}$ 에 대한 Tayor 급수의 항의 개수에 따른 근삿값의 비교

n	$\exp(x)$	ε
1	1.0000	
2	1.7000	41.17
3	1.9449	12.59
4	2.0021	2.85
5	2.0121	0.49

그림 2.1에서는 e^x함수의 Taylor 급수의 항별 추가에 의한 함숫값의 개선과 오차를 보여주고 있다. 표 2.2에서는 식 (2.2)에서 e^x에 대한 Taylor 급수에 대하여 항의 개수

를 순차적으로 증가시키며 근삿값의 정확도를 살펴본 것이다. 다섯 번째 항까지를 포함한 경우에서는 오차가 1% 이하로 떨어지고 있음을 볼 수 있으며 보다 많은 항을 추가하면 더 정확한 근삿값을 구할 수 있을 것이다. 그러나 컴퓨터에서 계산시 무한개의 항을 모두 고려할 수는 없으므로 적절한 단계에서 절단할 수밖에 없으며 이로 인한 오차를 절단 오차라고 한다.

2.5 오차에 대한 수학적 해설

수치해석에서는 거의 모든 연산이 근삿값을 사용하여 진행되므로 어느 정도의 오차가 항상 존재함을 유의하여야 한다. 예를 들어, 다음과 같이 정의된 함수 $f(x)$에 대하여 x가 무한대 가 무한대 또는 특정한 값에 접근하는 경우에 있어서 함숫값에 해당하는 근삿값을 미리 예측해 보는 일은 매우 중요하다. 근삿값을 예측하는데 있어서, 함수 $f(x)$가 다수의 항으로 구성되어 있다면, x의 변화에 따라 가장 크게 성장하는 항을 선택하고 나머지 항들은 무시한다.[1)]

$$f(x) = 1 - \frac{x^2}{2} + \frac{x^4}{24} \tag{2.3}$$

식 (2.3)에서 가장 빠르게 성장하는 항은 x^4 을 포함하고 있는 항이 될 것이다. 그러므로 $f(x) = O(x^4)$ 과 같이 표시할 수 있으며 O 는 함수의 특성을 나타내는 수학적 기호이며 big O 기호 (big O notation)라고 부른다. 한편 함수의 절대 크기에 대한 근삿값을 예측하기 위해서 식 (2.3)에 절댓값을 취하고, $x_o = 1$ 로 놓으면 모든 $x \rangle x_o$ 에 대하여 다음 조건이 만족됨을 알 수 있다.

1) https://en.wikipedia.org/wiki/Big_O_notation

$$\begin{aligned} |f(x)| &\le 1 + \left|\frac{x^2}{2}\right| + \frac{x^4}{24} \\ &\le x^4 + \frac{x^4}{2} + \frac{x^4}{24} \\ &= \frac{37}{24}x^4 \end{aligned} \tag{2.4}$$

따라서

$$|f(x)| \le \frac{37}{24}x^4 \tag{2.5}$$

식 (2.3)은 $\cos(x)$ 에서의 Taylor 급수에서 앞에서부터 3개항만을 표시한 것이다. 따라서 모든 $x \rangle xo$에 대하여 위의 부등식이 만족됨을 확인할 수 있다.

다음은 $x \to 0$ 일때 함수 $f(x)=1/(1-x)$ 의 Taylor 급수에서의 근사조건을 표시한 것이다.

$$\begin{aligned} \frac{1}{1-x} &= 1 + x + x^2 + x^3 \cdots \\ &= 1 + x + x^2 + \mathcal{O}(x^3) \\ &= 1 + x + (O)x^2 \end{aligned} \tag{2.6}$$

이 식의 우변의 두 번째 행에서 $O(x^3)$이 의미하는 것은 x 가 0에 충분히 근접할 때의 오차 $1/(1-x)-(1+x+x^2)$ 의 절댓값이 $|x^3|$에 적당한 상수 값을 곱한 것과 비교될 만한 크기라는 것이다.

2.6 오차 계산

오차에 대한 내용을 파악하기 위해서는 해석을 수행하기 이전에 추측하는 방법 (a priori estimate)과 계산이 끝난 후의 결과 (posterior estimate)를 사용하는 방법이 있다. 앞절에서 살펴본 오차들은 이론적으로 정의가 되고 수학적으로 증명이 가능하지만 실제 수치해석 과정에서 직접적으로 적용되기는 어렵다. 예를 들어, 방정식의 근을 구하는데 있어서 해석적인 방법으로 구한 엄밀해 (exact solutions)가 있을 수도 있고 구하기가 불가능 한 경우도 있다. 수치해석에서 다루는 문제는 방정식의 엄밀해를 알지 못하는 경우가 대부분이며 수치해석에서 얻은 것은 근사해 (approximate solutions)이다. 만일 엄밀해를 알고 있다면 오차를 계산하기가 쉬우며 오차 ϵ는 다음과 같이 정의된다.

$$\varepsilon = \left| \frac{\text{엄밀해} - \text{근사해}}{\text{엄밀해}} \right| \times 100(\%) \tag{2.7}$$

여기서 정의한 오차는 상대 오차 (relative errors)이다. 한편, 엄밀해를 모르거나 구하기가 불가능한 경우는 근사해의 수렴성 (convergence)을 가지고 판단할 수밖에 없다. 간단하게 말하면 반복되는 과정에서 근사해가 어떤 값을 향해서 간다면 수렴한다고 볼 수 있으며 이때의 오차는 다음과 같이 정의된다.

$$\varepsilon = \left| \frac{x^{(k+1)} - x^{(k)}}{x^{(k+1)}} \right| \times 100(\%) \tag{2.8}$$

여기서 $x^{(k+1)}$와 $x^{(k)}$ 는 각각 $k+1$ 번째와 k 번째 반복 과정에서의 근삿값이다. 만일 반복 과정에서 오차의 크기가 계속해서 증가하는 경향을 보인다면 해가 수렴을 하지 않을 수도 있으며 그렇게 되면 수치해석에서는 근사해로 인정받지 못하게 된다. 또한 반복이 될수록 오차가 계속해서 커진다면 발산 (divergence)이 되어 프로그램이 정지될 수도 있다. 실제로 수치해석에서 다루는 문제들은 엄밀해를 얻을 수 없는 경우가 대부분이므로 오차의 크기나 변화를 보면서 엄밀해를 추측하는 수밖에 없게 되므로 오차의 계산은 매우 중요하다.

표 2.3 수치해석에서 얻은 근사해 x 의 결과

k	0	1	2	3	4	5
$x^{(k)}$	1.6	1.33	1.34	1.331	1.33	1.33

표 2.3에서 보는 것은 수치해석의 한 과정을 반복적으로 수행하면서 근사해를 찾는 과정에서 얻은 데이터이며 이를 사용하여 근사해 x의 수렴 과정을 살펴보기로 한다. 첫 번째 구간 $(k=1)$ 에서의 오차는 식 (2.8)에서 다음과 같이 계산된다.

$$\begin{aligned}\varepsilon_1 &= \left|\frac{x^{(1)} - x^{(0)}}{x^{(1)}}\right| \times 100(\%) \\ &= \left|\frac{1.33 - 1.6}{1.33}\right| \times 100 = 20.3008\%\end{aligned} \tag{2.9}$$

다음 단계$(k=2)$ 에서도 같은 방식으로 오차를 계산하면 다음과 같이 주어진다.

$$\varepsilon_2 = \left|\frac{1.34 - 1.33}{1.34}\right| \times 100 = 0.7463\% \tag{2.10}$$

계속해서 계산을 진행하면 표 2.4에서와 같은 결과를 얻게 되며 오차의 크기와 경향을 보면 x 는 엄밀해에 근접하고 있을 것으로 추정되어서 $x=1.33$ 을 근사해로 채택할 수 있다고 본다. 이와 같은 방법으로 수치해석에서는 엄밀해를 구할 수 없는 수많은 문제들에 대하여 근사 해법을 사용하고 있다. 한편, 그림 2.2에서는 표 2.3 자료에서의 오차의 수렴 과정을 잘 보여주고 있다.

표 2.4 반복과정에서의 근사해의 오차와 수렴

k	ε
0	
1	20.3008
2	0.7463
3	0.6762
4	0.0752
5	0.0000

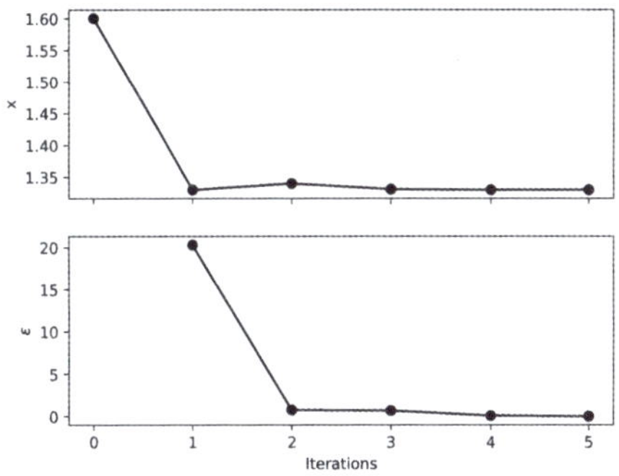

그림 2.2 근사해 x 와 오차 ϵ 의 수렴도

2.7 요약

- 수치해석에서 발생하는 오차는 모델링 오차, 반올림 오차, 절단 오차 등이 있다.
- 다양한 오차 들은 독립적이라기보다 내재적으로 연결되어 있으므로 과정마다 이러한 오차를 구분해서 찾아내기는 쉽지 않다.
- 기본적인 오차의 개념을 가지고 있다면 수치해석의 과정에서 발생되는 오차의 성질을 이해하고 계산 결과를 개선하는 데 있어서 필요한 중요한 지식이 될 수 있다.

2.8 과제

1. 다음에 주어진 Taylor 급수를 사용하여 $x = 0.3$ 에서 포함되는 항의 개수에 따른 절단 오차의 영향을 계산하시오.

Terms	1	2	3	4	5	6	Exact
$e^{0.3}$							

$$e^x = 1 + x + \frac{x^2}{2} + \frac{x^3}{6} + \frac{x^4}{24} + \frac{x^5}{120} + \cdots$$

2. 다음에 주어진 Taylor 급수를 사용하여 $x = 0.3$ 에서 포함되는 항의 개수에 따른 절단 오차의 영향을 계산하시오.

Terms	1	2	3	4	5	6	Exact
$\frac{1}{1-0.3}$							

$$\frac{1}{1-x} = 1 + x + x^2 + x^3 + x^4 + x^5 + \cdots$$

3. 다음에 주어진 Taylor 급수를 사용하여 $x = 0.7$에서 포함되는 항의 개수에 따른 절단 오차의 영향을 계산하시오.

Terms	1	2	3	4	Exact
$\cos(0.7)$					

$$\cos(x) = 1 - \frac{x^2}{2} + \frac{x^4}{24} - \frac{x^6}{720} + \cdots$$

4. 다음에 주어진 Taylor 급수를 사용하여 $x = 5$ 에서 포함되는 항의 개수에 따른 절단 오차의 영향을 계산하시오.

Terms	1	2	3	4	Exact
$\cos(0.5)$					

$$\sin(x) = x - \frac{x^3}{6} + \frac{x^5}{120} - \frac{x^7}{5040} + \cdots$$

5. 다음은 수치해석에서 얻은 근삿값의 결과이다. 퍼센트 오차를 계산하여 수렴 여부를 판별하시오.

k	0	1	2	3	4	5
$x^{(k)}$	2.342	2.322	2.299	2.285	2.277	2.274

6. 다음은 수치해석에서 얻은 근삿값의 결과이다. 퍼센트 오차를 계산하여 수렴 여부를 판별하시오.

k	0	1	2	3	4	5
$x^{(k)}$	0.323	0.728	0.412	0.313	0.781	0.305

제II편

Python

3장

설치하기

3.1 Python은?

Python은 전 세계적으로 인기를 얻고 있으며 다양한 분야에서 널리 사용되고 있는 범용 프로그래밍 언어이다. 현재까지 가장 많이 사용되고 있는 C, C++ 등의 프로그래밍 언어는 나름대로의 장점이 많이 있으나, 변화가 빠른 시대에 즉흥적이며 즉각적인 아이디어를 검증해보고 구현하는데 있어서 Python은 매우 적합한 언어이다. Python의 주요한 장점을 요약하면 다음과 같다.

- 배우기 쉽다.
- 설치와 실행이 간편하다.
- 곧바로 사용할 수 있는 과학기술 관련 라이브러리가 풍부하다.
- 자발적으로 모인 강력한 지원 및 개발 커뮤니티가 있다.
- 무료이다.

3.2 윈도우용 Python 설치하기

Python은 Linux, OS X 그리고 MS-Windows 등의 컴퓨터 운용 체계에서 사용이 가능하지만 독자들의 대부분은 MS-windows 환경에서 사용할 것으로 생각되기 때문에 이를 중심으로 한 사용법을 설명하기로 한다. 인터넷에는 Python을 위한 사이트들이 다수 있으나 본 서에서는 Anaconda (www.anaconda.com)에서 제공하는 통합 패키지를 설치할 것을 추천한다. Anaconda에서는 필수적인 라이브러리 (Numpy, Matplotlib, Scipy, Simpy 등)와 편리한 편집 도구 (Jupyter notebook) 가 같이 따라오게 되므로 각 항목 별로 따로 설치해야 하는 번거로움을 피할 수 있다. 설치하는 방법은 다음과 같으며 매우 간단하다.

1. Anaconda 사이트 https://www.anaconda.com/download/#windows로 접속하거나 Google에서 Anaconda를 검색하여 사이트에 접속한 후 Python 설치기를 다운 받는다. 그림 3.1은 Anaconda 사이트의 다운로드 제공 화면이다. Python은 빠르게 개발이 진행되고 있는 언어이므로 이 책의 그림 3.1에서 보는 것과 다른 버전으로 되어 있을 가능성이 많으며 가능하면 최신 버전의 프로그램으로 설치하는 것이 좋다.

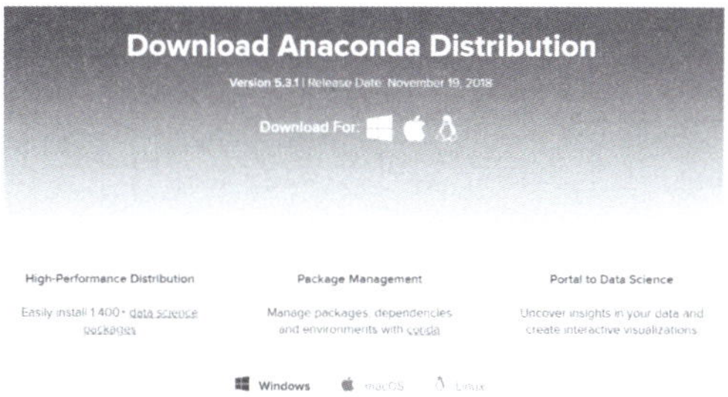

그림 3.1 Anaconda 사이트의 다운로드 화면

2. 그림 3.2에서와 같이 윈도우용 설치기를 획득한 후 더블 클릭하면 설치가 시작되고 그 다음 부터는 화면의 지시대로 따르면 된다.

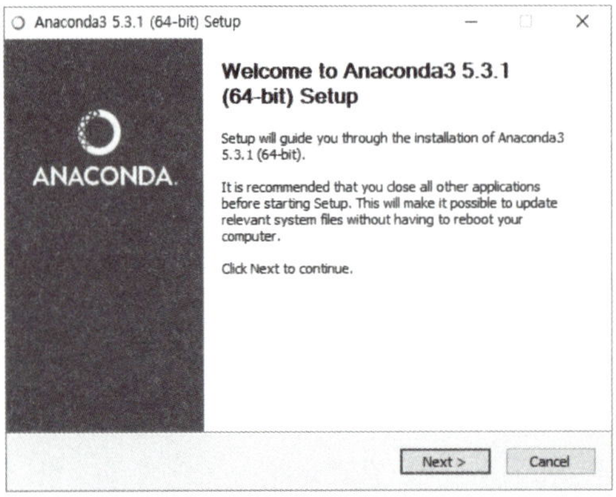

그림 3.2 Anaconda 사이트의 윈도우용 설치기

3. 설치가 성공적으로 끝나면 윈도우의 메뉴에서 Jupyter notebook을 선택하여 실행하면 된다.

4. Jupyter notebook을 실행시키면 웹브라우저 (파이어폭스, 크롬 등)에서 그림 3.3과 같은 화면이 나오는데 적절한 디렉토리로 이동해서 새로운 노트북을 만들 수 있다. 그림 3.4와 같이 노트북 화면의 오른쪽 상단에서 new 메뉴를 누르고 Python 3 을 선택하면 새로운 노트북이 열리게 된다.

5. 새로운 노트북은 그림 3.5에서와 같이 빈 공간 (cell)을 제공하는데 그곳에 커서를 옮기고 코딩을 시작하면 된다.

6. 위에서 설명한 과정을 따라서 Jupyter notebook이 새롭게 열렸으면 간단한 계산을 통해서 성공적으로 설치되었는가를 시험해 볼 수 있다. 그림 3.6에서와 같이 커서를 셀 (cell)에 놓고 1+1 을 입력한다. 그 다음에 자판에서 Shift + Enter 키를 동시에 누르면 그림 3.7과 같은 결과를 얻을 수 있다.

그림 3.3 Jupyter notebook 을 실행시킨 화면

그림 3.4 새로운 노트북을 만들기 위한 메뉴 선택과정

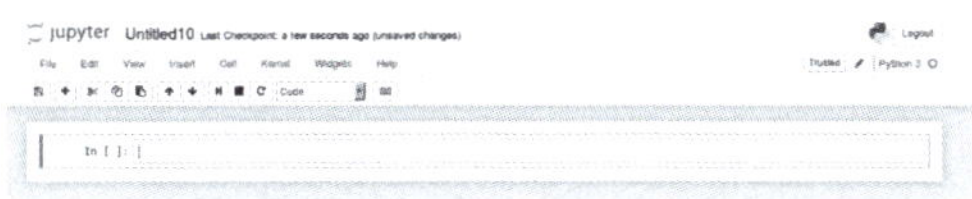

그림 3.5 새로운 노트북이 만들어진 화면

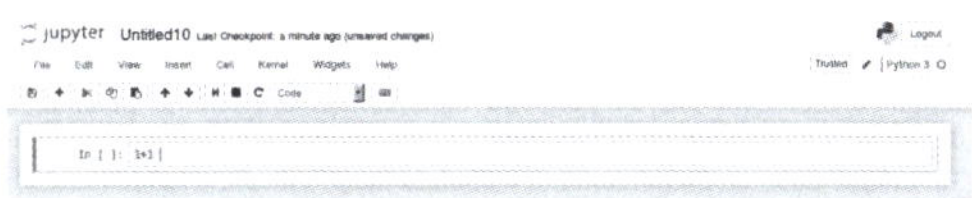

그림 3.6 새로운 노트북에서 코딩을 시작하는 화면

그림 3.7 새로운 노트북에서 Python 으로 연산을 수행한 화면

4장

Python 문법

4.1 Python 문법

이 책은 Python에 관한 문법책이 아니므로 명령어와 기능을 모두 다 상세하게 설명할 수는 없다. 그러나 수치해석 프로그램을 이해할 수 있는 정도의 내용을 충분하게 언급하였으므로 입문자라 하더라도 프로그램 예제를 수행하는데 큰 어려움은 없을 것이다. 첫 예제로 Jupyter Notebook을 사용하여 아래와 같이 간단한 문장을 화면에 출력하는 프로그램을 작성해 보자. 아래 프로그램은 hello라는 변수에 문자열 Hello, World!를 저장하여 print 명령으로 출력하는 간단한 것이다. 이때 문자열은 따옴표를 사용하여 내용을 표시한다.

```
hello = "Hello, World!"
print(hello)
```

이 프로그램을 실행시키면 다음과 같은 결과를 얻는다.

```
Hello, World!
```

Python은 원래 범용 프로그래밍 언어로 사용하도록 만들어 졌으나 공학용 계산기로서 사용하기도 충분하다. 다음 프로그램에서 보는 바와 같이 덧셈, 뺄셈, 곱셈 그리고 나눗셈 등을 쉽게 수행할 수 있다. 여기서 사용된 a, b, c, d, f, g 는 모두 변수(variables)로서 프로그램 내에서 데이터를 저장하는 역할을 한다. 변수 a 에서는 정수

(integer)를 b 에서는 실수 (float)를 사용하고 있으며, f와 g 에는 정수와 실수의 연산의 결과를 각각 저장하고 있다.

```
a = 3
b = 4.0
c = a + b
d = a - b
f = 2.0 * a
g = b / 3.0
print('c = a + b = ',c)
print('d = a - b = ',d)
print('f =  2.0 * a = ',f)
print('g = b / 3.0 = ',g)
```

프로그램을 실행하면 다음과 같은 결과를 얻게 된다.

```
c = a + b =  7.0
d = a - b =  -1.0
f =  2.0 * a =  6.0
g = b / 3.0 =  1.3333333333333333
```

유의할 점은 변수의 명칭은 자유롭게 정할 수 있으나 맨 앞자리를 숫자로 시작할 수 없으며 대문자와 소문자 구별이 있다. 즉, 변수 hello 와 Hello 는 다르게 취급된다.

4.2 리스트 (lists)

정수, 실수 그리고 문자열 등을 저장하는데 가장 많이 사용되는 데이터 구조는 리스트 (lists)이며 다음의 예에서 sentence 라는 리스트는 문자열을 포함한 형태로 정의된다.

```
sentence = ['I','love','to','learn','Python']
print(sentence)
```

프로그램을 실행하면 다음과 같은 결과를 얻는다.

```
['I', 'love', 'to', 'learn', 'Python']
```

이번에는 다음과 같은 실험 데이터를 리스트 구조로 만드는 방법을 알아보기로 한다. 프로그램에서는 데이터를 변수에 저장하고 출력하는 간단한 과정을 보여주고 있다.

x	0	1	2	3	4
y	1.2	3.7	1.5	2.1	3.2

```
x = [0,1,2,3,4]
y = [1.2, 3.7, 1.5, 2.1, 3.2]
print('x = ', x)
print('y = ', y)
```

프로그램 수행 결과는 다음과 같다.

```
x =  [0, 1, 2, 3, 4]
y =  [1.2, 3.7, 1.5, 2.1, 3.2]
```

프로그램에서 볼 수 있듯이 Python에서는 특별히 정수나 실수로 선언해서 사용할 필요는 없으며 저장되는 내용과 연산의 종류에 따라서 자동적으로 구별된다. 여기서 x 와 y 는 리스트 변수의 이름이며 print 명령을 통해서 리스트에 저장된 내용을 출력해 볼 수 있다. 한편, 리스트에 저장된 개별 요소는 y[2], y[4] 등으로 꺼내 올 수 있다. 주의할 점은 Python에서는 요소의 위치를 0부터 셈하기 시작한다는 것이다. 따라서 y[2] 의 값은 두 번째 값인 3.7이 아니라 세 번째 요소인 1.5가 되며, y[4] 의 값은 네 번째 값인 2.1가 아니라 다섯 번째 요소인 3.2가 됨을 유의해야 한다.

한편, 리스트가 기본적인 형태이기는 하나 수치해석을 수행할 때는 불편한 점이 많다. 예를 들어, x 와 y 의 합을 구하고 싶을 때 $x+y$ 라고 쓰기 쉬운데 그 결과는 [0, 1, 2, 는[0, 1, 2, 3, 4, 1.2, 3.7, 1.5, 2.1, 3.2] 이 되어 각각의 리스트의 성분을 모두 나열하게 되는 결과를 가져오게 된다. 원래의 의도는 각 요소별로 덧셈을 하여 [1.2, 4.7, 3.5, 5.1, 7.2] 와 같은 결과를 얻고자 하는 것이었으나 다른 결과를 가져왔다. 따라서 이 책에서는 리스트 구조를 그대로 사용하는 것 보다는 수치해석에서 사용하기에 특화된 라이브러리인 Numpy를 사용하여 다양한 연산을 수행하고자 한다.

4.3 프로그램 작성시 유의점

Python은 문법이 직관적이며 평상적인 표현으로 인해서 다른 컴퓨터 언어에 비해서 배우기 쉬운 언어이다. 다만 처음으로 Python 프로그래밍 할 때 많이 겪게 되는 오류 중의 하나는 들여쓰기 (indentation)를 무시하는 것이다. Python 프로그램을 조금 자세히 보면 부분 마다 들여쓰기가 되어있는 것을 볼 수 있다. 이렇게 하는 이유는 가독성을 높이는데 도움이 되기 때문이기도 하지만 더 중요한 점은 들여쓰기 자체가 Python 문법이기 때문에 무시하면 안된다. 앞으로 나오는 예제 프로그램들에서 들여쓰기를 주의 깊게 보기 바란다.

4.4 연산기호

Python에서 사용되는 덧셈과 나눗셈 등의 기본 연산을 위한 기호들은 다른 프로그래밍 언어에서와 유사하며 다음의 표에서 간략하게 정의하였다.

내용	표시
덧셈	+
뺄셈	-
곱셈	*
나눗셈	/
제곱	**

4.5 조건 (if/else)

주어진 조건을 기준으로 하여 어떤 결정을 내려야 할 때는 if (조건문)의 형식으로 구현하게 된다. 조건문에 사용되는 다양한 기호는 다음과 같이 정리하여 표기할 수 있으며 조건이 참 (true) 또는 거짓 (false)인지를 판단하는 것이다.

내용	표시
같다	a == b
같지 않다	a != b
작다	a < b
작거나 같다	a <= b
크다	a > b
크거나 같다	a >= b

다음의 프로그램은 조건문의 내용이 $a>5$ 라면 print(a) 를 출력하는 것이다.

```
a = 7
if (a > 5):
    print(a)
```

프로그램 실행 결과는 $a>5$가 참이므로 7 이 출력이 되었다. 만일 $a=3$ 으로 고쳐서 다시 실행한다면 조건문이 성립되지 않으므로 아무 것도 출력되지 않는다.

다음의 프로그램에서는 두 변수를 $a=7$와 $b=-5$ 로 놓고 $a>5$ 이면 $c=a+b$ 를 실행한 후 그 결과를 출력하고 아니면 $c=a-b$ 를 계산하고 결과를 출력하는 프로그램이다. 명령어 else 는 if 문에서의 조건이 해당되지 않는 경우에 실행되는 부분을 정의하고 있다. 또한, 여기서도 유의해야 할 점은 콜론 : 과 들여쓰기이다. if 와 else 에 각각 : 이 있어야 하며 그 사이에 있는 내용을 구분하기 위해서 반드시 들여쓰기를 해야 한다.

```
a = 7
b = -5
if (a > 5):
    c = a + b
    print(c)
else:
    c = a - b
    print(c)
```

프로그램을 실행하면 $a>5$ 가 참이므로 $c=a+b$ 가 계산되어 다음과 같이 결과가 출력된다.

```
2
```

보다 복잡한 조건을 사용하고 싶을 경우에는 if/elif/else 구조를 사용한다. 프로그램은 $a>0$ 이면 positive 를, 음수이면 negative 를 그리고 나머지 경우라면 zero 를 출력하는 내용이다.

```
a = 0
if a > 0:
    print('positive')
elif a < 0:
    print('negative')
```

```
else:
    print('zero')
```

프로그램을 수행하면 $a = 0$ 이므로 zero 를 출력하였다.

```
zero
```

프로그램의 원칙 상 두개 이상의 조건문을 한꺼번에 적용하는 것은 별로 좋은 프로그래밍 기법이 못된다. 그러나 논리구조상 간결함을 위해서 필요한 경우도 있으며 이때는 and 와 or 를 사용해서 다음과 같이 구현할 수 있다.

```
a = 10
b = 60
if a > 50 and b < 50:
    print("True")
elif a < 50 or b > 50:
    print("False")
```

프로그램 수행 결과는 다음과 같다.

```
False
```

4.6 반복 (for/range)

알고리즘에서 반복되는 과정을 구현하기 위해서는 기본적으로 for 와 range 을 짝으로 사용하게 된다. range 는 내장함수이며 리스트 구조를 만들기 위해서 많이 사용되는데 range(처음, 끝, 간격) 의 형태로 제공된다. 예를 들어, range(0,10,2) 가 의미하는 바는 [0, 2, 4, 6, 8] 가 된다. 즉, 0에서 부터 10까지 간격을 2로 하여 만드는 리스트이다. 유의해야 할 점은 끝의 숫자 10은 포함이 안된다는 점이다. 프로그램은 리스트 구조를 만들고 출력하는 프로그램이다. 만일 range(0,5) 또는 range(5) 로 표시하면 1의 간격을 가진 숫자로 리스트를 생성해주며 결과는 [0,1,2,3,4] 가 되어 끝 숫자 자체를 포함하지 않음을 유의한다. 다음은 range 의 사용에 관한 프로그램이다.

```
x = range(0,10,2)
y = range(0,5)
z = range(5)
print('x =',list(x))
print('y =',list(y))
print('z =',list(z))
```

프로그램을 수행하면 다음과 같은 결과를 얻게 된다.

```
x = [0, 2, 4, 6, 8]
y = [0, 1, 2, 3, 4]
z = [0, 1, 2, 3, 4]
```

알고리즘의 특정한 부분을 반복 수행해야 할 필요가 있는 경우에 사용되는 반복(loop)을 수행하기 위해서는 기본적으로 for 와 range 를 쌍으로 사용하여 반복 회수와 내용을 정하는 방법을 사용한다. 프로그램에서 보듯이 반복문은 for 를 사용하며 문장의 끝에 콜론 : 을 반드시 적어야 한다.

```
for i in range(5):
    print(i)
```

프로그램을 수행한 결과는 다음과 같이 된다.

```
1
2
3
4
```

프로그램에서 i 는 반복의 회수를 제어하는 변수이며 그 값은 range(0,5) 에 의해서 즉, [0,1,2,3,4] 로 차례차례로 바뀌게 된다. 계속해서 강조해 왔지만 Python 프로그램을 작성할 때 중요한 것은 들여쓰기이다. 다음 프로그램의 두 번째 줄에서 print(i) 문장이 들여쓰기가 안 되어 있으므로 오류를 내게 될 것이다.

```
for i in range(0,5):
print(i)
```

들여쓰기를 하지 않았으므로 다음과 같은 오류 메세지를 받게 된다.

```
print(i)
        ^
IndentationError: expected an indented block
```

반복 과정을 구현하는 데 있어서 위의 방법과 달리 문자열의 리스트를 사용하는 기법도 많이 사용된다. 프로그램에서는 문자열로 구성된 sentence 리스트를 만들고 그 내용을 차례로 출력한다.

```
sentence = ['I','love','to','learn','Python']
for i in sentence:
  print(i)
```

실행하면 다음과 같은 결과를 얻는다.

```
I
love
to
learn
Python
```

한편, for 문이 두 개 이상으로 구성되는 반복 과정은 다음과 같이 구현할 수 있다.

```
n = 2
m = 3
for i in range(n):
  for j in range(m):
    print(i,j)
```

수행한 결과는 다음과 같으며 지수 i 는 range(n) 에서 0부터 1까지, j 는 range(m) 에서 0부터 2까지를 지칭함을 유의하기 바라며 두 조건문들에서의 들여쓰기도 제대로 되었는지 살펴보아야 한다.

```
0 0
0 1
0 2
1 0
1 1
1 2
```

4.7 함수 (functions)

알고리즘에서는 반복해서 같은 연산을 수행해야 되는 경우가 많은데 그때마다 똑같은 내용을 계속해서 적어주어야 하는 것은 매우 비효율적이다. 함수는 같은 기능을 하는 과정을 표현할 수 있는 내용을 적어 놓을 수 있는 편리한 개념이다. 함수를 사용하면 프로그램의 길이도 단축되고 오류가 발생하였을 때 잘못된 부분을 찾아내기도 수월하며 다음과 같은 순서대로 규정한다.

1. def 명령으로 함수를 선언하고 함수 이름을 지정한다.
2. 함수에서 받아서 사용하게 될 입력 인자 (input)들을 적고 콜론 : 으로 마감한다.
3. 함수가 수행할 내용을 적는다.
4. 함수에서 출력할 인자들을 return 뒤에 적는다.

유의해야 할 점은 각 항목에 대하여 적절하게 들여쓰기를 해야 한다는 것이다. 프로그램은 숫자 x 을 입력으로 받아들여서 그것을 제곱한 값을 출력으로 돌려주는 square 함수이다.

```
def square(x):
    return x**2
print(square(3))
print(square(4))
```

다음 프로그램에서 print 명령에서의 내용은 square 함수에 입력값 3 과 4 를 각각 입력으로 하여 그 제곱을 계산하여 출력값인 9 와 16 으로 돌려주는 것이다.

```
9
16
```

다음은 주어진 두 개의 수를 더하는 과정을 수행하고 그 결과가 양수일 때는 덧셈의 결과를 양수가 아닌 경우에는 negative 라는 문자를 돌려주는 adding 함수를 만들어 보면 다음과 같다.

```
def adding(a,b):
    c = a + b
    if c 〉 0:
        return c
    else:
        return 'negative'
print(adding(3,5))
print(adding(-9,1))
```

첫 번째 경우는 $a=3$ 과 $b=5$ 를 사용하여 두 수의 합이 양수가 되므로 그 결과인 8 을 돌려주는 것을 볼 수 있으며, 두 번째 경우는 두 수의 합이 음수가 되어 negative 문자를 돌려주는 것을 볼 수 있다.

```
8
negative
```

4.8 과제

1. range 함수를 사용하여 간격을 3으로 하는 0에서부터 20까지의 리스트를 만드는 프로그램을 작성하시오.
2. range 함수를 사용하여 간격을 1으로 하는 0에서부터 10까지의 리스트를 만드는 프로그램을 작성하시오.
3. for 를 사용하여 1부터 10까지 차례로 출력하는 프로그램을 작성하시오.
4. for 를 사용하여 1부터 50까지의 합을 구하는 프로그램을 작성하시오.

5장

Numpy

5.1 Numpy

앞에서 살펴본 대로 Python에서는 수치 자료나 문자 자료를 다루기 위한 리스트 구조를 기본적으로 제공하고 있다. 그러나 본격적인 수치연산을 수행하기 위해서는 다차원의 배열 (arrays) 또는 벡터를 보다 손쉽게 다룰 수 있는 도구가 필요하다. Numpy[1]는 배열과 행렬에 관련된 연산을 위한 매우 효율적이며 유용한 Python 라이브러리이다. 물론 Numpy를 사용하지 않고 Python에서 제공하는 기능들을 이용하여 수치연산을 수행할 수도 있으나 여러 가지로 많은 불편함이 따르게 됨으로 이 책에서는 Numpy를 중심으로 한 내용만을 주로 설명하기로 한다.

Python의 기본 환경에서는 Numpy가 메모리상에 올라와 있지 않으므로 따로 불러와야 하며 방법은 다음과 같이 크게 세 가지로 나눌 수 있다.

1. from numpy import cos
2. import numpy as np
3. from numpy import *

첫 번째 방식은 Numpy를 호출하는 방법으로서 Numpy에 속해있는 많은 함수들 중 cos 함수를 불러오는 경우를 보였다. 두 번째 방식은 Numpy를 불러오되 별명 (alias)을 np 로 하여 가져오는 방식이다. 이 방법은 프로그램에서 Numpy 이외에도

1) "넘파이"라고 발음한다. https://en.wikipedia.org/wiki/NumPy

다수의 다른 라이브러리들을 불러오는 경우에 사용된다. 세 번째 방식은 Numpy 라이브러리에 속한 전체 내용을 가지고 오는 것으로서 다른 라이브러리의 동일한 함수들과 충돌을 일으킬 가능성이 많으므로 추천하지 않는다. 이 책에서는 첫 번째와 두 번째 방법을 중심으로 조금 더 상세히 살펴보기로 한다. 예를 들어, Numpy 라이브러리에 있는 sin 함수를 불러와서 사용하고자 할 때 첫 번째 방식으로 표시하면 다음과 같다.

```
from numpy import sin
x = 1.0
y = sin(x)
print(y)
```

프로그램 수행 결과는 다음과 같이 출력 된다.

```
0.8414709848078965
```

프로그램에서는 sin 함수를 불러오는 과정을 from numpy import sin 와 같이 구현하였다. 이러한 방식이 처음에는 불편하게 느껴질 수도 있겠으나 사용하지도 않을 모든 내용을 한꺼번에 가져오기 보다는 필요한 기능들을 불러와서 사용한다는 효율성의 큰 틀에서 본다면 이해될 수 있을 것으로 본다. 두 번째 방식은 다음과 같이 사용한다.

```
import numpy as np
x = 1.0
y = np.sin(x)
print(y)
```

프로그램 수행 결과는 다음과 같이 출력 된다.

```
0.8414709848078965
```

프로그램에서는 import numpy as np 같이 선언하여 Numpy 라이브러리의 명칭을

np 라는 별명으로 대치하여 표기상의 간편함을 추구하였다. 그 다음에 필요한 Numpy 라이브러리의 함수들은 np.sin(x) 와 같은 형식으로 불러올 수 있다. 이러한 방식은 프로그램 작성 시 Numpy 만이 아닌 다양한 라이브러리를 동시에 불러서 사용하고자 할 때 특히 유용하다. 예를 들어, math 라이브러리에서 sin 함수를 사용하기 위해서 import math as ma 로 선언하고 다음과 같이 쓸 수 있다.

```
import numpy as np
import math as ma
x = 1.0
y_numpy = np.sin(x)
y_math = ma.sin(x)
print('numpy:',y_numpy)
print('math: ',y_math)
```

다음과 같이 동일한 값이 출력되었으며 같은 기능을 하는 sin 함수이지만 하나는 Numpy 에서 다른 하나는 Math 라이브러리에서 각각 불러온 것임을 이해하여야 한다.

```
numpy: 0.8414709848078965
math:  0.8414709848078965
```

여기서 사용한 Math 라이브러리는 배열이 아닌 정수와 실수를 다룰 때 주로 사용되는 라이브러리이며 이 책에서는 주로 배열을 사용하게 될 것이므로 Numpy를 위주로 기술하기로 한다.

5.2 벡터와 행렬

Numpy에서는 리스트 구조를 Numpy 행렬 (배열)로 만들어주는 array 함수를 제공하고 있으며 다음과 같이 사용할 수 있다

```
from numpy import array
vec = array([0,1,2,3,4])
length = len(vec)

print(vec)
print(length)
```

프로그램에서는 from numpy import array 선언을 통해서 Numpy 에서 array 함수를 불러온다. 다음은 리스트를 Numpy 배열로 만들고 변수 vec 에 저장하는 과정을 보여주고 있다. 또한, len 은 배열 vec 의 크기를 출력하기 위해서 사용되었으며 프로그램을 수행한 결과는 다음과 같다.

```
[0 1 2 3 4]
5
```

다음 프로그램에서는 3×3크기의 행렬을 만드는 방법을 설명하고 있다.

```
from numpy import array
A = array([[0,1,2],[3,4,5],[6,7,8]])

print('A =',A)
print(A.shape)
```

프로그램을 수행하면 다음과 같은 결과를 얻게 되며 shape 는 A 의 구조가 3×3 임을 알려준다.

```
A = [[0 1 2]
 [3 4 5]
 [6 7 8]]
(3, 3)
```

한편, Numpy에서는 기존 행렬의 구조를 쉽게 바꿀 수 있는 방법을 reshape 을 통해서 제공하고 있다. 예를 들어, 그림 1×4로 되어있는 b 를 2×2 의 형태인 C 로 바꾸는 과정을 보여주고 있다.

```
from numpy import array
b = array([1,2,3,4])
C = b.reshape(2,2)
print('B = ',b)
print('C = ',C)
```

수행 결과는 다음과 같다.

```
b =  [1 2 3 4]
C =  [[1 2]
 [3 4]]
```

Python에서의 행렬은 차원 (dimensions)과 축 (axes)의 개념을 가지고 있다. 예를 들어, [0,1,2] 라는 행렬은 하나의 축을 가지고 있으며 그 축에 세 개의 요소가 있다고 말할 수 있다. 다음의 행렬은 두 개의 축을 가지며 각각의 축에는 두 개씩의 요소가 있다. 이러한 차원과 축의 개념은 복잡한 행렬을 사용하여 다양한 연산을 하는데 사용된다.

```
[[ 1, 2],
 [ 3, 4]]
```

5.3 arange/linspace 함수

Numpy에서는 행렬을 자동으로 만들어 주는 arange 와 linspace등의 함수들을 제공하고 있다. 다음 프로그램에서 arange(5) 과 arange(0,10,3) 을 사용하여 배열을 생성하였다.

```
from numpy import arange
b = arange(5)
c = arange(0,10,3)
print('b = ',b)
print('c = ',c)
print(type(b))
print(type(c))
```

type 함수를 사용하여 생성된 배열 b 와 c 의 형태가 Numpy 배열로 되어 있음을 확인할 수 있다.

```
b =  [0 1 2 3 4]
c =  [0 3 6 9]
<class 'numpy.ndarray'>
<class 'numpy.ndarray'>
```

한편, linspace 는 프로그램에서 볼 수 있듯이 등 간격으로 정해진 개수 만큼의 배열 요소를 만들어 주는 함수이다.

```
from numpy import linspace
a = linspace(0,1,5)
print(a)
print(type(a))
```

프로그램 실행 결과는 다음과 같으며 0.25의 간격으로 요소 다섯 개를 만들어 주며 Numpy의 배열로 되어 있음을 알 수 있다.

```
[0.   0.25 0.5  0.75 1.  ]
<class 'numpy.ndarray'>
```

5.4 ones/zeros 함수

배열을 만들때 내용이 정해지지 않은 상태로 크기만 알고 있을 때가 있다. 이러한 경우에는 미리 배열을 만들어 놓고 차후에 값을 대입하게 되는데 ones 또는 zeros 함수를 사용하여 구현하는 내용을 다음 프로그램에서 설명하고 있다.

```
from numpy import ones, zeros
one = ones((3,3))
zero = zeros((3,3))
print('one = ',one)
print('zero = ',zero)
```

결과를 보면 각 함수가 제공하는 내용을 쉽게 알 수 있을 것이다. 즉, ones 는 배열의 요소를 1로, zeros 는 0으로 채우는 자리확보의 역할을 한다.

```
ones = [[ 1.  1.  1.]
 [ 1.  1.  1.]
 [ 1.  1.  1.]]
zeros = [[ 0.  0.  0.]
 [ 0.  0.  0.]
 [ 0.  0.  0.]]
```

5.5 행렬의 덧셈과 뺄셈

다음 프로그램은 행렬 A 와 B 사이에서의 연산을 수행하는 내용을 보여주고 있다.

```
from numpy import array
A = array([[1,2],[3,4]])
B = array([[5,6],[7,8]])
```

```
C = A + B
D = A - B
print('C = ',C)
print('D = ',D)
```

프로그램을 실행한 결과는 다음과 같으며 행렬의 각 요소별로 덧셈과 뺄셈이 각각 적용되었다.

```
C =  [[ 6  8]
 [10 12]]
D =  [[-4 -4]
 [-4 -4]]
```

유의할 점은 행렬끼리의 연산에서는 요소의 수와 구조가 반드시 동일해야 한다는 점이다.

5.6 행렬과 상수의 곱셈과 나눗셈

다음 프로그램에서는 행렬에 상수를 곱하거나 나누는 연산 등을 구현한 모습을 보여주고 있다.

```
from numpy import array
A = array([[1,2],[3,4]])
C = A * 10.0
D = A / 2.0
print('C = ',mult)
print('D = ',divi)
```

다음은 프로그램을 실행한 결과이다. 첫 번째 결과에서는 배열 A 에 10을 곱한 것이며 결과를 보면 배열의 각 요소마다 상수와의 곱셈이 수행된 것을 알 수 있다. 두 번째는 배열을 2로 나눈 것이며 마찬가지로 각각의 요소에 대하여 나눗셈이 실행되었다.

```
C =  [[10. 20.]
 [30. 40.]]
D =  [[0.5 1. ]
 [1.5 2. ]]
```

5.7 내적과 행렬곱

벡터의 내적 (dot product) 은 두 벡터의 성분을 각각 곱하여 합산 한 것으로 정의된다. 예를 들어, 두 벡터 a =(1,2), b=(3,4) 의 내적은 다음과 같이 계산한다.

$$\mathbf{a} \cdot \mathbf{b} = [3,4]\begin{pmatrix} 1 \\ 2 \end{pmatrix} = 3 \times 1 + 4 \times 2 = 11 \tag{5.1}$$

Numpy에서는 벡터의 내적을 구현하기 위한 dot 함수가 있으며 프로그램에서 사용 예를 보였다.

```
from numpy import array,dot
a = array([1,2])
b = array([3,4])
dots = dot(a,b)
print(dots)
```

프로그램을 실행한 결과는 다음과 같다.

```
11
```

이번에는 행렬에서의 내적과 행렬곱에 대하여 알아보기로 한다. 두 행렬 A 와 B 에 대하여 내적은 A.B 또는 AB 로 표기하고 행렬곱은 A * B 로 표시한다. Python에서는 두 연산을 구분하고 있으며 결과도 다르므로 정확하게 어떤 연산을 하려고 하는 지에 대한 이해가 필수적이다. 그러나 프로그래밍 관련 문헌에서는 두 연산에서의 표기를 특별히 구분하지 않고 사용하는 경우도 있으므로 유의해야 한다. 두 행렬 A 와 B 를 다음과 같이 설정한다.

$$\mathbf{A} = \begin{bmatrix} a_{11} & a_{12} \\ a_{21} & a_{22} \end{bmatrix}, \qquad \mathbf{B} = \begin{bmatrix} b_{11} & b_{12} \\ b_{21} & b_{22} \end{bmatrix} \tag{5.2}$$

두 행렬의 내적은 다음과 같이 정의된다.

$$\mathbf{AB} = \begin{bmatrix} a_{11}b_{11} + a_{12}b_{21} & a_{11}b_{12} + a_{12}b_{21} \\ a_{21}b_{11} + a_{22}b_{21} & a_{21}b_{12} + a_{22}b_{22} \end{bmatrix} \tag{5.3}$$

프로그램에서는 행렬의 내적에 대한 내용을 구현하고 있다.

```
from numpy import array,dot
A = array([[1,2],[3,4]])
B = array([[5,6],[7,8]])
matdot = dot(A,B)
print('A dot B = ',matdot)
```

프로그램을 실행하면 다음과 같은 결과를 얻게 된다.

```
A dot B =  [[19 22]
 [43 50]]
```

이번에는 행렬곱 A * B 을 다음과 같이 수행해 보기로 한다.

```
from numpy import array
A = array([[1,2],[3,4]])
B = array([[5,6],[7,8]])
matprd = A * B
print('A * B = ',matprd)
```

결과는 다음과 같으며 행렬곱은 내적과 달리 요소 별로 곱을 수행한 결과임을 알 수 있다.

```
A * B =  [[ 5 12]
 [21 32]]
```

위에서 살펴보았듯이 내적 AB 와 A * B 의 결과는 전혀 다르므로 유의해야 한다. 내적이나 행렬곱에서도 배열의 구조를 잘 맞추어야 한다. 예를 들어, 2×2 인 A 와 3×2 인 B 사이의 행렬곱 A * B 는 성립되지 않으며 다음과 같은 오류를 낸다.

```
from numpy import array
A = array([[1,2],[3,4]])
B = array([[5,6],[7,8],[9,10]])
C = A * B
print('C = ',C)
```

ValueError: operands could not be broadcast together with shapes (2,2) (3,2)

5.8 조회와 추출 (indexing and slicing)

프로그램에서 알고리즘을 구현하기 위해서는 배열 또는 리스트에서 특정한 위치에 있는 요소들을 찾아내거나 잘라내는 작업이 필요할 때가 많이 있으며 이를 각각 조회(indexing)와 추출 (slicing)이라고 한다. Python 배열에서는 0으로 부터 시작하여 조회 위치를 결정한다는 점을 유의해야 한다. 다음의 프로그램에서 배열의 각 요소를 조회하는 방식을 구현하였으며 a[0] 와 a[2] 은 배열에서 첫 번째와 세 번째 요소를 가리키며 그 결과는 1 과 3 이 된다. 한편, a[-1] 은 배열 a 의 맨 마지막 요소인 8 을 의미하는 것이다.

```
from numpy import array
a = array([1,2,3,4,5,6,7,8])
print('a[0] = ',a[0])
print('a[2] = ',a[2])
print('a[-1] = ',a[-1])
```

이 프로그램을 수행하면 다음과 같은 요소들을 얻게 된다.

```
a[0] =  1
a[2] =  3
a[-1] =  8
```

만일 배열의 크기를 넘어서는 요소를 지정하려고 하면 오류를 내게 된다.

```
from numpy import array
a = array([1,2,3,4,5,6,7,8])
print('a[8] = ',a[8])
```

오류는 다음과 같이 출력 된다. 즉, 배열 a 에서의 마지막 요소는 a[8] 이 아니라 a[7] 임을 유의해야 한다.

IndexError: index 8 is out of bounds for axis 0 with size 8

다음 프로그램에서는 3×3 행렬에서 원하는 요소를 찾아오는 방법을 구현하고 있다. 2차원 배열에서 요소를 지칭하고자 할 때, 행과 열을 구분할 때 쉼표를 사용한다. 예를 들어, A[1,1] 이 의미하는 내용은 배열에서 두 번째 행과 두 번째 열에 있는 요소의 값을 가지고 오는 것이며 그 값은 5 이다. 한편, A[2,1] 은 배열에서 세 번째 행과 두 번째 열에 있는 요소 8 을 의미한다.

```
from numpy import array
A = array([[1,2,3],[4,5,6],[7,8,9]])
print('A[1,1] =',A[1,1])
print('A[2,1] =',A[2,1])
```

프로그램을 수행하면 다음과 같은 결과를 얻을 수 있다.

```
A[1,1] = 5
A[2,1] = 8
```

만일 특정 행 전체를 조회하고 싶은 경우는 다음과 같이 하며 위의 경우와 마찬가지로 A[1] 은 두 번째 행을, A[−1] 은 맨 마지막 행을 지칭하게 된다.

```
from numpy import array
A = array([[1,2,3],[4,5,6],[7,8,9]])
print('A[1] =',A[1])
print('A[-1] =',A[-1])
```

프로그램 수행 결과는 다음과 같다.

```
A[1] = [4 5 6]
A[-1] = [7 8 9]
```

배열에서 필요한 요소들만을 가지고 오는 것을 추출이라고 하며 Python 입문자들에게 있어서 혼란스러운 부분 중의 하나이므로 주의를 요한다. 배열에서 필요한 부분을 추출하기 위해서는 : 을 사용하여 표기한다. 즉, a[시작:끝] 으로 추출을 시행하게 된다. 주의할 점은 시작은 인덱스 지수를 그대로 사용하지만 끝은 하나를 감한 인덱스 지수를 의미한다는 점이다. 프로그램에서 a[1:4] 는 배열 a 의 첫 번째 인덱스부터 세 번째 인덱스까지의 요소들을 추출하는 것이다.

```
from numpy import array
a = array([99,77,88,44,33,11,22,55])
print('a[1:4] = ',a[1:4])
```

즉, a[1:4] 의 추출과정은 배열의 두 번째 자리 (인덱스 1)에서 네 번째 자리 (인덱스 3)까지의 요소를 가져오는 것이며 프로그램을 실행하면 다음과 같은 결과를 얻는다.

```
a[1:4] =  [77 88 44]
```

이번에는 배열 a에서 [44,33,11,22] 만을 추출하는 과정을 구현해 보기로 한다. 배열 a 에서 44 의 값을 가지고 있는 요소는 인덱스 지수가 3이며 22 에 대한 인덱스 지수는 6이므로, 즉 a[시작:끝] 에서 끝의 지수는 실제로는 하나를 감한 인덱스가 가리키는 지점을 의미하기 때문에 a[3:7] 로 지정해야 한다.

```
from numpy import array
a = array([99,77,88,44,33,11,22,55])
print('a[3:7] = ',a[3:7])
```

결과는 다음과 같다.

```
a[3:7] =  [44 33 11 22]
```

다음 프로그램에서 보는 바와 같이 a[:3] 는 인덱스 0부터 2번째 인덱스까지인 [99,77,88] 을 추출하는 것을 의미하며 끝자리의 인덱스는 자기 자신을 포함하지 않음을 유의해야 한다.

```
from numpy import array
a = array([99,77,88,44,33,11,22,55])
print('a[:3] = ',a[:3])
```

결과는 다음과 같다.

```
a[:3] =  [99 77 88]
```

배열에서 열을 전체로 추출하고자 할 때는 A[:,열의 인덱스] 로 표기하여 수행한다. 프로그램에서는 배열 A 에서 첫 번째 열과 세 번째 열을 추출하는 방법을 보여주고 있다.

```
from numpy import array
A = array([[1,2,3],[4,5,6],[7,8,9]])
print('A[:,0] =',A[:,0])
print('A[:,2] =',A[:,2])
```

결과에서 볼 수 있듯이 A[:,0] 로서 첫 번째 열을 A[:,2] 로서 세 번째 열을 추출하였다.

```
A[:,0] = [1 4 7]
A[:,2] = [3 6 9]
```

조회와 추출은 Python 입문자에게 있어서는 조금 어려운 부분일 수 있으나 가장 많이 사용하는 기법이므로 확실하게 알아두어야 할 필요가 있다. 다음의 표에서는 문자열 (배열)과 Python의 인덱스와의 관계를 표시하였으며 표를 참조하여 다음의 예제를 보며 개념을 정리해 보기로 한다.

0	1	2	3	4	5	6	7	8	9	10	11	12	13
P	y	t	h	o	n	_	i	s	_	f	u	n	!

```
p = "Python_is_fun!"
print("p[0:6] = ", p[0:6])
print("p[-1] = ", p[-1])
print("p[7:9] = ", p[7:9])
```

프로그램을 실행시키면 다음과 같으며, 독자들은 표와 프로그램의 실행 결과를 비교해보며 조회와 추출에 대한 이해를 높이기를 바란다.

```
p[0:6] =  Python
p[-1] =  !
p[7:9] =  is
```

5.9 벡터화 기법

벡터화 기법 (vectorization)은 Python에서 제공하고 있는 매우 편리하고 효율적인 기능이다. 예를 들어 y= sin(x) 에 대하여 구간 $0 \le x \le 2$ 에서의 값을 알고 싶은 경우를 생각해보자. 벡터화 기법을 적용하지 않고 구현하면 다음 프로그램에서와 같다.

```
from numpy import linspace,zeros,sin

x = linspace(0,2,10)
n = len(x)
y = zeros(n)

for i in range(n):
    y[i] = sin(x[i])
```

```
    print('%8.4f ' % y[i])
```

프로그램에서는 from numpy import linspace,zeros,sin 를 선언하여 필요한 함수들을 Numpy에서 불러온다. 구간을 정하기 위해서 x = linspace(0,2,10) 로 0부터 2까지의 구간에서 10개의 숫자를 만들어 x 에 저장한다. 그 다음에 반복을 위한 for 구조를 만들고 각각의 x 값을 sin(x) 에 대입하여 출력하면 다음과 같은 결과를 얻는다.

```
0.0000
0.2204
0.4300
0.6184
0.7764
0.8962
0.9719
0.9999
0.9787
0.9093
```

이번에는 벡터화 기법을 사용하여 코딩을 해보면 프로그램에서 주어진 것과 같으며 벡터화 기법을 사용하였을 때는 for 문을 쓰지 않고도 훨씬 간단하게 처리할 수 있음을 볼 수 있다.

```
from numpy import linspace,zeros,sin
x = linspace(0,2,10)
y = sin(x)
print(y)
```

이 프로그램의 실행 결과는 다음과 같다.

```
: [0.         0.22039774 0.42995636 0.6183698  0.77637192 0.8961922
:  0.9719379  0.99988386 0.9786557  0.90929743]
```

5.10 요약

- Numpy 라이브러리를 사용해서 벡터나 행렬을 만들 때에는 from numpy import array 와 같이 선언하여 array 함수를 사용한다. 벡터나 행렬을 Numpy 배열로 만들면 행렬의 연산, 조회, 추출등에 있어서 매우 편리하고 프로그램에서도 일관성 있게 과정을 표기할 수 있다.
- 요소의 수가 정해진 배열을 자동으로 만들고 싶은 때에는 linspace 를 사용하는 것이 편리하다. 예를 들어, $-1 \leq x \leq 1$ 에서 10개의 요소를 담은 배열은 x= linspace(−1,1,10) 같이 사용한 다.
- 벡터나 행렬의 내적은 dot 함수를 사용한다. 만일 행렬곱을 원하는 경우는 A * B 와 같이 하면 된다. 내적과 행렬곱은 결과가 전혀 다르므로 유의해서 사용해야 한다.
- 배열에서 원하는 요소를 찾아보고 싶을 때는 a[3] 과 같은 조회 (indexing)기능을 사용한다. 또한, 배열에서의 특정 요소들을 불러오고 싶을 때는 a[1:4] 와 같이 추출 (slicing)기능을 사용할 수 있다.

5.11 과제

1. 두 개의 벡터 a=(1,2,3) ,b=(−1,1,3) 를 만들고 a+b, a−b 등의 연산을 수행하는 프로그램을 작성하시오.
2. 두 개의 벡터 a=(5,1,−1) ,b=(7,11,5) 를 만들고 a+b, a−b 등의 연산을 수행하는 프로그램을 작성하시오.
3. 두 개의 벡터 a=(1,2,3), b(−1,1,3) 을 수행하는 프로그램을 a b 작성하시오.

4. 두 개의 벡터 a=(3,5,8), b=(0,9,1) 를 만들고 내적 a b 을 수행하는 프로그램을 작성하시오.
5. 두 개의 행렬 A = [[3,2,1],[4,9,6],[2,8,9]] 와 B = [[1,6,2],[−1,4,2],[3,4,−2]] 을 만들고 내적 $A \cdot B$ 을 수행하는 프로그램을 작성하시오.
6. 두 개의 행렬 A = [[9,1,−3],[2,7,7],[−3,1,5]] 와 B = [[0,−1,0], [1,5,4], [9,6,3]] 을 만들고 내적 $A \cdot B$ 을 수행하는 프로그램을 작성하시오.
7. 배열 a = [1,2,3,4,5,6,7,8] 을 만들고 두 번째와 네 번째 요소를 각각 −99 와 100 으로 치환하는 프로그램을 작성하시오.
8. 배열 a = [−1,3,4,2,9,11,31] 을 만들고 첫 번째와 마지막 요소를 각각 0 와 −100 으로 치환하는 프로그램을 작성하시오.
9. 행렬 A = [[3,2,1],[4,9,6],[2,8,9]] 을 만들고 두 번째 행과 세 번째 열에 해당하는 요소를 찾아내는 프로그램을 작성하시오.
10. 행렬 A = [[3,2,1],[4,9,6],[2,8,9]] 을 만들고 세 번째 행과 두 번째 열에 해당하는 요소를 찾아내는 프로그램을 작성하시오.
11. 배열 a = [1,2,3,4,5,6,7,8] 을 만들고 두 번째부터 네 번째 요소까지 찾아오는 프로그램을 작성하시오.
12. 배열 a = [0,3,9,8,7,6,4,5] 을 만들고 네 번째부터 마지막 요소까지 찾아오는 프로그램을 작성하시오.

6장

Matplotlib

Matplotlib는 그림 그리기에 특화된 Python 라이브러리로서 Numpy와 함께 가장 널리 사용되고 있다. 그림을 그리는 두 가지 형태는 $y = f(x)$ 와 같은 함수를 표현하는 것과 이산적인 자료를 사용하여 표현하는 것이다. Matplotlib는 처음부터 객체지향적인 (object-oriented) 개념으로 설계된 그림 도구이므로 다양한 고급 기법들을 사용하기 위해서는 어느 정도의 학습이 필요하다. 그러나 이 책에서는 독자들의 학습시간을 고려하여 기본적인 그림을 만드는 방법에 대해서만 설명하기로 한다. 보다 깊은 학습을 원하는 독자들은 다양한 예제와 학습내용으로 제공되고 있는 Matplotlib 관련 사이트를 보기 바란다.

6.1 함수를 그리는 법

함수 $y = f(x)$ 를 그리기 위해서는 먼저 x 의 구간을 정하고 구간에서 함수의 값을 표현할 점들을 지정해야 한다. 이를 위해서 Numpy 에서의 linspace 를 사용하면 된다. 다음의 프로그램은 $y = 1/\sqrt{x^2+1}$ 를 $-1 \le x \le 5$ 에서 등 간격으로 하여 만들어진 40개 점에서의 함숫값을 이어 그리는 프로그램이다.

```
%matplotlib inline
from numpy import linspace,sqrt
import matplotlib.pyplot as plt
```

```
x = linspace(-1,5,40)
y = 1.0/sqrt(x**2 + 1)
plt.plot(x,y)
plt.show()
```

프로그램에서 필요한 함수들은 from numpy import linspace,sqrt 명령으로 불러온다. 또한, import matplotlib.pyplot as plt 은 matplotlib.pyplot 를 plt 라는 별명으로 불러오는 과정이다. 주어진 구간을 점으로 바꾸기 위해서 x = linspace(−1,5,40)으로 하여 등 간격인 40개의 점으로 만들어서 x 에 저장하였다. 그리는 명령은 plot(x,y) 로 수행한다. 즉, plot(x,y) 라는 그림을 그리는 함수가 plt 라이브러리 (실제로는 matplotlib.pyplot)에 속해 있음을 알수 있다. 이렇게 해서 그림을 그리기 위한 준비가 다 되었고 마지막으로 plt.show() 명령을 함으로써 그림 6.1과 같은 결과를 볼 수 있다.

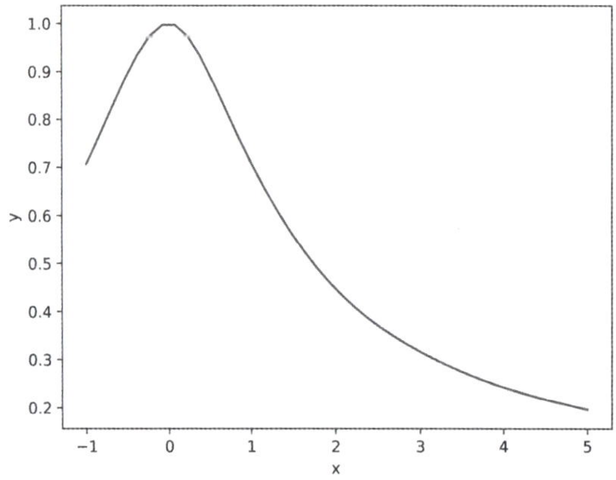

그림 6.1 Matplotlib로 그린 $y=1/\sqrt{x^2+1}$

다음의 프로그램은 두 개의 함수 $y=1/\sqrt{x^2+1}$ 와 $y=1/\sqrt{3x^2+1}$ 를 $-1 \le x \le 5$ 에서 그리는 프로그램이다.

```
%matplotlib inline
from numpy import linspace,sqrt
import matplotlib.pyplot as plt

x = linspace(-1,5,50)
y1 = 1.0/sqrt(x**2 + 1)
y2 = 1.0/sqrt(3 * x**2 + 1)
plt.plot(x,y1,label='plot 1')
plt.plot(x,y2,'--',label='plot 2')
plt.legend()
plt.show()
```

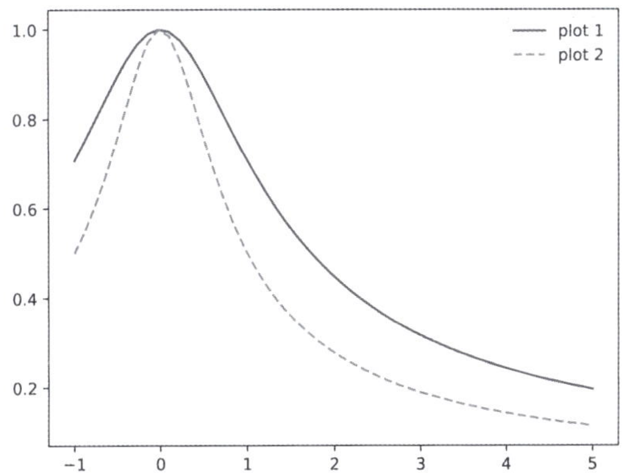

그림 6.2 $y = 1/\sqrt{x^2+1}$ **와** $y = 1/\sqrt{3x^2+1}$ **의 그림**

두 개 이상의 그림을 한 곳에 그릴 때에는 "plot 1" 과 "plot 2" 등으로 구분하여 표시를 해 주는 것이 좋으므로 plot(x,y1,label='plot 1') 와 plot(x,y2,'--',label='plot 2') 와 같이 하여 각각의 항목에 표식을 적어놓고 plt.lengend() 명령을 수행한다. 프로그램을 실행한 결과는 그림 6.2에서 볼 수 있다. 그래프를 구분하기 위한 선의 종류와 표지 (markers)는 다양하므로 관심 있는 독자들은 Matplotlib 홈 페이지를 참고하기 바란다. 여기서는 몇 가지 종류만 간략하게 소개하기로 한다. 프로그램에서와 같이 plt.plot(x,y,'--') 등으로 마커를 지정할 수 있으며 다음의 표에서 선과 마커의 종류를 간략하게 정리하였다.

실선	점선	점실선	원형	삼각형	사각형	육각형	x 기호
-	--	-.	o	^	s	h	x

6.2 데이터를 사용하여 그리기

앞에서는 함수를 그림으로 나타내는 방법을 알아보았다. 그러나 실제로는 데이터를 그림으로 표현해야 할 필요도 많이 있다. 데이터를 사용하여 그림을 그리는 방법은 크게 다르지 않으나, 이때에는 데이터를 배열로 만들어 사용한다.

x	0	1	3	7	8
y	1.1	2.5	-0.7	3.0	2.9

프로그램은 주어진 데이터를 사용하여 그래프로 나타내는 내용에 대한 것이다. 먼저, array 함수를 사용하여 각각 x 와 y 의 배열로 만든 후에 그림을 그리는 과정을 수행한다. 비교적 촘촘한 값으로 줄 수 있는 함수와 달리 그림 6.3에서의 그림에서는 데이터 사이의 간격도 다르고 해서 보기에 좋지는 않다. 따라서 보다 매끄러운 곡선을 원한다면 데이터 사이의 간격을 줄이고 더 많은 데이터를 사용해야 하지만 데이터를 추가로 얻기가 어려운 경우에는 뒤에서 다루게 될 보간법이나 회귀법을 적용할 수 있다.

```
%matplotlib inline
from numpy import array
import matplotlib.pyplot as plt

x = array([0,1,3,7,8])
y = array([1.1,2.5,-0.7,3.0,2.9])
```

```
plt.plot(x,y,'o-')
plt.xlabel('x')
plt.ylabel('y')
plt.show()
```

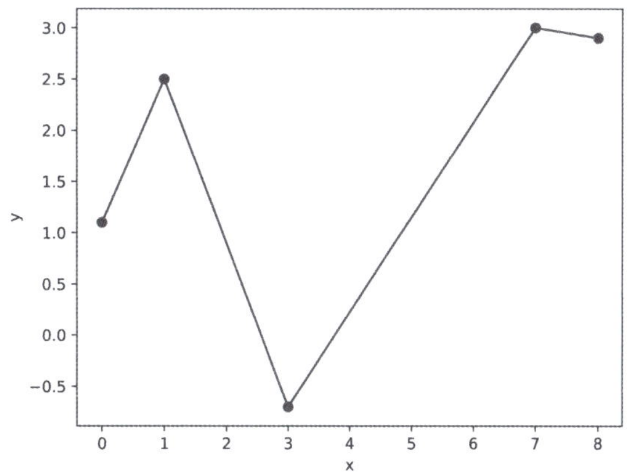

그림 6.3 데이터를 그림으로 나타낸 결과

6.3 요약

다음 항목들은 이번 장에서 학습한 내용을 요약한 것이다.

- Matplotlib 라이브러리를 불러오는 방법: import matplotlib.pyplot as plt
- 함수를 그래프로 그리는 방법
- 데이터를 그래프로 그리는 방법

6.4 과제

1. $y=\sin(x)+\cos(x)$ 의 그래프를 $0 \le x \le 2\pi$ 구간에서 그리시오.
2. $y=\sin(2x)$ 의 그래프를 $0 \le x \le 2\pi$ 구간에서 그리시오.

3. $y = x/\sqrt{1+x^2}$ 의 그래프를 $0 \le x \le 3$ 구간에서 그리시오.

4. $y = 3e^{-x} + x - 1$ 의 그래프를 $0 \le x \le 5$ 구간에서 그리시오.

5. $y = \sin(x)$와 $y = \sin(2x)$ 함수를 $0 \le x \le 2\pi$에서 그래프로 각각 표시하고 구분할 수 있도록 "sin(x)" 과 "sin(2x)" 등으로 항목도 표시하시오.

6. $y = \cos(x)$ 와 $y = 2\sin(x) + 1$ 함수를 $0 \le x \le 2\pi$ 에서 그래프로 각각 표시하고 구분할 수 있도록 "cos(x)" 과 "2sin(x)+1" 등으로 항목도 표시하시오.

7. 다음의 데이터를 그래프로 그리시오.

x	0	1	3	7	8
y	1.1	2.5	-0.7	3.0	2.9

8. 다음의 데이터를 그래프로 그리시오.

x	1	2	3	4	5
y	-3	5	-7	-5	-3

제Ⅲ편

방정식의 근 구하기

7장

방정식의 근 구하기

7.1 근의 존재구간

함수로 주어진 방정식 $f(x)$ 의 근을 구한다는 것은 $f(x)=0$ 을 만족시키는 값 c를 찾는다는 것과 동일하다고 볼 수 있다. 만일 c 가 방정식의 근이 아니라면 함수에 대입한 결과는 $f(c)\neq 0$ 이 된다. 수치해석에서 방정식의 근을 구하는 방식은 해석적이 아닌 근사적이며 반복적인 과정을 따르게 되는데 그 시작은 근을 추측하는 것으로부터 시작된다. 방정식 $f(x)=0$ 의 근을 구하기 위해서는 먼저 근이 존재할 가능성이 있는 영역을 찾아야 하며 그에 대한 알고리즘은 방정식의 차수가 낮은 경우에는 어렵지 않게 확정할 수 있다.

예를 들어, $f(x)=(x-1)(x-3)=x^2-4x+3=0$ 의 근을 구하고자 하는 경우에 근의 존재 가능성이 있는 구간을 다음과 같은 방식으로 설정한다. 예를 들어, 구간 $0\leq x\leq 2$ 에 근이 있을 가능성은 구간 끝에서의 두 함수 값을 계산해서 비교해보면 알 수 있다. 즉, $f(0)=3\geq 0$ 이며 $f(2)=-1\leq 0$이 되므로 함숫값의 부호가 +에서 −로 바뀌는 것을 볼 수 있으므로 함수 $f(x)$는 $0\leq x\leq 2$ 속한 어느 점에선가는 0이 되는 지점을 지날 수 밖에 없게 된다. 함수 $f(x)$ 가 0을 지나는 지점이 바로 $f(x)=0$ 이 되는 점이며 그 점에서의 x 가 방정식의 해가 된다.

즉, 방정식의 부호가 바뀌는 구간에서는 근이 적어도 하나가 존재할 가능성이 있다는 결론을 얻는다. 방정식의 근을 구하기 위한 알고리즘은 다음과 같은 두 가지의 역할을 수행하게 된다.

1. 첫 번째는 근이 존재할 가능성이 있는 영역을 알아내는 일이고,

2. 두 번째는 실제로 근을 찾아내는 것이다.

간단한 방정식의 경우에는 근의 존재 가능 영역을 추정하기가 쉬우나, 방정식이 복잡해질수록 추측하기가 어려워진다. 또 한 가지 반드시 고려해야 하는 점은 방정식의 근이 존재하지 않는 경우이나 본서에서는 이러한 경우는 제외하기로 한다. 다음 절에서는 근의 존재 여부와 영역을 체계적으로 추정하기 위해서 적용할 수 있는 기본적인 두 가지 원리인 중간값 정리 (Intermediate-value theorem)와 평균값 정리 (Mean-value theorem)에 대해서 알아보기로 한다.

7.2 중간값 정리

중간값 정리는 근의 존재여부를 판단할 수 있는 중요한 이론적 근거를 제공하고 있으며 다음과 같이 정의된다.

중간값 정리 함수 $f(x)$ 가 $a \le x \le b$ 에서 연속이며 미분가능하다고 할 때 임의의 함수값 M 이 두 점에서의 함수값 $f(a)$, $f(b)$ 와 다음과 같은 관계가 성립된다면

$$f(a) \le M \le f(b) \tag{7.1}$$

이때 함수값 M 을 생산할 수 있는 값 c 가 구간 $a<x<b$ 에 존재하며 $f(c)=M$ 이다.

예를 들어, 방정식 $f(x)=-x^2+6x-5=0$ 의 근이 구간 $-1<x<3$ 에서 존재하는가에 대하여 중간값 정리를 적용하여 살펴보고자 한다. 중간값 정리를 적용하기 위해서 두 점에서의 함숫값을 구하면 각각 $f(a)=f(-1)=-12.0$ 과 $f(b)=f(3)=4.0$ 이다. 만일 이 구간에서 근이 존재한다면 $-12<M<4$ 를 만족하는 함숫값 $f(c)=M$ 을 제공해 줄 수 있는 c 가 존재해야만 한다. 그런데 $M=0$ 이라면 $f(c)=0$ 가 되어 c 가 방정식 $f(x)$ 의 근이 됨을 알 수 있다. 따라서 중간값 정리에 의해서 구간 $-1<x<3$ 에서 근이 존재함이 증명되었다.

7.3 평균값 정리

평균값 정리는 다음과 같이 정의된다.

평균값 정리 함수 $f(x)$ 가 $a \le x \le b$에서 연속이며 미분가능하다고 할 때 다음 식을 만족하는 적어도 하나의 값 c 가 구간 $a<x<b$ 에 존재한다.

$$f'(c) = \frac{f(b)-f(a)}{b-a}. \tag{7.2}$$

만일 $f(a)=f(b)$ 인 경우는 $f'(c)=0$ 가 되어 그 점에서의 함수의 접선이 수평축과 평행하다는 것을 의미하며 구간 $a<x<b$ 에서 수평축과 평행한 접선을 만들어 내는 점가 존재함을 뜻한다. 또한, 식 (7.2)의 우변은 다음과 같이 정의되는 두 점 $(a,f(a))$와 $(b,f(b))$ 을 지나는 직선의 기울기와 같음을 알 수 있다.

$$\frac{f(b)-f(a)}{b-a} \tag{7.3}$$

그러므로 평균값 정리에 의해서 두 점 $(a,f(a))$, $(b,f(b))$ 을 지나는 직선은 구간 $a<x<b$ 에 있는 점 c 에서의 접선인 $f'(c)$ 과 평행하다는 것을 말해주고 있다. 예제로서, $f(x)=-x^2+6x-5=0$ 에 대하여 구간 $-1<x<3$ 에서 평균값 정리를 적용해 보기로 한다. 두 점에서의 함숫값을 구하면 각각 $f(a)=f(-1)=-12.0$와 $f(b)=f(3)=4.0$ 이다. 따라서 식 (7.2)에서 다음과 같은 결과를 얻는다.

$$f'(c) = \frac{4-(-12)}{3-(-1)} = 4. \tag{7.4}$$

한편, $f'(x)=-2x+6$ 이므로 점 c 에서 접선의 방정식은 다음과 같이 쓸 수 있다.

$$-2c+6=4 \tag{7.5}$$

이 방정식에서 $c=1$ 이므로 결국 $-1<c<3$ 을 만족한다. 결과에 대한 검증을 위해

서 식 (7.4)에 $c=1$ 을 대입하면 $f'(1)=4$ 가 되고 두점을 잇는 기울기가 4인 직선과 평행하게 되어 평균값 정리를 확증할 수 있다.

7.4 근의 존재 여부

앞 절에서 두 가지 기본 원리인 중간값 정리와 평균값 정리에 대하여 학습하였으며 이는 방정식의 근의 존재 여부를 확증하는데 중요한 이론적 근거를 제공한다. 이번에는 이러한 지식을 배경으로 관심 있는 구간에서 방정식의 근의 존재 여부에 대한 체계적인 방법을 설명하고자 한다.

임의의 구간 $a<x<b$ 내에서 방정식 $f(x)=0$ 에 대하여 다음과 같이 세 가지의 다른 사례로 나누어 생각할 수 있다.

- 두 점에서의 함숫값의 부호가 모두 양인 경우, $f(a)>0$, $f(b)>0$
- 두 점에서의 함숫값의 부호가 모두 음인 경우, $f(a)<0$, $f(b)<0$
- 두 점에서의 함숫값의 부호가 다른 경우, $f(a)>0$, $f(b)<0$ 또는 $f(a)<0$, $f(b)>0$

함숫값의 부호가 모두 양인 경우

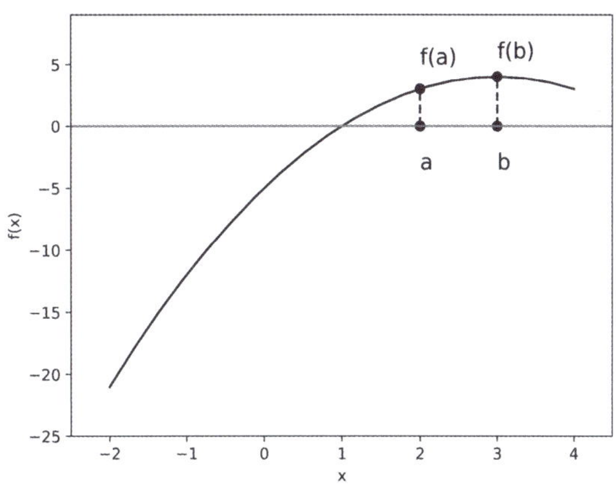

그림 7.1 구간에서 함숫값의 부호가 모두 양인 경우

이번에는 구간이 $2<x<3$ 에서 평균값 정리를 만족하는 값 c 가 존재하는지 알아보기로 한다. $f(2)=3$ 와 $f(3)=4$ 에 대하여 식 (7.4)은 다음과 같다.

$$f'(c) = \frac{4-3}{3-2} = 1. \tag{7.6}$$

한편, $f'(x)=-2x+6$ 이므로 이 식은 다음과 같이 쓸 수 있다.

$$-2c+6=1 \tag{7.7}$$

이 방정식의 결과는 $c=2.5$ 이므로 $2<c<3$ 을 만족한다. 따라서 평균값 정리에 의해서 $c=2.5$ 가 된다. 한편, 중간값 정리에 의하면 방정식의 근이 존재하기 위해서는 $f(c)=M=0$ 이 되어야 한다. 그런데 $f(c)=f(2.5)=3.75$ 가 되어 어떠한 c 값을 가지더라도 $3<M=0<4$ 을 만족시키기는 불가능하다. 따라서 구간 $2<x<3$ 에서와 같이 두 점에서의 함수값의 부호가 모두 양인 경우는 근이 존재하지 않음을 알 수 있다.

함수값의 부호가 모두 음인 경우

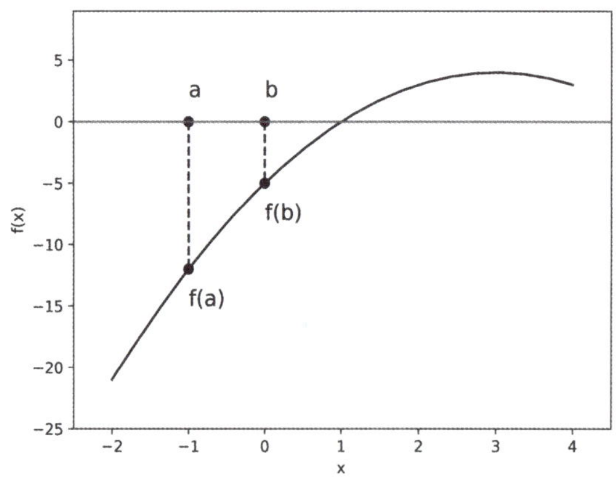

그림 7.2 구간에서 함숫값의 부호가 모두 음인 경우

이번에는 구간이 $-1<x<0$ 에서 평균값 정리를 만족하는 값 c 가 존재하는지 알아보기로 한다. $f(-1)=-12$, $f(0)=-5$ 와 함께 위에서와 같은 방법으로 식 (7.4)는 다음과 같다.

$$f'(c) = \frac{-5-(-12)}{0-(-1)} = 7 \tag{7.8}$$

한편, $f'(x)=-2x+6$ 이므로 이 식은 다음과 같이 쓸 수 있다.

$$-2c+6=7 \tag{7.9}$$

이 방정식에서 $c=-0.5$ 이므로 $-1<c<0$ 을 만족한다. 따라서 평균값 정리에 의해서 $c=-0.5$ 가 된다. 중간값 정리에 의하면 방정식의 근이 존재하기 위해서는 $f(c)=M=0$ 이 되어야 한다. 그런데 $f(c)=f(-0.5)=-8.25$ 가 되어 어떠한 c 값을 가지더라도 $-12<M=0<-5$ 을 만족시키기는 불가능하다. 따라서 구간 $-1<x<0$ 에서와 같이 함숫값의 부호가 모두 음인 경우는 근이 존재하지 않음을 알 수 있다.

함숫값의 부호가 다른 경우

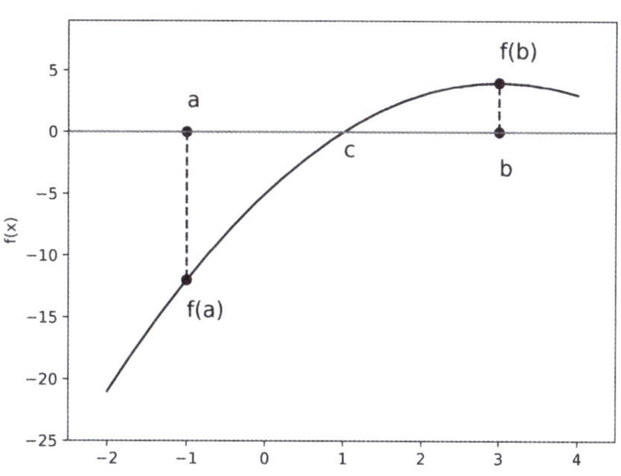

그림 7.3 구간에서 함숫값의 부호가 다른 경우의 근의 존재

마지막으로 구간이 $-1<x<3$ 에서 평균값 정리를 만족하는 값 c 가 존재하는지 알아보기로 한다. $f(-1)=12$ 와 $f(3)=4$ 를 위에서와 같은 방법으로 식 (7.4)에 적용하면 다음과 같다.

$$f'(c)=\frac{4-(-12)}{3-(-1)}=4 \tag{7.10}$$

$f'(c)=-2x+6$ 이므로 이 식은 다음과 같이 쓸 수 있다.

$$-2c+6=4 \tag{7.11}$$

이 방정식에서 $c=1$ 이므로 $-1<c<3$ 을 만족한다. 따라서 평균값 정리에 의해서 $c=1$ 임이 확증된다. 중간값 정리에 의하면 방정식의 근이 존재하기 위해서는 $f(c)=M=0$ 이 되어야 한다. 그런데 $f(c)=f(1)=0$ 가 되며 c 는 $-12<M=0<4$ 을 완전하게 만족시킨다. 따라서 구간 $-1<x<3$ 에서 근이 존재하며 결론적으로 함숫값의 부호가 다른 경우는 그 구간에서 근이 존재한다.

7.5 요약

1. 두 점에서의 함숫값의 부호가 모두 양인 경우, $f(a)>0$, $f(b)>0$ 에서는 근이 존재하지 않는다.
2. 두 점에서의 함숫값의 부호가 모두 음인 경우, $f(a)<0$, $f(b)<0$ 에서는 근이 존재하지 않는다.
3. 두 점에서의 함숫값의 부호가 다른 경우, $f(a)>0$, $f(b)<0$ 또는 $f(a)<0$, $f(b)>0$에서는 근이 존재한다.

일단 해가 있을 것으로 여겨지는 영역이 결정되면, 그 다음은 실제적으로 알고리즘을 적용해서 방정식의 해를 구하는 과정을 수행해야 한다. 방정식의 해를 구하기 위한 많은 알고리즘이 있으나 본서에서는 이분법 (bisection methods), 고정법 (fixed point methods), Newton–Raphson 법, 완화법 (relaxation methods), 비선형 연립방정식에 대한 해법과 할선법 (secant methods) 등의 방법을 차례로 소개하기로 한다.

7.6 과제

1. 평균값 정리에 관해서 설명하시오.
2. 중간값 정리에 관해서 설명하시오.
3. 함수 $f(x)=0$ 에 대하여 근의 존재 여부 판단하는 과정을 설명하시오.

8장

이분법 (Bisection methods)

8.1 이분법: 해설

이분법 (bisection methods)은 방정식의 근이 존재하는 영역에서 구간의 크기를 연속적으로 절반으로 줄여가면서 근을 찾아내는 방법이다. 이분법은 구간이 올바르게 결정된 경우에는 확실하게 근을 찾는다는 장점이 있는 반면 다른 방법에 비해서 찾아가는 속도가 느리다는 단점이 있다.

다음에 주어진 방정식의 근을 이분법으로 구하는 방법을 알아보기로 한다.

$$f(x) = -x^2 + 6x - 5 = 0 \tag{8.1}$$

가장 먼저해야 할 일은 근이 존재하는 영역 $a<x<b$ 을 찾아내는 것이다. 예제에서는 구간을 $-2<x<3$ 으로 정하기로 한다. 따라서 $a=-2$ 와 $b=3$ 와 같이 놓으면 각 점에서의 함수값 $f(a)=f(-2)=-21$ 과 $f(b)=f(3)=4$ 을 얻는다.

다음 과정으로 중간점 c 를 계산하면 다음과 같다.

$$c = \frac{a+b}{2} = \frac{-2+3}{2} = 0.5 \tag{8.2}$$

c 에서의 함숫값은 $f(c)=f(0.5)=-2.25$ 이다. 이때 $f(0.5)<0$ 와 $f(-2)<0$ 이므로 중간값 정리에 의해서 그 구간에는 근이 존재하지 않는다.

따라서 그림 7.3을 참조하면 함숫값의 부호는 $f(0.5)<0$ 와 $f(3)>0$ 이므로 그 구간

내에 근이 존재한다고 볼 수 있다. 이제 새로운 구간은 원래 구간을 절반으로 자른 부분인 $0.5<x<3$ 로 축소되었으며 표기의 편의를 위해서 c 를 a로 바꾸어주면 새로운 구간은 $a<x<b$ 또는 $0.5<x<3$ 이 된다. 근삿값을 구하기 위해서 이와 같은 과정을 반복한다.

이제 새로운 구간에서의 함숫값은 각각 $f(a)=f(0.5)=-2.25$ 와 $f(b)=f(3)=4$ 이며 $c=(a+b)/2=1.75$ 이다. $f(c)=f(1.75)=2.4375>0$ 이다.

이때 $f(1.75)>0$ 과 $f(0.5)<0$ 를 비교하면 부호가 다르므로 이 영역에서 근이 존재한다는 것을 알 수 있다. 따라서 새로운 영역은 $0.5<x<1.75$ 이 된다. 이분법에서는 이와 같이 구간 영역을 연속적으로 절반으로 축소해가면서 한 점 c 로 접근하는 방식을 쓴다. 예제에서 수행한 이분법을 간략하게 설명하면 다음과 같다.

1. 처음 구간: $-2<x<3$
2. 새로운 구간 1: $0.5<x<3$, $c=0.5$
3. 새로운 구간 2: $0.5<x<1.75$, $c=1.75$

일반적인 이분법 알고리즘을 요약하면 다음과 같다.

1. 주어진 구간 $a<x<b$ 에서의 중간점 $c=(a+b)/2$ 를 계산한다.
2. 중간점 c 에서의 함숫값 $f(c)$ 을 얻는다.
3. $f(c)$ 의 부호를 $f(a)$ 또는 $f(b)$ 와 비교한다. 함숫값의 부호가 다른 구간에 근이 있으면 그 구간을 새로운 구간으로 정한다.
4. 새롭게 정의된 구간에서 1번 과정부터 다시 실행한다.

8.2 이분법: 코딩

프로그램에서 from numpy import zeros,sign 는 Numpy 라이브러리에서 계산에 필요한 zeros, sign 함수들을 불러오는 명령이다. 방정식 $f(x)=-x^2+6x-5$ 은 def f(x)로 정의하였다. 구간의 초기값은 $a=-2.0$, $b=3.0$ 으로 하였으며 반복회수는 $n=7$ 로 주었다. 구하고자 하는 근을 c 에 저장하기 위해서 n 크기의 배열을 만들기 위해서 c = zeros(n) 와 같이 선언하였다. 이분법 알고리즘은 bisection(f,a,b,n) 에서 구현되었으며 중간값 c 를 계산하고 if 와 sign 함수를 사용하여 함숫값의 부호를 비교하는 단락이 있다. sign 함수는 대상에 대한 부호를 확인해주는 역할을 함으로 함숫값들의 부호를 계속해서 비교해야 하는 과정에서 편리하게 사용할 수 있으며 프로그램에서는 $f(c)$ 와 $f(a)$ 의 부호를 비교하기 위해서 sign(f(c[i])) == sign(f(a)) 와 같이 적용되었다. 여기서 좌변과 우변을 비교할 때는 = 가 아니라 == 을 사용해야 함을 유의해야 한다.

```
from numpy import zeros,sign

# Define bisection function
def bisection(f,a,b,n):
    c = zeros(n)
    for i in range(n):
        c[i] = (a + b)/2.0
        if sign(f(c[i])) == sign(f(a)):
            a = c[1]
        else:
            b = c[i]
    return c
# Define function
def f(x):
    return -x**2 + 6.0 * x - 5.0

# Execute bisection function
a = -2.0
b = 3.0
n = 7
xb = bisection(f,a,b,n)

# Print results
print("%5s %8s" % ('k','c'))
for k in range(n):
    print("%5d %9.4f" % (k+1,xb[k]))
```

프로그램의 수행 결과는 다음과 같다. 주어진 방정식의 한 근은 $x=1$ 인데 반해서 이분법의 결과는 1.0078 로 되어 더 정확한 답을 얻기 위해서는 반복 회수 n 를 증가시켜야 함을 알 수 있다.

```
k    c
1    0.5000
2    1.7500
3    1.1250
4    0.8125
5    0.9688
6    1.0469
7    1.0078
```

표 8.1에서는 같은 문제에 대하여 반복 회수를 n = 15 로 하여 계산한 결과이다. 앞서의 결과보다 정확도가 개선되었으나 이분법의 특성 상 수렴속도가 빠르지 않음을 알 수 있다.

표 8.1 $f(x)=-x^2+6x-5$ **에 대한 이분법 해석의 결과와 오차**

k	c	ε (%)
1	0.5000	
2	1.7500	50.0000
3	1.1250	-75.0000
4	0.8125	-12.5000
5	0.9688	18.7500
6	1.0469	3.1250
7	1.0078	-4.6875
8	0.9883	-0.7812
9	0.9980	1.1719
10	1.0029	0.1953
11	1.0005	-0.2930
12	0.9993	-0.0488
13	0.9999	0.0732
14	1.0002	0.0122
15	1.0000	-0.0183

8.3 요약

- 이분법은 근이 존재할 가능성이 있는 영역을 구간으로 지정하고 구간의 중간점을 계산한 후 분할 된 영역에서의 함숫값을 비교하여 구간을 축소해가면서 근을 찾는 방법이다.
- 구간이 적절하게 정해진다면 이분법은 다른 방법과 달리 거의 확정적으로 근을 찾아준다.
- 이분법은 모든 영역을 나누어가면서 탐색해야 하므로 속도가 느린 단점이 있다.

8.4 과제

1. 이분법을 사용하여 $0 \le x \le 5$ 에서 방정식 $f(x) = 3x - \cos(x) - 1$ 의 근을 구하시오.
2. 이분법을 사용하여 $2 \le x \le 7$ 에서 방정식 $f(x) = -x^2 + 6x - 5$ 의 근을 구하시오.
3. 이분법을 사용하여 $-5 \le x \le -0.5$ 에서 방정식 $f(x) = x^2 + \sin(x)$ 의 근을 구하시오.
4. 이분법을 사용하여 $0 \le x \le 5$ 에서 방정식 $f(x) = \sqrt{x+1} - 2x + 1$ 의 근을 구하시오.
5. 이분법을 사용하여 $-2 \le x \le 0$ 에서 방정식 $f(x) = 1 + 2x + e^{-x}\cos(x)$ 의 근을 구하시오.
6. 이분법을 사용하여 $0 \le x \le 5$ 에서 방정식 $f(x) = \cos(x) + x - 3$ 의 근을 구하시오.
7. 이분법을 사용하여 $1 \le x \le 5$ 에서 방정식 $f(x) = \sqrt{x^2 - 1} - x + 1$ 의 근을 구하시오.
8. 이분법을 사용하여 $0 \le x \le 3$ 에서 방정식 $f(x) = x^3 + 4x^2 + 2x - 2$ 의 근을 구

하시오.

9. 이분법을 사용하여 $0 \le x \le 5$ 에서 방정식 $f(x) = x^3 - 8$ 의 근을 구하시오.

10. 이분법을 사용하여 $0 \le x \le 4$ 에서 방정식 $f(x) = x^2 - 2$ 의 근을 구하시오.

9장

고정점 방법 (Fixed point methods)

9.1 고정점 방법: 해설

고정점 방법 (Fixed point methods)은 해를 구하고자 하는 방정식을 수정하여 다음과 같은 보조 방정식으로 만들고 반복되는 함수에 대하여 고정점을 계산하는 방식으로 해를 구한다

$$x^{(k+1)} - g(x^{(k)}) \qquad k - 0, 1, 2, \ldots \tag{9.1}$$

유의할 점은 가능하면 좌변에 1차의 x 가 오도록 방정식을 수정하여야 한다는 것이다. 예제로서 방정식이 다음과 같이 주어졌을 때 고정점 방법을 적용하기 위한 과정을 설명하기로 한다.

$$f(x) = -x^2 + 6x - 5 = 0 \tag{9.2}$$

이 식은 식 (9.1)을 참조하여 다음과 같이 최소한 두 종류의 고정점 형식의 방정식으로 고쳐 쓸 수 있다.

$$\begin{aligned} x &= \frac{1}{6}(x^2 + 5) \\ x &= \sqrt{6x - 5} \end{aligned} \tag{9.3}$$

먼저 식 (9.3)에서의 첫 번째 방정식을 사용하여 고정점 형식으로 표시하면 다음과 같다.

$$x^{(k+1)} = \frac{1}{6}\left((x^{(k)})^2 + 5\right) \qquad k = 0, 1, 2, \dots \tag{9.4}$$

여기서

$$g(x) = \frac{1}{6}(x^2 + 5) \tag{9.5}$$

초기값으로 $x^{(0)} = 3.0$ 으로 하면 $i = 0$ 에서 고정점 식 (9.4)에서 첫 번째 근삿값 $x^{(1)}$ 은 다음과 같이 주어진다.

$$x^{(1)} = \frac{1}{6}((x^{(0)})^2 + 5) = \frac{1}{6}(3.0^2 + 5) = 2.3333 \tag{9.6}$$

한편, $i = 1$ 에서는 다음과 같이 두 번째 근삿값 $x^{(2)}$ 이 주어진다.

$$x^{(2)} = \frac{1}{6}(x_1^2 + 5) = \frac{1}{6}(2.3333^2 + 5) = 1.7407 \tag{9.7}$$

이와 같은 방식으로 반복하면 근삿값을 구할 수 있게 된다.

한편, 식 (9.3)에서 제시된 두 번째 형식 $x = \sqrt{6x - 5}$ 은 고정점 반복을 수행하기에 어려움이 있는데 우변에 있는 제곱근내의 값이 음수가 되면 더 이상 진행을 할 수 없는 문제가 있기 때문이다. 즉, $x^{(k)} = 0$ 이 되는 경우에 제곱근 내부의 값은 $\sqrt{6 \times 0 - 5} = \sqrt{-5}$ 가 된다. 따라서 이번 예제에서는 두 번째 형식은 사용하지 않도록 한다.

9.2 고정점 방법: 코딩

```
from numpy import zeros

def fixedpoint(g,x0,n):
    x = zeros(n)
    errs = zeros(n)
    x[0] = x0
    for i in range(n-1):
        x[i+1] = g(x[i])
    return x

# Define functions
def g(x):
    return 1.0/6.0*(x**2 + 5)

# Run FIXEDPOIN
x0 = 3.0
n = 7
xf = fixedpoint(g,x0,n)

# Print results
print("%5s %8s" % ('k','x'))
for k in range(n):
    print("%5d %9.4f" % (k+1,xf[k]))
```

프로그램에서 from numpy import zeros 는 Numpy 라이브러리에서 계산에 필요한 zeros 함수들을 불러오는 명령이다. 근을 구하고자 하는 방정식 $f(x) = -x^2 + 6x - 5 = 0$ 에 대한 고정점 형식은 $g(x)$ 로 정의하였다. 구간의 초기값은 $x0 = 3.0$ 으로 하였으며 반복회수는 $n = 7$ 로 주었다. 알고리즘은 fixedpoint(g,x0,n) 에서 구현되었으며 고정점 방법의 특성상 매우 간단하다. 주어진 방정식의 한 근은 $x = 1$ 인데 반해서 현재의 결과는 1.0160 로 되어 더 정확한 답을 얻기 위해서는 반복 회수를 증가시켜야 한다.

k	x
1	3.0000
2	2.3333
3	1.7407
4	1.3384
5	1.1319
6	1.0469
7	1.0160

그림 9.1에서는 고정점 방법 해석의 결과를 보여주고 있다. 방정식 $f(x) = -x^2 + 6x - 5 = 0$ 의 근삿값에 대한 수렴도를 볼 수 있다.

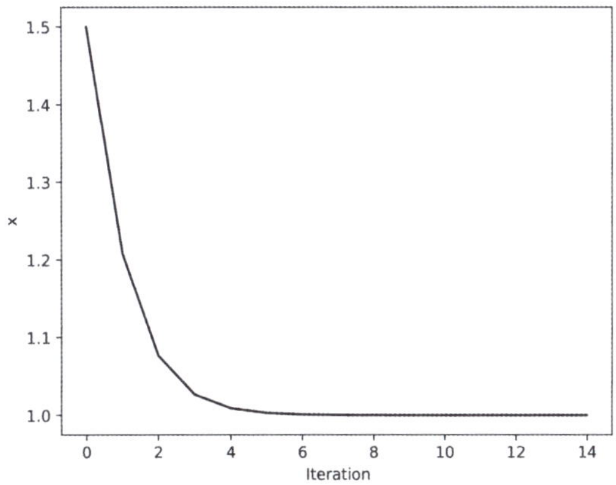

그림 9.1 고정점 방법에 의한 근삿값의 수렴도

표 9.1에서 보는 자료는 반복 회수를 15회까지 증가시켜 구한 것이다. 같은 회수에 대하여 이분법의 경우 (표 8.1 참조)보다 수렴속도가 빠른 것으로 나타나지만 고정점 형식의 종류와 초기값을 주는데 따라서 상당히 결과가 달라지므로 정확한 성능 비교는 어렵다.

표 9.1 $f(x) = -x^2 + 6x - 5 = 0$ **에 대한 고정점 해석의 결과와 오차**

k	x	ε (%)
1	3.0000	
2	2.3333	-200.0000
3	1.7407	-133.3333
4	1.3384	-74.0741
5	1.1319	-33.8363
6	1.0469	-13.1869
7	1.0160	-4.6855
8	1.0054	-1.5984
9	1.0018	-0.5371
10	1.0006	-0.1795
11	1.0002	-0.0599
12	1.0001	-0.0200
13	1.0000	-0.0067
14	1.0000	-0.0022
15	1.0000	-0.0007

9.3 요약

- 고정점 방법은 비교적 간단하게 근을 구할 수 있는 방법이나 특성 방정식에 따라서 근을 구하는 결과가 크게 좌우되는 경향이 있다.
- 고정점 방법은 이분법과 달리 하나의 초기값만 필요하다.

9.4 과제

1. 고정점 방법을 사용하여 $0 \le x \le 5$ 에서 방정식 $f(x) = 3x - \cos(x) - 1$의 근을 구하시오.
2. 고정점 방법을 사용하여 $0 \le x \le 5$ 에서 방정식 $f(x) = \cos(x) + x - 3$의 근을 구하시오.

10장

Newton-Raphson 방법

10.1 Newton-Raphson 방법: 해설

Newton-Raphson 방법에서는 방정식에 대한 근을 구할 때 초기값을 예측하여 사용한다. 예를 들어 초기값을 $x^{(0)}$ 라고 놓고 대입하였을 때 $f(x^{(0)})=0$ 을 만족한다면 $x^{(0)}$ 는 방정식의 근이며, 만일 $f(x^{(0)}) \neq 0$ 이라면 새로운 근삿값을 $x^{(1)}=x^{(0)}+h$ 로 놓고 방정식에 대입한다. 그러므로 $f(x^{(1)})=0$ 이었다고 한다면 $x^{(1)}$이 방정식의 근이라는 의미이다. 이 과정을 식으로 적어보면 다음과 같다.

$$f(x^{(1)}) = f(x^{(0)} + h) \approx 0 \tag{10.1}$$

이 식에서 $x^{(1)}$ 은 근으로서의 조건을 만족하며 이를 Taylor 급수로 전개하면 다음과 같다.

$$\begin{aligned} f(x^{(1)}) &= f(x^{(0)} + h) \\ &= f(x^{(0)}) + hf'(x^{(0)}) + \frac{1}{2!}h^2 f''(x^{(0)}) + \cdots = 0 \end{aligned} \tag{10.2}$$

이 식에서 $O(h^2)$ 이상의 항을 무시하면 다음과 같이 쓸 수 있다.

$$f(x^{(0)}) + hf'(x^{(0)}) = 0 \tag{10.3}$$

여기서 $h = x^{(1)} - x^{(0)}$ 를 적용하여 $x^{(1)}$ 에 대하여 정리하면 다음과 같으며 이를 Newton–Raphson 식이라고 한다.

$$x^{(1)} = x^{(0)} - \frac{f(x^{(0)})}{f'(x^{(0)})} \tag{10.4}$$

이 식을 이용하여 계속해서 새로운 근삿값 $x^{(2)}$ 를 다음과 같이 계산한다.

$$x^{(2)} = x^{(1)} - \frac{f(x^{(1)})}{f'(x^{(1)})} \tag{10.5}$$

결과적으로 Newton–Raphson 방법을 일반화시키면 다음과 같이 쓸 수 있다.

$$x^{(k+1)} = x^{(k)} - \frac{f(x^{(k)})}{f'(x^{(k)})} \tag{10.6}$$

여기서 $k = 0, 1, 2, \ldots$ 이며 다음의 오차 조건을 만족할 때까지 반복하는 과정을 거친다.

$$\left| \frac{x^{(k+1)} - x^{(k)}}{x^{(k+1)}} \right| \le \varepsilon \tag{10.7}$$

여기서 ϵ 는 목표로 하는 오차이다.

Newton–Raphson 방법으로 방정식 $f(x) = -x^2 + 6x - 5$ 에서 근을 구하는 과정을 살펴보기로 한다. 계산에 필요한 방정식의 미분은 $f'(x) = -2x + 6$ 이다. 식 (10.6)에서 차분식을 다음과 같이 쓸 수 있다.

$$x^{(k+1)} = x^{(k)} - \left[\frac{-(x^{(k)})^2 + 6x^{(k)} - 5}{-2x^{(k)} + 6}\right] \tag{10.8}$$

초기값을 $x^{(0)} = -2$ 로 하여 $k = 0$ 으로부터 계산을 시작하면 $x^{(1)}$ 은 다음과 같다.

$$\begin{aligned} x^{(1)} &= x^{(0)} - \left[\frac{-(x^{(0)})^2 + 6x^{(0)} - 5}{-2x^{(0)} + 6}\right] \\ &= -2 - \left[\frac{-(-2)^2 + 6 \times (-2) - 5}{-2 \times (-2) + 6}\right] = 0.1 \end{aligned} \tag{10.9}$$

다음 단계 $k = 1$ 에서 같은 방법으로 $x^{(2)}$ 은 다음과 같이 계산된다.

$$\begin{aligned} x^{(2)} &= x^{(0)} - \left[\frac{-(x^{(1)})^2 + 6x^{(1)} - 5}{-2x^{(1)} + 6}\right] \\ &= 0.1 - \left[\frac{-0.1^2 + 6 \times (0.1) - 5}{-2 \times 0.1 + 6}\right] = 0.8603 \end{aligned} \tag{10.10}$$

위와 같은 방법으로 계속해서 진행하면 새로운 근삿값을 구할 수 있으며 궁극적으로 식 (10.7)의 조건이 만족할 때까지 반복한다.

10.2 Newton-Raphson 방법: 코딩

```
from numpy import zeros

def newton(f,df,x0,n):
    x = zeros(n)
    x[0] = x0
    for k in range(n-1):
```

```
        x[k+1] = x[k] - f(x[k])/df(x[k])
    return x

def f(x):
    return -x**2 + 6.0 * x - 5.0

def df(x):
    return -2.0 * x + 6.0

x0 = -2.0
n = 7
xn = newton(f,df,x0,n)

# printing output
print("%5s %8s" % ('k','x'))
for k in range(n):
    print("%5d %9.4f" % (k+1,xn[k]))
```

프로그램에서 from numpy import zeros 는 Numpy 라이브러리에서 계산에 필요한 zeros 함수들을 불러오는 명령이다. 근을 구하고자 하는 방정식 $f(x)=-x^2+6x-5$ 는 $f(x)$ 에서 그리고 미분값 $f'(x)$ 는 $df(x)$ 에서 구현하였다. 초기값은 $x[0]=-2.0$ 으로 하였으며 반복회수는 $n=7$ 로 주었다. 계산된 근사값을 x 에 저장하기 위한 n 크기의 배열을 만들기 위해서 $x=zeros(n)$ 와 같이 선언하였다. Newton-Raphson 방법의 알고리즘은 newton $(f,df,x0,n)$ 에서 구현되었다. 방정식의 특성과 초기값 등에따라 달라지기는 하지만 Newton-Raphson 방법은 다른 알고리즘에 비해서 대체적으로 빠른 수렴도를 보인다. 표 10.1에서는 방정식 $f(x)=-x^2+6x-5$ 에 대한 해석 결과를 보여주고 있다. 또한, 그림 10.1에서는 근삿값의 수렴과 오차의 감소를 보여주고 있다. 일반적으로 초기값을 잘 선정한다면 Newton-Raphson 방법은 상당히 빠른 수렴 속도를 나타낸다.

표 10.1 Newton–Raphson 방법에 의한 결과와 오차

k	x	ε (%)
1	-2.0000	
2	0.1000	2100.0000
3	0.8603	88.3768
4	0.9954	13.5710
5	0.9999	0.4552
6	1.0000	0.0005
7	1.0000	0.0000

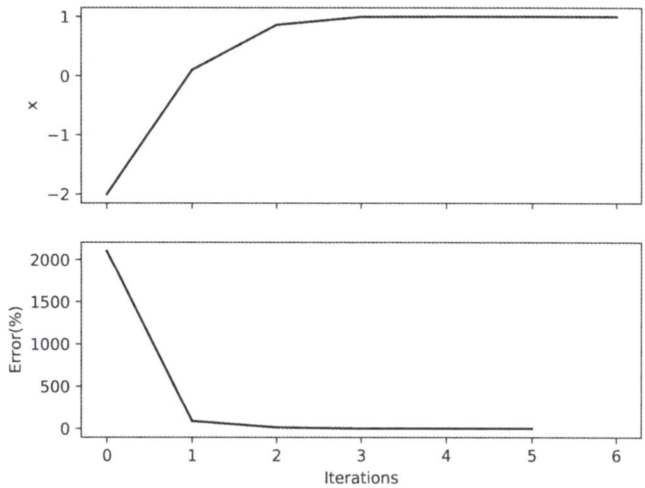

그림 10.1 $f(x) = -x^2 + 6x - 5$ 에 대한 Newton–Raphson 방법에서 근의 수렴과 오차

10.3 요약

- Newton–Raphson 방법에서는 함수의 미분을 계산할 필요가 있는데 복잡한 함수의 경우에는 이후에 다루게 될 할선법 (secant methods)이 유용할 수 있다.
- Newton–Raphson 방법에서는 이분법과 달리 두 점으로 구간을 잡지 않고 하나의 초기 값만 가지고 시작하기 때문에 초기값을 적절하게 정하는 것이 매우 중요하다.
- 발산하는 경우에는 프로그램을 멈추고 초기값을 다르게 주어서 다시 시작하는 것이 좋다.

10.4 과제

1. Newton-Raphson 방법을 사용하여 $0 \le x \le 5$ 에서 방정식 $f(x) = 3x - \cos(x) - 1$ 의 근을 구하시오. 단, 초기값은 $x_0 = 0.0$ 로 하시오.
2. Newton-Raphson 방법을 사용하여 $-3 < x < 4$ 에서 방정식 $f(x) = -x^2 + 6x - 5$ 의 근을 구하시오. 단, 초기값은 $x_0 = -2.0$ 로 하시오.
3. Newton-Raphson 방법을 사용하여 $-5 \le x \le -0.5$ 에서 방정식 $f(x) = x^2 + \sin(x)$ 의 근을 구하시오. 단, 초기값은 $x_0 = -1.0$ 로 하시오.
4. Newton-Raphson 방법을 사용하여 $0 \le x \le 5$에서 방정식 $f(x) = \sqrt{x+1} - 2x + 1$ 의 근을 구하시오. 단, 초기값은 $x_0 = 0.0$ 로 하시오.
5. Newton-Raphson 방법을 사용하여 $-2 \le x \le 0$에서 방정식 $f(x) = 1 + 2x + e^{-x}\cos(x)$의 근을 구하시오. 단, 초기값은 $x_0 = 0.0$ 로 하시오.
6. Newton-Raphson 방법을 사용하여 $0 \le x \le 3$ 에서 방정식 $f(x) = x^3 + 4x^2 + 2x - 2$의 근을 구하시오. 단, 초기값은 $x_0 = 0.0$ 로 하시오.
7. Newton-Raphson 방법을 사용하여 $0 \le x \le 5$ 에서 방정식 $f(x) = \cos(x) + x - 3$ 의 근을 구하시오. 단, 초기값은 $x_0 = 0.0$ 로 하시오.
8. Newton-Raphson 방법을 사용하여 $0 \le x \le 5$ 에서 방정식 $f(x) = x^3 - 8$의 근을 구하시오. 단, 초기값은 $x_0 = 0.0$ 로 하시오.
9. Newton-Raphson 방법을 사용하여 $0 \le x \le 4$ 에서 방정식 $f(x) = x^2 - 2$ 의 근을 구하시오. 단, 초기값은 $x_0 = 0.0$ 로 하시오.

11장

완화법 (Relaxation Methods)

11.1 완화법: 해설

완화법에서는 Newton-Raphson 방법에서와 같은 방법으로 새로운 근삿값 $f(x^{(1)})$ 을 초기값$f(x^{(0)})$ 과 함께 다음과 같이 표시할 수 있다.

$$f(x^{(1)}) = f(x^{(0)} + h) \approx 0 \tag{11.1}$$

이 식에서 $x^{(1)}$ 은 근으로서의 조건을 만족한다고 가정하였으며 Taylor 급수로 전개하면 다음과 같다.

$$\begin{aligned} f(x^{(1)}) &= f(x^{(0)} + h) \\ &= f(x^{(0)}) + hf'(x^{(0)}) + \frac{1}{2!}h^2 f''(x^{(0)}) + \cdots = 0 \end{aligned} \tag{11.2}$$

$O(h^2)$ 이상의 항을 무시하면 다음과 같이 쓸 수 있다.

$$f(x^{(0)}) + hf'(x^{(0)}) = 0 \tag{11.3}$$

한편, 이 식에서 기울기에 임의의 가중치 γ 을 주어 변화를 주게되면 더 빠른 수렴을 보장할 수 있다고 가정하여 다음과 같이 식을 고쳐쓴다.

$$f(x^{(0)}) + \gamma h f'(x^{(0)}) = 0 \tag{11.4}$$

여기서 $\gamma \approx 1$ 이다. 한편, 식 (11.4)에 $h = x^{(1)} - x^{(0)}$ 를 적용하여 $x^{(1)}$ 에 대하여 정리하면 다음과 같은 식을 얻을 수 있다.

$$x^{(1)} = x^{(0)} - \frac{f(x^{(0)})}{\gamma f'(x^{(0)})} \tag{11.5}$$

만일 $x^{(1)}$ 이 방정식 $f(x) = 0$ 의 근이 아니라면 계속해서 새로운 근삿값 $x^{(2)}$ 을 찾아나가게 되며 다음과 같이 계산된다.

$$x^{(2)} = x^{(1)} - \frac{f(x^{(1)})}{\gamma f'(x^{(1)})} \tag{11.6}$$

위의 과정을 일반화시키면 다음과 같이 쓸 수 있다.

$$x^{(k+1)} = x^{(k)} - \frac{f(x^{(k)})}{\gamma f'(x^{(k)})} \tag{11.7}$$

이 식은 최종적으로 다음과 같이 표시할 수 있으며

$$x^{(k+1)} = x^{(k)} - \omega \frac{f(x^{(k)})}{f'(x^{(k)})} \tag{11.8}$$

여기서 $\omega = 1/\gamma$ 를 완화계수 (relaxation factor)라고 하며, 일반적으로 $0 < \omega < 2$ 의 범위에서 결정하여 사용한다. 이때 $\omega < 1$ 을 약한 완화 (under-relaxation)라고 하며 $\omega > 1$ 경우를 강한 완화 (over-relaxation)로 부른다. 한편, $k = 0, 1, 2, \ldots$ 이며 다음의 오차 조건을 만족할 때까지 위의 과정을 반복하는 과정을 거친다.

$$\left| \frac{x^{(k+1)} - x^{(k)}}{x^{(k+1)}} \right| \le \varepsilon \tag{11.9}$$

여기서 ϵ 는 목표로 하는 오차이다.

완화계수를 사용한 Newton–Raphson 방법으로 방정식 $f(x) =- x^2 + 6x - 5$ 에서 근을 구하는 과정을 살펴보기로 한다. 식 (11.8)으로 부터 다음과 같이 쓸 수 있다.

$$x^{(k+1)} = x^{(k)} - \omega \left[\frac{-(x^{(k)})^2 + 6x^{(k)} - 5}{-2x^{(k)} + 6} \right] \tag{11.10}$$

초기값을 $x^{(0)} =- 2$ 로 하고 완화계수 $\omega = 1.2$ 로 하여 $k = 0$ 으로부터 계산을 시작하면 $x^{(1)}$ 은 다음과 같이 주어진다.

$$\begin{aligned} x^{(1)} &= x^{(0)} - \omega \left[\frac{-(x^{(0)})^2 + 6x^{(0)} - 5}{-2x^{(0)} + 6} \right] \\ &= -2 - 1.2 \left[\frac{-(-2)^2 + 6 \times (-2) - 5}{-2 \times (-2) + 6} \right] = 0.5200 \end{aligned} \tag{11.11}$$

다음 단계 $k = 1$ 에서도 같은 방법으로 $x^{(2)}$ 은 다음과 같이 계산된다.

$$\begin{aligned} x^{(2)} &= x^{(0)} - \omega \left[\frac{-(x^{(0)})^2 + 6x^{(0)} - 5}{-2x^{(0)} + 6} \right] \\ &= 0.1 - 1.2 \left[\frac{-0.1^2 + 6 \times (0.1) - 5}{-2 \times 0.1 + 6} \right] = 1.0124 \end{aligned} \tag{11.12}$$

같은 방법으로 계속해서 진행하면 새로운 근삿값을 구할 수 있다.

11.2 완화법: 코딩

```
from numpy import zeros,exp

def newton_rex(f,df,x0,n,omega):
    x = zeros(n)
    x[0] = x0
    for k in range(n-1):
        x[k+1] = x[k] - omega * f(x[k])/df(x[k])
    return x
def f(x):
    return 1.0 - x * exp(1 - x)

def df(x):
    return  x * exp(1 - x) - exp(1 - x)

x0 = 0.0
omega = 1.75
n = 7
xr = newton_rex(f,df,x0,n,omega)

print("%5s %8s" % ('k','x'))
for k in range(n):
    print("%5d %9.4f" % (k+1,xr[k]))
```

프로그램에서는 $f(x) = 1 - xe^{(1-x)}$ 의 해를 구하는데 있어서 $\omega = 1.75$ 로 하여 계산하는 과정을 설명하고 있다. 프로그램에서 from numpy import zeros,exp 는 Numpy 라이브러리에서 계산에 필요한 함수들을 불러오는 명령이다. 근을 구하고자 하는 방정식에 대하여서는 $f(x)$ 에서 그리고 미분값 $f'(x)$ 는 $df(x)$ 로 정의였다. 초기값은 $x[0] = 0.0$ 으로 하였으며 반복 회수는 $n = 7$ 로 주었다. 한편, 완화계수 $\omega = 1.75$ 로 하였다. 결과를 저장하기 위해서 n 크기의 배열 $x = zeros(n)$을 지정하였다. 완화법 알고리즘은 함수 newton_rex(f,df,x0,n,omega) 에서 구현되었다.

```
k       x
1     0.0000
2     0.6438
3     0.9215
4     0.9884
5     0.9985
6     0.9998
7     1.0000
```

그림 11.1에서 볼 수 있듯이 $\omega = 0.5$ 일 때는 다른 완화계수의 값을 사용하였을 때와 다른 수렴특성을 보임을 알 수 있다.

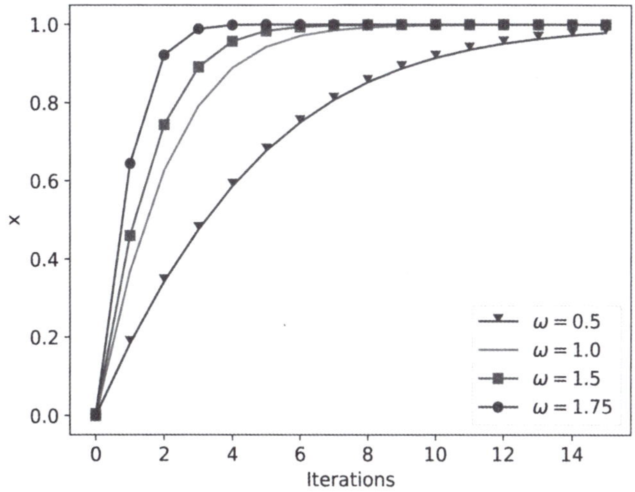

그림 11.1 다양한 완화계수 ω 값을 사용한 $f(x) = 1 - xe^{(1-x)}$ 에 대한 Newton-Raphson 방법에 의한 결과 비교

표 11.1와 그림 11.1에서는 네 개의 다른 완화계수 (0.5, 1.0, 1.5, 1.75)를 채용하여 계산한 근삿값의 수렴특성을 보여주고 있다. 결과에서 볼 수 있듯이 $\omega = 1.75$ 일 때 가장 빠른 수렴속도를 나타내고 있다.

표 11.1 다양한 완화계수 ω 값을 사용한 $f(x)=1-xe^{(1-x)}$ 에 대한 Newton–Raphson 방법에 의한 결과

k	$\omega=0.5$	$\omega=1.0$	$\omega=1.5$	$\omega=1.75$
0	0.0000	0.0000	0.0000	0.0000
1	0.1839	0.3679	0.4598	0.6438
2	0.3422	0.6267	0.7441	0.9215
3	0.4758	0.7921	0.8912	0.9884
4	0.5866	0.8892	0.9568	0.9985
5	0.6771	0.9426	0.9834	0.9998
6	0.7498	0.9708	0.9937	1.0000
7	0.8074	0.9852	0.9976	1.0000
8	0.8526	0.9926	0.9991	1.0000
9	0.8877	0.9963	0.9997	1.0000
10	0.9148	0.9981	0.9999	1.0000
11	0.9355	0.9991	1.0000	1.0000
12	0.9513	0.9995	1.0000	1.0000
13	0.9633	0.9998	1.0000	1.0000
14	0.9723	0.9999	1.0000	1.0000
15	0.9792	0.9999	1.0000	1.0000

11.3 요약

- 완화법의 목적은 Newton–Raphson 방법에 가중값인 완화계수를 주어 수렴도를 개선하고자 하는 것이다.
- 완화계수의 값에 따라 근삿값의 수렴특성이나 수렴속도가 달라진다.
- 그러므로 완화법에서는 초기값의 선택뿐만 아니라 완화계수의 선택도 매우 중요한 역할을 한다.

11.4 과제

1. Newton–Raphson 방법에 완화계수 $\omega=1.25$ 를 사용하여 $0 \le x \le 5$ 에서 방정식 $f(x)=3x-\cos(x)-1$ 의 근을 구하시오. 단, 초기값은 $xo=0.0$ 로 하시오.

2. Newton-Raphson 방법에 완화계수 $\omega = 1.2$ 를 사용하여 $-3 < x < 4$ 에서 방정식 $f(x) = -x^2 + 6x - 5$ 의 근을 구하시오. 단, 초기값은 $xo = -2.0$ 로 하시오.
3. Newton-Raphson 방법에 완화계수 $\omega = 1.25$ 를 사용하여 $-5 \le x \le -0.5$에서 방정식 $f(x) = x^2 + \sin(x)$ 의 근을 구하시오. 단, 초기값은 $xo = -1.0$로 하시오.
4. Newton-Raphson 방법에 완화계수 $\omega = 1.25$ 를 사용하여 $0 \le x \le 5$ 에서 방정식 $f(x) = \sqrt{x+1} - 2x + 1$ 의 근을 구하시오. 단, 초기값은 $xo = 0.0$ 로 하시오.
5. Newton-Raphson 방법에 완화계수 $\omega = 1.25$ 를 사용하여 $-2 \le x \le 0$에서 방정식 $f(x) = 1 + 2x + e^{-x}\cos(x)$ 의 근을 구하시오. 단, 초기값은 $xo = 0.0$로 하시오.
6. Newton-Raphson 방법에 완화계수 $\omega = 1.25$ 를 사용하여 $0 \le x \le 5$ 에서 방정식 $f(x) = \cos(x) + x - 3$ 의 근을 구하시오. 단, 초기값은 $xo = 5.0$로 하시오.
7. Newton-Raphson 방법에 완화계수 $\omega = 1.25$ 를 사용하여 $0 \le x \le 3$ 에서 방정식 $f(x) = x^3 + 4x^2 + 2x - 2$ 의 근을 구하시오. 단, 초기값은 $xo = 0.0$ 로 하시오.
8. Newton-Raphson 방법에 완화계수 $\omega = 1.25$ 를 사용하여 $0 \le x \le 5$ 에서 방정식 $f(x) = x^3 - 8$ 의 근을 구하시오. 단, 초기값은 $xo = 1.0$ 로 하시오.
9. Newton-Raphson 방법에 완화계수 $\omega = 1.25$ 를 사용하여 $0 \le x \le 4$ 에서 방정식 $f(x) = x^2 - 2$ 의 근을 구하시오. 단, 초기값은 $xo = 1.0$ 로 하시오.

12장

비선형 연립방정식

12.1 비선형 연립방정식: 해설

앞에서 소개한 Newton-Raphson 방법을 수정하여 복잡한 비선형 연립방정식의 해를 구하는데 사용할 수도 있다. 다음에서 보는 바와 같은 두 개의 비선형 방정식으로 구성된 비선형 연립방정식을 해석하는 방법을 알아보기로 한다.

$$
\begin{aligned}
f_1(x_1, x_2) &= 0 \\
f_2(x_1, x_2) &= 0
\end{aligned}
\tag{12.1}
$$

이 식을 두 변수 x_1 과 x_2 에 대하여 Taylor 급수로 표기하면 다음과 같다.

$$
\begin{aligned}
f_1(x_1^{(k+1)}, x_2^{(k+1)}) &= f_1(x_1^{(k)} + h, x_2^{(k)} + q) \\
&= f_1(x_1^{(k)}, x_2^{(k)}) + h\frac{\partial f_1}{\partial x_1^{(k)}} + q\frac{\partial f_1}{\partial x_2^{(k)}} + \cdots \\
&= 0
\end{aligned}
\tag{12.2}
$$

$$
\begin{aligned}
f_2(x_1^{(k+1)}, x_2^{(k+1)}) &= f_2(x_1^{(k)} + h, x_2^{(k)} + q) \\
&= f_2(x_1^{(k)}, x_2^{(k)}) + h\frac{\partial f_2}{\partial x_1^{(k)}} + q\frac{\partial f_2}{\partial x_2^{(k)}} + \cdots \\
&= 0
\end{aligned}
\tag{12.3}
$$

여기서 $h = x_1^{(k+1)} - x_2^{(k+1)}$ 와 $q = x_2^{(k+1)} - x_2^{(k)}$ 이다. 위 식에서 Taylor 급수에서 $O(h^2)$ 과 $O(q^2)$ 이상을 무시하면 다음과 같이 고쳐쓸 수 있다.

$$\begin{aligned} h\frac{\partial f_1}{\partial x_1^{(k)}} + q\frac{\partial f_1}{\partial x_2^{(k)}} &= -f_1(x_1^{(k)}, x_2^{(k)}) \\ h\frac{\partial f_2}{\partial x_1^{(k)}} + q\frac{\partial f_2}{\partial x_2^{(k)}} &= -f_2(x_1^{(k)}, x_2^{(k)}) \end{aligned} \tag{12.4}$$

행렬로 표시하면 다음과 같다.

$$\begin{bmatrix} \dfrac{\partial f_1}{\partial x_1^{(k)}} & \dfrac{\partial f_1}{\partial x_2^{(k)}} \\ \dfrac{\partial f_2}{\partial x_1^{(k)}} & \dfrac{\partial f_2}{\partial x_2^{(k)}} \end{bmatrix} \begin{pmatrix} h \\ q \end{pmatrix} = -\begin{pmatrix} f_1 \\ f_2 \end{pmatrix} \tag{12.5}$$

보다 간결한 형태로 나타내면 다음과 같이 표시할 수 있다.

$$\mathbf{J}\Delta\mathbf{x} = -\mathbf{f} \tag{12.6}$$

여기서

$$\mathbf{J} = \begin{bmatrix} \dfrac{\partial f_1}{\partial x_1^{(k)}} & \dfrac{\partial f_1}{\partial x_2^{(k)}} \\ \dfrac{\partial f_2}{\partial x_1^{(k)}} & \dfrac{\partial f_2}{\partial x_2^{(k)}} \end{bmatrix}, \qquad \Delta\mathbf{x} = \begin{pmatrix} h \\ q \end{pmatrix} \qquad \mathbf{f} = \begin{pmatrix} f_1 \\ f_2 \end{pmatrix} \tag{12.7}$$

식 (12.6)에서 Δx 의 항으로 표시하면

$$\Delta\mathbf{x} = -\mathbf{J}^{-1}\mathbf{f} \tag{12.8}$$

따라서

$$\mathbf{x}^{(k+1)} - \mathbf{x}^{(k)} = -\mathbf{J}^{-1}\mathbf{f} \tag{12.9}$$

여기서 $\Delta x = x^{(k+1)} - x^{(k)}$ 이다. 결과적으로 연립방정식의 근사해 $x^{(k+1)}$ 는 다음과 같이 주어진다.

$$\mathbf{x}^{(k+1)} = \mathbf{x}^{(k)} - \mathbf{J}^{-1}\mathbf{f} \tag{12.10}$$

한편, 식 (12.10)에 완화계수 ω 를 적용하면 최종적으로 근사해 $x^{(k+1)}$ 는 다음과 같이 계산된다.

$$\mathbf{x}^{(k+1)} = \mathbf{x}^{(k)} - \omega\mathbf{J}^{-1}\mathbf{f} \tag{12.11}$$

다음과 같이 두 개의 비선형 방정식으로 구성된 연립방정식의 해를 Newton-Raphson 방법을 사용하여 구하는 과정을 설명하기로 한다.

$$\begin{aligned} f_1(x_1, x_2) &= x_1^2 + x_2^2 - 1 = 0 \\ f_2(x_1, x_2) &= x_1 - x_2 - 1 = 0 \end{aligned} \tag{12.12}$$

이 식에서 미분계수 J 의 각 성분을 식 (12.7)에서 계산하면 다음과 같다.

$$\mathbf{J} = \begin{bmatrix} \dfrac{\partial f_1}{\partial x_1} & \dfrac{\partial f_1}{\partial x_2} \\ \dfrac{\partial f_2}{\partial x_1} & \dfrac{\partial f_2}{\partial x_2} \end{bmatrix} = \begin{bmatrix} 2x_1 & 2x_2 \\ 1 & -1 \end{bmatrix} \tag{12.3}$$

위의 결과를 식 (12.11)에 대입하여 해를 계산하면 다음과 같다.

$$\begin{pmatrix} x_1^{(k+1)} \\ x_2^{(k+1)} \end{pmatrix} = \begin{pmatrix} x_1^{(k)} \\ x_2^{(k)} \end{pmatrix} - \omega \begin{bmatrix} 2x_1 & 2x_2 \\ 1 & -1 \end{bmatrix}^{-1} \begin{pmatrix} (x_1^{(k)})^2 + (x_2^{(k)})^2 - 1 \\ x_1^{(k)} - x_2^{(k)} - 1 \end{pmatrix} \tag{12.14}$$

여기서 $i = 0$ 으로 놓고 완화계수 $\omega = 1.5$ 로 하여 두 근 x_1 과 x_2의 초기값을 각각 −3으로 하면 첫 번째 근사해 $x_1^{(1)}$ 과 $x_2^{(1)}$ 은 다음과 같이 계산된다.

$$\begin{aligned} \begin{pmatrix} x_1^{(1)} \\ x_2^{(1)} \end{pmatrix} &= \begin{pmatrix} -3 \\ -3 \end{pmatrix} - 1.5 \begin{bmatrix} 2(-3) & 2(-3) \\ 1 & -1 \end{bmatrix}^{-1} \begin{pmatrix} (-3)^2 + (-3)^2 - 1 \\ (-3) - (-3) - 1 \end{pmatrix} \\ &= \begin{pmatrix} -3 \\ -3 \end{pmatrix} - 1.5 \begin{bmatrix} -\frac{1}{12} & \frac{1}{2} \\ -\frac{1}{12} & -\frac{1}{2} \end{bmatrix} \begin{pmatrix} 17 \\ -1 \end{pmatrix} \\ &= \begin{pmatrix} -0.125 \\ -1.625 \end{pmatrix} \end{aligned} \tag{12.15}$$

새로운 근삿값을 구하기 위해서는 위에서 설명한 과정을 반복하여 지정된 오차 내에 이르기까지 진행하면 된다.

12.2 비선형 연립방정식: 코딩

```
from numpy import array,dot,zeros,set_printoptions
from numpy.linalg import inv

def newton_nonlinear(f1,f2,x10,x20,n,omega):
    x1 = zeros(n)
    x2 = zeros(n)
    x1[0] = x10
```

```
    x2[0] = x20
    for k in range(n-1):
        f = array([f1(x1[k],x2[k]),f2(x1[k],x2[k])])
        dx1, dx2 = - omega * dot(inv(j(x1[k],x2[k])),f)
        x1[k+1] = x1[k] + dx1
        x2[k+1] = x2[k] + dx2
    return x1, x2

def j(x1,x2):
    j11 = 2.0 * x1
    j12 = 2.0 * x2
    j21 = 1.0
    j22 = -1.0
    return array([[j11, j12],[j21, j22]])

def f1(x1,x2):
    return x1**2 + x2**2 - 1.0

def f2(x1,x2):
    return x1 - x2 - 1.0

x10 = -3.0
x20 = -3.0
n = 7
omega = 1.5
x1, x2 = newton_nonlinear(f1,f2,x10,x20,n,omega)

set_printoptions(precision=4)
print("x1 = ", x1)
print("x2 = ", x2)
```

프로그램에서 from numpy import array,dot,zeros,set_printoptions 는 Numpy 라이브러리에서 계산에 필요한 함수들을 불러오는 명령이다. 특별히 set_printoptions 는 결과를 출력할 때 소숫점 자리를 맞추기 위한 것이다. 비선형 연립방정식에 대한 Newton-Raphson 방법의 알고리즘은 newton_nonlinear() 함수에서 구현되었다. 식 (12.11)에서 우변의 두 번째 항인 $\omega J^{-1}f$ 을 구현하는데 있어서 J^{-1} 와 f 의 단순한 곱이 아니라 행렬의 내적임을 감안하여 dot 함수를 사용하였음을 유의하여야 한다. 정의된 newton_nonlinear 함수에서는 역행렬 J^{-1} 을 구하는 문제가 대두된다. 여기서는 따로 역행렬을 구하는 프로그램을 작성하지 않고 from numpy.linalg import inv 와 같이 Numpy 라이브러리에서 제공하는 inv 함수를 사용하였다. 또한, 비선형 연립방정식 $f_1(x_1,x_2)=x_1^2+x_2^2-1.0=0$ 과 $f_2(x_1,x_2)=x_1-x_2-1.0=0$ 에서의 J 는 함수 $j(x_1,x_2)$ 에서 정의하였다. 초기값은 $x10=-3.0$ 과 $x20=-3.0$ 으로 하였으며 반복 회수는 $n=7$ 로 주었으며 프로그램을 실행한 결과는 다음과 같다.

```
x1 =  [-3.     -0.125  -0.1116  0.0314 -0.0226  0.0097 -0.0053]
x2 =  [-3.     -1.625  -0.8616 -1.0936 -0.9601 -1.0216 -0.9896]
```

12.3 요약

- Newton-Raphson 방법은 단일 방정식의 해를 구하는데도 널리 사용되지만 여기서 소개한 내용은 비선형 연립방정식에의 응용이라고 볼 수 있다.
- 완화계수를 적절하게 조절함으로서 수렴속도나 해의 정확도를 조절할 수 있다.
- 연립 방정식을 구성하는 방정식의 수가 늘어날수록 각 변수의 수렴도가 영향을 많이 미치게 되므로 해를 구하기가 쉽지 않게 된다.

12.4 과제

1. Newton-Raphson 방법 ($\omega=1.25$)을 사용하여 다음에 주어진 선형 연립방정식

의 해를 구하시오.

$$3x_1 + 2x_2 = 9,\ \ 5x_1 + 7x_2 = 1$$

2. Newton-Raphson 방법 ($\omega = 1.25$)을 사용하여 다음에 주어진 선형 연립방정식의 해를 구하시오.

$$7x_1 - x_2 = 3,\ \ -x_1 + 3x_2 = 2$$

3. Newton-Raphson 방법 ($\omega = 1.25$)을 사용하여 $0 \le x_1 \le 2$ 와 $-2 \le x_2 \le 0$ 에서 다음에 주어진 비선형 연립방정식의 해를 구하시오.

$$x_1^2 + x_2^2 = 4,\ \ x_1 + x_2 = -1$$

4. Newton-Raphson 방법 ($\omega = 1.25$)을 사용하여 $0 \le x_1 \le 2$ 와 $0 \le x_2 \le 3$에서 다음에 주어진 비선형 연립방정식의 해를 구하시오.

$$x_1^2 + x_2^2 = 9,\ \ 2x_1 - x_2 = -1$$

13장

할선법 (Secant methods)

13.1 할선법: 해설

앞에서 소개한 Newton-Raphson 방법은 상대적으로 빠른 수렴속도에도 불구하고 함수의 미분값을 해석적으로 구해서 제공해야 한다는 단점이 있다. 반면에, 할선법(secant methods)은 주어진 함수에 대한 미분을 해석적으로 하지 않는 대신에 할선(secant)으로 정의되는 직선을 사용한다. 즉, 할선은 두 점을 이은 직선으로서 함수의 미분값에 갈음하여 사용할 수 있다. 할선법의 기본 내용은 두 점을 지정하고 두 점을 잇는 할선과 x 축과의 교점을 새로운 점으로 하여 계속해서 근에 접근하도록 하는 방법이다. 조금 더 상세하게 설명하면 두 점 $x^{(0)}$ 과 $x^{(1)}$ 을 지정하면 각 점에 해당하는 좌표는 $(x^{(0)}, f(x^{(0)}))$ 와 $(x^{(1)}, f(x^{(1)}))$ 이 된다. 이때 두 점을 잇는 직선을 할선이라고 하며 방정식은 다음과 같이 주어진다.

$$g(x) = \frac{f(x^{(1)}) - f(x^{(0)})}{x^{(1)} - x^{(0)}} \left(x - x^{(1)} \right) + f(x^{(1)}) \tag{13.1}$$

만일 $g(x) = 0$ 으로 놓으면 다음과 같이 쓸 수 있다.

$$0 = \frac{f(x^{(1)}) - f(x^{(0)})}{x^{(1)} - x^{(0)}} \left(x - x^{(1)} \right) + f(x^{(1)}) \tag{13.2}$$

이 식에서 x 에 대해서 풀면 다음과 같이 쓸 수 있다.

$$x = x^{(1)} - f(x^{(1)})\frac{x^{(1)} - x^{(0)}}{f(x^{(1)}) - f(x^{(0)})} \tag{13.3}$$

여기서 x 를 $x^{(2)}$ 라고 놓으면 다음과 같은 식을 얻는다.

$$x^{(2)} = x^{(1)} - f(x^{(1)})\frac{x^{(1)} - x^{(0)}}{f(x^{(1)}) - f(x^{(0)})} \tag{13.4}$$

이와 같은 과정을 반복하면 구하고자 하는 근에 접근하는 근삿값을 얻을 수 있을 것이다. 이 과정을 일반화 시키면 다음과 같이 쓸 수 있다.

$$x^{(k+1)} = x^{(k)} - f(x^{(k)})\left[\frac{x^{(k)} - x^{(k-1)}}{f(x^{(k)}) - f(x^{(k-1)})}\right] \tag{13.5}$$

할선법을 적용하는 과정을 살펴보기 위해서 방정식 $f(x) = -2x^2 + 6x - 5$의 근을 구하는 문제를 생각해 보기로 한다. 식 (13.5)로 부터 차분식은 다음과 같이 쓸 수 있다.

$$x^{(k+1)} = x^{(k)} - (-(x^{(k)})^2 + 6x^{(k)} - 5)\left[\frac{x^{(k)} - x^{(k-1)}}{-(x^{(k)})^2 + (x^{(k)})^2 + 6(x^{(k)} - x^{(k-1)})}\right]$$

할선법에서는 처음에 두 점을 지정하게 되므로 $x^{(0)} = -2$, $x^{(1)} = 3$ 으로 하고 $k = 1$ 에서 이 식을 계산하면 $x^{(2)} = 2.2$ 를 얻는다.

$$x^{(2)} = x^{(1)} - (-(x^{(1)})^2 + 6x^{(1)} - 5)\left[\frac{x^{(1)} - x^{(0)}}{-(x^{(1)})^2 + (x^{(1)})^2 + 6(x^{(1)} - x^{(0)})}\right] \tag{13.6}$$

위와 같은 과정을 반복하면 새로운 근삿값을 계속해서 계산할 수 있다. 그림 13.1에서는 할선법의 첫 번째 과정에서 각 점의 기하학적 위치를 표시하고 있다.

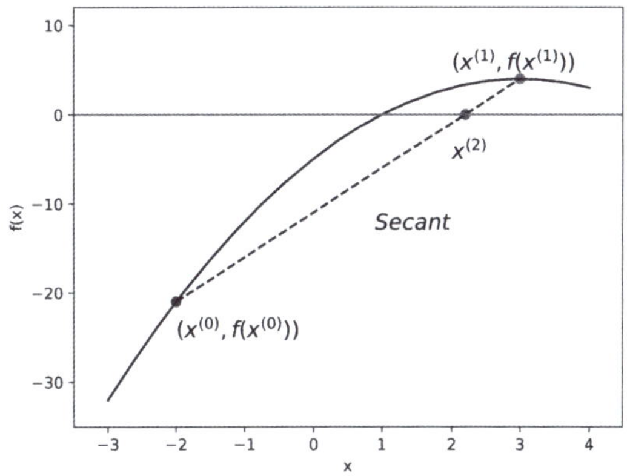

그림 13.1 $f(x) = -x^2 + 6x - 5$ 에 대한 할선법의 기하학적 설명

13.2 할선법: 코딩

```
from numpy import zeros

def secant(f,x0,x1,n):
    xs = zeros(n)
    for k in range(n):
        x2 = x1 - f(x1)*((x1-x0)/(f(x1)-f(x0)))
        x0 = x1
        x1 = x2
        xs[k] = x2
    return xs

def f(x):
   return -x**2 + 6.0*x -5.0

x0 = -2.0
x1 = 3.0
```

```
n = 7
xs = secant(f,x0,x1,n)

print("%5s %8s" % ('k','x'))
for k in range(n):
    print("%5d %9.4f" % (k+1,xs[k]))
```

프로그램에서 from numpy import zeros 는 Numpy 라이브러리에서 계산에 필요한 zeros 함수를 불러오는 명령이다. 방정식 $f(x) = -x^2 + 6x - 5$ 에 대해서는 $f(x)$ 에서 정의하였다. 초기값은 $x0 = -2.0$와 $x1 = 3.0$으로 하였으며 반복 회수는 $n = 7$ 로 주었다. 또한, 근의 근삿값은 xs 에 저장된다. 할선법의 알고리즘은 secant(f,x0, x1,n) 에서 구현되었다. 다음의 결과는 반복 회수를 7회로 하여 구한 것이며 작은 반복 회수에도 좋은 결과를 보여주고 있으며 표 13.1에서는 오차와 함께 근삿값 결과를 나타내고 있다.

```
k    x
1    2.2000
2   -2.0000
3    1.6207
4    1.2919
5    0.9413
6    1.0045
7    1.0001
```

표 13.1 방정식 $f(x) = -x^2 + 6x - 5$ 에 대한 할선법의 결과와 오차

k	x	ε
1	2.2000	
2	-2.0000	210.0000
3	1.6207	223.4043
4	1.2919	-25.4509
5	0.9413	-37.2428
6	1.0045	6.2943
7	1.0001	-0.4481

13.3 요약

- 할선법은 두 개의 점으로 계산 과정을 시작하며 방정식에 대한 미분을 요구하지 않으므로 편리한 경우가 있다.
- 구간을 결정하는데 대한 특별한 제한이 없다.

13.4 과제

1. 할선법을 사용하여 $0 \le x \le 5$ 에서 방정식 $f(x) = 3x - \cos(x) - 1$ 의 근을 구하시오.
2. 할선법을 사용하여 $-3 < x < 4$ 에서 방정식 $f(x) = -x^2 + 6x - 5$ 의 근을 구하시오.
3. 할선법을 사용하여 $-5 \le x \le -0.5$ 에서 방정식 $f(x) = x^2 + \sin(x)$ 의 근을 구하시오.
4. 할선법을 사용하여 $0 \le x \le 5$ 에서 방정식 $f(x) = \sqrt{x+1} - 2x + 1$ 의 근을 구하시오.
5. 할선법을 사용하여 $-2 \le x \le 0$ 에서 방정식 $f(x) = 1 + 2x + e^{-x}\cos(x)$ 의 근을 구하시오.
6. 할선법을 사용하여 $0 \le x \le 5$ 에서 방정식 $f(x) = \cos(x) + x - 3$ 의 근을 구하시오.
7. 할선법을 사용하여 $0 \le x \le 3$ 에서 방정식 $f(x) = x^3 + 4x^2 + 2x - 2$ 의 근을 구하시오.
8. 할선법을 사용하여 $1 \le x \le 5$ 에서 방정식 $f(x) = x^3 - 8$ 의 근을 구하시오.
9. 할선법을 사용하여 $0 \le x \le 4$ 에서 방정식 $f(x) = x^2 - 2$ 의 근을 구하시오.

14장

근 구하기 알고리즘의 비교

14.1 알고리즘의 문제

앞에서 방정식의 근을 구하는데 널리 쓰이는 몇 가지의 알고리즘들에 대하여 상세하게 알아보았다. 알고리즘의 종류는 소개한 것 보다 훨씬 다양한 종류가 있으며 특정한 알고리즘이 모든 상황에서 다른 알고리즘을 완전하게 앞서는 일은 흔하지 않다. 왜냐하면 모든 알고리즘에서는 장점과 약점이 동시에 존재하므로 상황이나 조건에 따라서 선택은 얼마든지 달라질 수 있다. 예를 들어, 같은 문제, 같은 알고리즘이라 하더라도 초기값이나 영역을 어떻게 정하는 가에 따라서 근을 상대적으로 쉽게 구할 수도 있고 심지어 발산하는 경우도 있을 수 있다. 이런 현상을 설명할 수 있는 수학적인 이론이 세워져 있으나 근을 구하는 과정에서 일어나는 모든 문제에 대하여 만족할 만한 답을 줄 수는 없다. 그러므로 현실적으로 적절한 알고리즘을 사용하는 것은 사용자의 경험과 수학적인 이해도에 달려있다고 볼 수 있다. 가장 객관적으로 보이는 수치해석에서 주관적인 판단이 중요한 역할을 한다는 것이 모순이라고 생각될 수도 있을 것이다. 그러나 상황을 많이 경험해 본 사람이 보다 쉽게 계산 과정상의 문제점을 찾아 낼 수 있다는 데에는 의심할 여지가 없을 것이다.

14.2 알고리즘의 비교

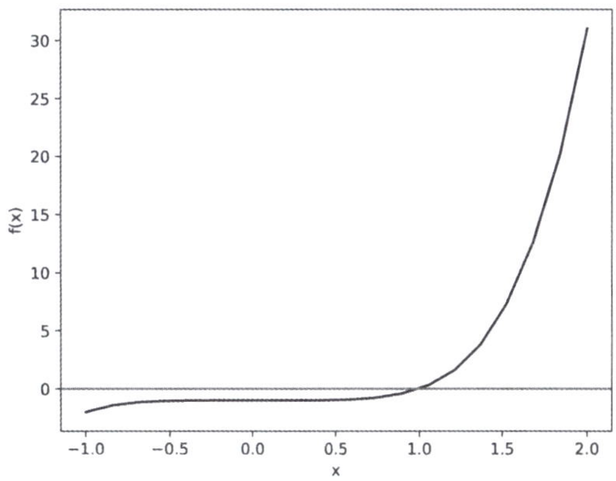

그림 14.1 $f(x) = x^5 - 1$ **의 그래프**

수치해석으로 근을 구하는 데 있어서의 성패 여부는 주어진 문제와 조건에 따라서 상당히 민감하게 좌우된다. 그러나 모든 상황에 대하여 알고리즘을 시험해보는 것은 불가능하므로 여기서는 하나의 방정식을 고려하여 객관적인 비교와 관찰을 통해서 각 알고리즘의 특성을 살펴보고자 한다. 방정식의 근을 이분법, 고정법, Newton-Raphson 방법, 그리고 할선법을 사용해서 찾아보고자 한다. 방정식 $f(x) = x^5 - 1 = 0$ 의 근을 구하는 문제를 생각해보자.

가장 쉽게 구할 수 있는 근은 물론 $x = 1$ 이며 함수의 그래프를 그림 14.1에서 나타내었다. 그림에서 확인할 수 있는 바와 같이 함수의 형태는 알고리즘을 쉽게 적용할 수 있는 상태가 아니다. 예를 들어, 구간 $-1 \le x \le 1$ 사이에서는 기울기가 너무 완만하여 기울기를 갱신하면서 근을 찾아가는 대부분의 알고리즘이 이 구간에서는 상당히 느린 수렴속도를 보이든지 아니면 아예 수렴을 하지 않을 수도 있다. 그러므로 이러한 형태의 방정식의 근을 구할 때에는 적절한 초기값 선정에 특별히 유의해야 한다. 또한 $x > 1.5$ 구역에서는 함숫값의 증가가 매우 가파르게 되어 기울기 값도 수직선에 가깝게 될 수 있으므로 초기값을 이러한 영역에서 설정하면 역시 수렴이 안될 가능성이 커진다. 그러므로 방정식의 근을 구할 때 무작정 알고리즘을 적용하기 보다는 가능하면 방정식의 특성을 파악하고 시도하여야 한다.

1. 이분법

구간을 $-2 \leq x \leq 3$ 로 하고 이분법 프로그램에서 15회 반복을 한 결과를 그림 14.2에 나타내었다. 그림에서 볼 때 약 10회째 부터는 근이 수렴하고 있는 것을 관찰할 수 있다. 관심이 있는 독자는 다른 구간을 설정하여 프로그램을 실행시켜 보기 바란다. 구간의 설정에 따라 수치해석 과정의 특성이 완전히 변하는 경우도 많다.

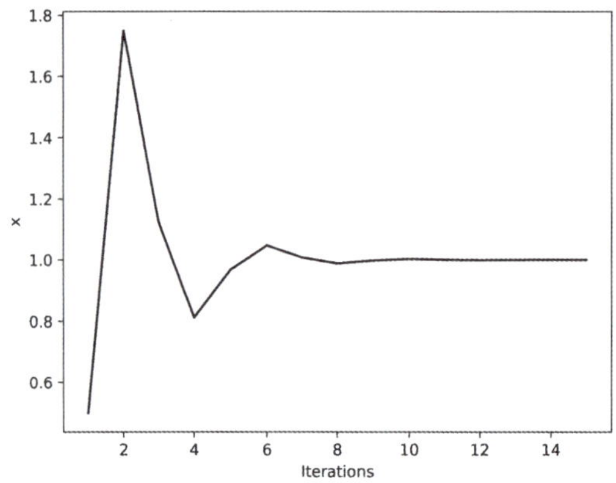

그림 14.2 구간 $-2 \leq x \leq 3$ 에서 $f(x) = x^5 - 1 = 0$ 에 대한 근을 구하기 위한 이분법의 적용 결과

2. 고정법

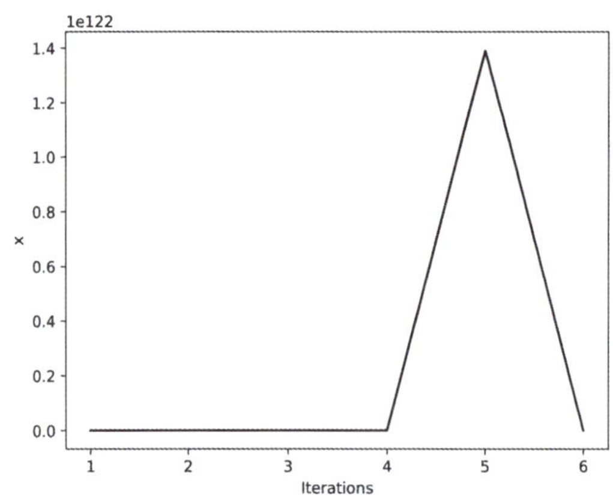

그림 14.3 초기값 $x^{(0)} = 3.0$ 으로 수행한 고정법의 $f(x) = x^5 - 1$ 에 대한 근 구하기 결과

이번에는 같은 문제를 고정법으로 해석하기로 한다. 고정법에서 $f(x) = x^5 - 1 = 0$ 에 대하여 $g(x) = 1/x^4$ 으로 놓고 계산하였다. 초기값은 $x^{(0)} = 3.0$ 으로 하여 계산하였다. 그림 14.3에서 보듯이 4회를 넘어서는 순간 급격히 값이 커져서 불안정 상태로 들어갔고 근을 구하는데 실패했음을 보여준다. 관심 있는 독자들은 초기값을 바꾸어 가면서 고정법으로 근을 구할 수 있는지 알아보기 바란다.

3. Newton-Raphson 방법

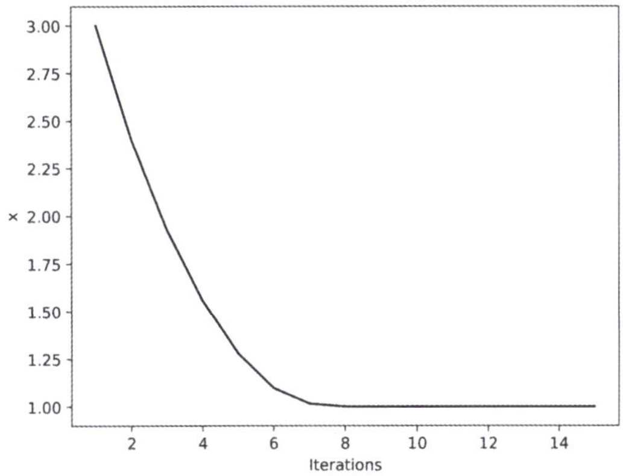

그림 14.4 초기값 $x^{(0)} = 3.0$ 으로 수행한 Newton-Raphson 방법의 $f(x) = x^5 - 1$ 에 대한 근 구하기 과정

마지막으로 이번에는 Newton-Raphson 방법을 사용하여 방정식의 근을 구하는 과정을 살펴보기로 한다. 그림 14.4에서는 초기값을 $x^{(0)} = 3.0$ 으로 주고 수행한 결과를 보여주고 있다. 다른 방법에 비해서 매우 빠른 수렴 속도를 보이고 있다. 그러나 초기값을 바꾸어서 실행하면 다른 결과가 나오게 되는데 관심 있는 독자들은 직접 확인해 보기 바란다.

14.3 요약

- 근 구하기 알고리즘은 각각의 특성이 있으므로 내용을 잘 이해하여 방정식에 적용하는 것이 필요하다.
- 방정식의 특성이 알고리즘에 따라 드러나게 되므로 해석하기 전에 방정식에 대한 내용을 파악하기를 권한다.
- 이분법은 수렴 속도는 느리나 근의 존재 구간을 제대로 설정한다면 근을 구하는데 큰 어려움이 없다.
- Newton–Raphson 방법은 초기값을 적절하게 주면 가장 빠르게 수렴한다.

15장

모듈화 프로그래밍의 응용 I

15.1 모듈화 프로그래밍

앞에서 다양한 알고리즘을 사용하여 방정식의 근을 구하는 방법을 학습하였다. 그러나 때로는 특정한 문제에 있어서 다수의 알고리즘을 적용하고 그 결과를 비교하여 분석해야 할 필요도 있다. Python 프로그래밍에 대한 작성 경험이 아직 많지 않은 경우에는 각각의 프로그램을 따로 수행하고 결과를 한데로 모아서 분석해야 하는데 있어서 필요한 시간과 노력이 많이 요구될 것이다. 이러한 불편을 감소시키기 위해서 본서에서는 각 주제에서 제시된 알고리즘 간의 비교를 위하여 가능한 프로그램의 모듈화(modules)를 기본 방침으로 하여 프로그램을 작성하였다. 모듈화된 프로그램은 예를 들어, 다수의 알고리즘의 성능을 비교하고 싶을 때 최소한의 노력으로 비교 결과를 얻어내는데 있어서 유용하게 사용될 수 있을 것이다. 이번 장에서는 이러한 모듈화 프로그래밍의 응용에 대한 예를 설명하고자 한다.

15.2 모듈화 프로그래밍의 응용: 코딩

예를 들어, 방정식 $x^x + 2x - 6 = 0$ 의 근을 구하는데 있어서 이분법과 할선법을 각각 적용하여 두 알고리즘의 효율성과 정확도를 비교하고 싶은 경우가 있다고 생각해보자. 우선, 해를 구하고자 하는 함수를 다음과 같이 코딩한다.

```
def f(x):
    return x**x + 2*x - 6
```

다음은 이분법과 할선법의 모듈 함수인 bisection(f,a,b,n) 과 secant(f,x0,x1,n) 를 각각 해당되는 프로그램에서 복사해서 다음과 같이 가져온다.

```
def f(x):
    return x**x + 2*x - 6

def bisection(f,a,b,n):
    c = zeros(n)
    for i in range(n):
        c[i] = (a + b)/2.0
        if sign(f(c[i])) == sign(f(a)):
            a = c[i]
        else:
            b = c[i]
    return c

def secant(f,x0,x1,n):
    xs = zeros(n)
    for k in range(n):
        x2 = x1 - f(x1)*((x1-x0)/(f(x1)-f(x0)))
        x0 = x1
        x1 = x2
        xs[k] = x2
    return xs
```

위에서 필요한 모듈을 복사해서 기록하였으므로 이분법의 출력을 xb 변수에 그리고 할선법의 출력을 xs 변수에 다음과 같이 각각 저장하기로 한다.

```
def f(x):
    return x**x + 2*x - 6
```

```
def bisection(f,a,b,n):
    c = zeros(n)
    for i in range(n):
        c[i] = (a + b)/2.0
        if sign(f(c[i])) == sign(f(a)):
            a = c[i]
        else:
            b = c[i]
    return c

def secant(f,x0,x1,n):
    xs = zeros(n)
    for k in range(n):
        x2 = x1 - f(x1)*((x1-x0)/(f(x1)-f(x0)))
        x0 = x1
        x1 = x2
        xs[k] = x2
    return xs

xb = bisection(f,a,b,n)
xs = secant(f,x0,x1,n)
```

프로그램은 아직 실행시킬 수 없으며 필요한 Numpy 라이브러리와 입력 인자들을 정해주어야 하는 과정이 남아있다. Numpy 라이브러리를 추가하기 위해서 각각의 프로그램을 참고하여 다음과 같이 써준다.

```
from numpy import zeros,sign

def f(x):
    return x**x + 2*x - 6

def bisection(f,a,b,n):
    c = zeros(n)
    for i in range(n):
```

```
            c[i] = (a + b)/2.0
            if sign(f(c[i])) == sign(f(a)):
                a = c[i]
            else:
                b = c[i]
        return c

    def secant(f,x0,x1,n):
        xs = zeros(n)
        for k in range(n):
            x2 = x1 - f(x1)*((x1-x0)/(f(x1)-f(x0)))
            x0 = x1
            x1 = x2
            xs[k] = x2
        return xs

    xb = bisection(f,a,b,n)
    xs = secant(f,x0,x1,n)
```

이제 마지막 남은 과정은 입력 인자와 출력 형식을 지정해 주는 것이다. 이분법과 할선법에서는 모두 두 개의 입력 인자와 반복회수 n 를 요구하므로 다음과 같이 쓸 수 있다.

```
from numpy import zeros,sign

def f(x):
    return x**x + 2*x - 6

def bisection(f,a,b,n):
    c = zeros(n)
    for i in range(n):
        c[i] = (a + b)/2.0
        if sign(f(c[i])) == sign(f(a)):
            a = c[i]
```

```
        else:
            b = c[i]
    return c

def secant(f,x0,x1,n):
    xs = zeros(n)
    for k in range(n):
        x2 = x1 - f(x1)*((x1-x0)/(f(x1)-f(x0)))
        x0 = x1
        x1 = x2
        xs[k] = x2
    return xs

x0 = 0.0
x1 = 3.0
n = 10
xb = bisection(f,x0,x1,n)
xs = secant(f,x0,x1,n)
```

여기서 이분법 함수의 입력 인자 a 와 b 를 할선법과 동일하게 하기 위해서 $x0$ 와 $x1$ 으로 수정하여 xb=bisection(f, x0, x1, n)}와 같이 표기하였다. 마지막으로 결과를 출력하는 형식을 다음과 같이 추가하였다.

```
from numpy import zeros, sign
def f(x):
    return x**x + 2*x - 6

def bisection(f,a,b,n):
    c = zeros(n)
    for i in range(n):
        c[i] = (a + b)/2.0
        if sign(f(c[i])) == sign(f(a)):
            a = c[i]
        else:
            b = c[i]
```

```
    return c

def secant(f,x0,x1,n):
    xs = zeros(n)
    for k in range(n):
        x2 = x1 - f(x1)*((x1-x0)/(f(x1)-f(x0)))
        x0 = x1
        x1 = x2
        xs[k] = x2
    return xs

x0 = 0.0
x1 = 3.0
n = 10
xb = bisection(f,x0,x1,n)
xs = secant(f,x0,x1,n)

# printing output
print("%5s %8s %8s" % ('k','bisection','secant'))
for k in range(n):
    print("%5d %9.4f %9.4f" % (k+1,xb[k],xs[k]))
```

위 프로그램을 실행하면 결과는 다음과 같이 주어지며 근사해는 $x \approx 1.7231$ 이다.

```
    k bisection   secant
    1    1.5000   0.4688
    2    2.2500   0.8208
    3    1.8750   2.2680
    4    1.6875   1.4216
    5    1.7812   1.6195
    6    1.7344   1.7424
    7    1.7109   1.7218
    8    1.7227   1.7231
    9    1.7285   1.7231
   10    1.7256   1.7231
```

이 책에서는 다른 주제에서도 알고리즘의 모듈화를 대부분 적용하였으므로 같은 방식으로 다양한 알고리즘의 성능과 정확도를 큰 어려움 없이 비교할 수 있을 것으로 사료된다. 한편, 결과를 그림으로 도시하여 비교하고 싶은 경우에는 프로그램에 다음과 같은 Matplotlib 라이브러리와 관련된 명령어를 추가하여 수행하면 된다. 아래 프로그램에서 Matplotlib와 관련된 내용은 앞에서 이미 학습하였으므로 여기서는 명령어 등을 따로 설명하지 않는다.

```
%matplotlib inline
from numpy import zeros, sign
import matplotlib.pyplot as plt

def f(x):
    return x**x + 2*x - 6

def bisection(f,a,b,n):
    c = zeros(n)
    for i in range(n):
        c[i] = (a + b)/2.0
        if sign(f(c[i])) == sign(f(a)):
            a = c[i]
        else:
            b = c[i]
    return c

def secant(f,x0,x1,n):
    xs = zeros(n)
    for k in range(n):
        x2 = x1 - f(x1)*((x1-x0)/(f(x1)-f(x0)))
        x0 = x1
        x1 = x2
        xs[k] = x2
    return xs

n = 10
```

```
x0 = 0.0
x1 = 3.0

xb = bisection(f,x0,x1,n)
xs = secant(f,x0,x1,n)

# printing output
print("%5s %8s %8s" % ('k','bisection','secant'))
for k in range(n):
    print("%5d %9.4f %9.4f" % (k+1,xb[k],xs[k]))

plt.plot(xb,label='Bisection')
plt.plot(xs,'--',label='Secant')
plt.xlabel('Iterations')
plt.ylabel('x')
plt.legend()
plt.show()
```

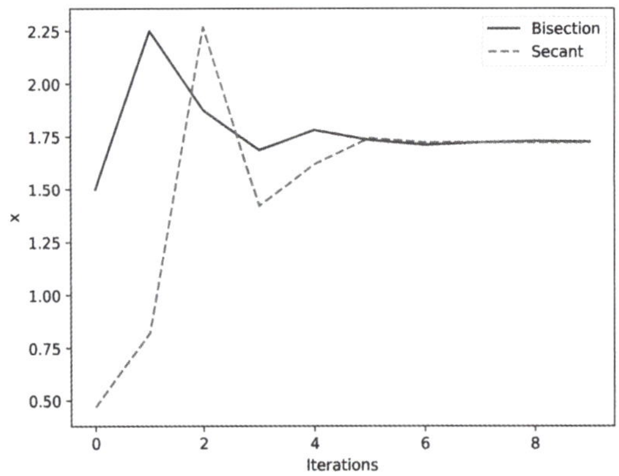

그림 15.1 방정식 $x^x + 2x - 6 = 0$ 에 대한 이분법과 할선법의 해석결과 비교

제Ⅳ편

선형연립방정식

16장

선형연립방정식

16.1 선형연립방정식: 개요

선형연립방정식과 직접적으로 관련된 수학의 한 분야는 선형대수 (linear algebra) 이다. 선형대수에서 다루는 것은 벡터와 행렬에 관한 것이며 벡터와 행렬을 더하고, 곱하고, 노름(norm)을 구하고 하는 과정이 주된 내용이다. 또한 복잡한 공학 문제의 해석에서 필요한 많은 방정식들이 연립방정식의 형태로 규정되는 경우가 많다.

다음에 주어진 선형연립방정식 $Ax = b$ 의 해를 구하는데 있어서 고려해야 하는 몇 가지 점들이 있다.

$$\begin{bmatrix} a_{11} & a_{12} & a_{13} \\ a_{21} & a_{22} & a_{23} \\ a_{31} & a_{32} & a_{33} \end{bmatrix} \begin{pmatrix} x_1 \\ x_2 \\ x_3 \end{pmatrix} = \begin{pmatrix} b_1 \\ b_2 \\ b_3 \end{pmatrix} \tag{16.1}$$

여기서

$$\mathbf{A} = \begin{bmatrix} a_{11} & a_{12} & a_{13} \\ a_{21} & a_{22} & a_{23} \\ a_{31} & a_{32} & a_{33} \end{bmatrix}, \quad \mathbf{x} = \begin{pmatrix} x_1 \\ x_2 \\ x_3 \end{pmatrix}, \quad \mathbf{b} = \begin{pmatrix} b_1 \\ b_2 \\ b_3 \end{pmatrix}$$

첫 번째는 주어진 방정식의 해의 존재에 대한 것이며 대략 세 가지 경우로 생각할 수 있다. 즉, 방정식의 해가 존재하며 유일한 경우, 해가 무한히 많이 존재하는 경우, 그리고 해가 존재하지 않는 경우로 나누어진다. 해의 존재와 유일성에 있어서 행렬식 $|A| \neq 0$ 이 만족되는 경우에만 연립방정식은 하나의 유일한 해를 갖는다. 선형방정식에 대한 해의 존재와 유일성에 대한 원리를 여기서는 수학적 증명 없이 차용하기로 한다.

다음에 주어진 선형연립방정식에 대한 해의 존재 여부를 알아보기로 한다.

$$\begin{aligned} 3x_1 - x_2 &= 1 \\ x_1 + 2x_2 &= 5 \end{aligned} \tag{16.2}$$

식(16.2)에서 $a_{11} = 3, a_{12} = -1, a_{21} = 1, a_{22} = 2$ 이므로 $|A| = a_{11}a_{22} - a_{12}a_{21} = 7$ 이 되어 $x = 1, y = 2$의 해가 존재한다.

$$\begin{aligned} x - 4y &= 2 \\ 2x - 8y &= 4 \end{aligned} \tag{16.3}$$

한편, 식(16.3)에서 주어진 방정식에서는 $|A| = 0$ 이 되고, 두 방정식이 정확하게 같은 식이 되어 유일한 해가 존재하지 않는다.

세 번째 경우로서 식(16.4)에서는 $|A| = 0$ 이 되며 두 방정식이 공간에서 평행하게 되어 해가 존재하지 않는다.

$$\begin{aligned} 2x - y &= 1 \\ -2x + y &= 1 \end{aligned} \tag{16.4}$$

따라서 선형연립방정식을 해석하는데 있어서 가장 중요한 사전 점검은 방정식의 해가 존재하는 가의 여부를 미리 판정하는데 있다. 그러나 현실적으로는 방대한 수의 방정식을 실시간으로 수치해석적으로 다루어야 하는 경우가 대부분이므로 사전에 이러한 판정을 내리는 것이 어려울 수 있다.

16.2 선형연립방정식의 해법의 종류

선형연립방정식 $Ax = b$ 의 해를 구하는 데 있어서 가장 직관적인 방법은 $x = A^{-1}b$ 와 같이 역행렬을 사용하는 것이다. 그러나 행렬의 크기가 커지면 역행렬을 구하는 데 상대적으로 많은 비용이 들기 때문에 이러한 방법은 비효율적이 된다. 그러므로 보다 효율적인 방법을 찾아보는 것이 필요하다. 선형연립방정식의 수치해법은 크게 직접법 (direct methods)과 반복법 (iterative methods)의 두 종류로 나눌 수 있으며 다음 표에서 정리하여 보였다. 이어지는 장에서 직접법과 반복법을 차례로 소개한다.

직접법 (direct methods)	반복법 (iterative methods)
Cramer 방법	Jacobi 방법
Gauss 제거법	Gauss-Seidel 방법
LU 분해법	SOR 방법

17장

Cramer 방법

17.1 Cramer 방법: 해설

Cramer 방법 (Gabriel Cramer, 1704 – 1752)은 선형연립방정식의 해를 구하는 직접적인 방법으로서 $Ax = b$ 의 계수 A의 행렬식 (determinant)을 사용하여 미지수 x 를 계산하는 방법이며 식 (17.1)에서 주어진 선형연립방정식에 대한 계산 과정은 식 (17.2)에서 보는 바와 같다.

$$\begin{bmatrix} a_{11} & a_{12} \\ a_{21} & a_{22} \end{bmatrix} \begin{pmatrix} x_1 \\ x_2 \end{pmatrix} = \begin{pmatrix} b_1 \\ b_2 \end{pmatrix} \tag{17.1}$$

$$\begin{aligned} x_1 &= \frac{\det(\mathbf{A}_1)}{\det(\mathbf{A})} = \frac{b_1 a_{22} - a_{12} b_2}{a_{11} a_{22} - a_{12} a_{21}} \\ x_2 &= \frac{\det(\mathbf{A}_2)}{\det(\mathbf{A})} = \frac{a_{11} b_2 - b_1 a_{21}}{a_{11} a_{22} - a_{12} a_{21}} \end{aligned} \tag{17.2}$$

여기서 행렬식 $\det(A), \det(A_1), \det(A_2)$ 는 각각 다음과 같이 정의된다.

$$\det(\mathbf{A}) = \begin{vmatrix} a_{11} & a_{12} \\ a_{21} & a_{22} \end{vmatrix} = a_{11}a_{22} - a_{12}a_{21}$$

$$\det(\mathbf{A}_1) = \begin{vmatrix} b_1 & a_{12} \\ b_2 & a_{22} \end{vmatrix} = b_1a_{22} - a_{12}b_2$$

$$\det(\mathbf{A}_2) = \begin{vmatrix} a_{11} & b_1 \\ a_{21} & b_2 \end{vmatrix} = a_{11}b_2 - b_1a_{21} \tag{17.3}$$

Cramer 방법에 따라서 다음에 주어진 연립방정식의 방정식의 해는 각각 다음과 같이 얻어진다.

$$\begin{bmatrix} 1 & 3 \\ -2 & 6 \end{bmatrix} \begin{pmatrix} x_1 \\ x_2 \end{pmatrix} = \begin{pmatrix} 5 \\ 2 \end{pmatrix} \tag{17.4}$$

식 (17.2)에서 필요한 행렬식 계산을 하고 해를 구하면 다음과 같다.

$$\det(\mathbf{A}) = 1 \times 6 - 3 \times (-2) = 12$$

$$\det(\mathbf{A}_1) = 5 \times 6 - 3 \times 2 = 24$$

$$\det(\mathbf{A}_2) = 1 \times 2 - 5 \times (-2) = 12 \tag{17.5}$$

따라서 방정식의 해는 다음과 같이 구해진다.

$$x_1 = \frac{\det(\mathbf{A}_1)}{\det(\mathbf{A})} = \frac{24}{12} = 2$$

$$x_2 = \frac{\det(\mathbf{A}_2)}{\det(\mathbf{A})} = \frac{12}{12} = 1 \tag{17.6}$$

최종적으로 Cramer 방법을 일반화하면 다음과 같이 쓸 수 있다.

$$x_i = \frac{\det(\mathbf{A}_i)}{\det(\mathbf{A})}, \qquad \text{for} \qquad i = 1, 2, \cdots n. \tag{17.7}$$

17.2 Cramer 방법: 코딩

Cramer 방법을 프로그램으로 작성하고 예제를 통해서 검증하기로 한다. 예제로는 다음과 같이 3개의 미지수를 갖는 방정식을 생각해 본다.

$$\begin{aligned} 5x_1 - x_2 + x_3 &= 6 \\ -x_1 + 3x_2 - x_3 &= 2 \\ x_1 - x_2 + 4x_3 &= 11 \end{aligned} \tag{17.8}$$

프로그램은 Cramer 방법을 구현한 것이다. 첫 줄에서의 import array, zeros 는 Numpy 라이브러리에서 array 와 zeros 를 불러오는 것이다. 또한, 행렬식을 계산하기 위한 함수 det 는 Numpy 라이브러리에서 linalg 라는 하부 라이브러리에 속해 있으므로 from numpy.linalg 로 규정하여 불러낼 수 있다. Cramer 방법의 알고리즘은 cramer(A,b) 함수에서 구현되어 있다. detsub 와 x 등의 필요한 변수를 zeros((3)) 등으로 하여 배열로 선언하고 det(A) 로 행렬식을 계산한다. 해를 구하는 과정은 for 문의 내부에서 수행되며 Python 프로그래밍의 초급자들에게는 조금 어려운 내용이 포함되어 있으나 전체적으로는 식 (17.7)에서 정의한 내용이 구현되어 있다고 보면 된다. 그 다음은 입력 인자들을 정의하는 과정과 마지막으로 계산된 결과를 돌려주는 return 으로 구성되어 있다. 결과는 detsub, x = cramer(A,b) 로 선언하여 행렬식 A_1, A_2 와 A_3 를 그리고 방정식의 해 x를 출력할 수 있도록 하였다

```
from numpy import array,zeros
from numpy.linalg import det

def cramer(A,b):
    n = len(b)
    detsub = zeros((n))
    x = zeros((n))
    detA = det(A)
    for i in range(n):
        Atemp = A.copy()
        Atemp[:,i] = b
        detsub[i] = det(Atemp)
        x[i] = detsub[i]/detA
    return detsub, x

A = array([[5,-1,1],[-1,3,-1],[1,-1,4]])
b = array([6,2,11])
detsub, x = cramer(A,b)

print('det(A) =  %8.4f' % det(A))
print('det(A1) =  %8.4f' % detsub[0])
print('det(A2) =  %8.4f' % detsub[1])
print('det(A3) =  %8.4f' % detsub[2])
print('x1 = %8.4f' % x[0])
print('x2 = %8.4f' % x[1])
print('x3 = %8.4f' % x[2])
```

프로그램을 실행시키면 다음과 같은 결과를 얻게 되며 엄밀해는 $x_1 = 1, x_2 = 2, x_3 = 3$이다.

```
det(A) =   50.0000
det(A1) =   50.0000
det(A2) =  100.0000
det(A3) =  150.0000
```

```
x1 =    1.0000
x2 =    2.0000
x3 =    3.0000
```

17.3 요약

- Cramer 공식은 행렬의 차원이 3을 넘어가면 수치해석적인 측면에서 볼 때 비효율적이 된다 $O(n \times n!)$.
- 수치해석적으로 비효율적이라는 것은 일반적으로 계산량이 많아지고, 계산의 회수가 증가하고, 메모리도 많이 차지한다는 것을 의미한다.
- 실제 상황에서 많은 양의 데이터로 구성된 문제를 해석하고자 할 때 Cramer 공식은 계산 효율이 다른 방법에 비하여 상대적으로 낮으므로 잘 사용되지 않는다.

17.4 과제

1. Cramer 방법을 사용하여 다음에 주어진 선형연립방정식의 해를 구하시오.

$$\begin{bmatrix} 5 & -1 & 0 \\ -1 & 3 & -1 \\ 0 & -1 & 2 \end{bmatrix} \begin{pmatrix} x_1 \\ x_2 \\ x_3 \end{pmatrix} = \begin{pmatrix} 5 \\ 6 \\ 4 \end{pmatrix}$$

2. Cramer 방법을 사용하여 다음에 주어진 선형연립방정식의 해를 구하시오.

$$\begin{bmatrix} 2 & 1 & 0 \\ -1 & 6 & -1 \\ 4 & -3 & 7 \end{bmatrix} \begin{pmatrix} x_1 \\ x_2 \\ x_3 \end{pmatrix} = \begin{pmatrix} 1 \\ 3 \\ 4 \end{pmatrix}$$

3. Cramer 방법을 사용하여 다음에 주어진 선형연립방정식의 해를 구하시오.

$$\begin{bmatrix} 2 & -1 & 1 \\ 4 & 3 & -1 \\ 3 & 2 & 2 \end{bmatrix} \begin{pmatrix} x_1 \\ x_2 \\ x_3 \end{pmatrix} = \begin{pmatrix} 4 \\ 6 \\ 15 \end{pmatrix}$$

4. Cramer 방법을 사용하여 다음에 주어진 선형연립방정식의 해를 구하시오.

$$\begin{bmatrix} 1 & -1 & 1 \\ 2 & 1 & -1 \\ 3 & 2 & 2 \end{bmatrix} \begin{pmatrix} x_1 \\ x_2 \\ x_3 \end{pmatrix} = \begin{pmatrix} 4 \\ 0 \\ 9 \end{pmatrix}$$

5. Cramer 방법을 사용하여 다음에 주어진 선형연립방정시이 해를 구하시오.

$$\begin{bmatrix} -5 & -1 & 2 \\ 2 & 1 & 7 \\ 2 & 6 & -3 \end{bmatrix} \begin{pmatrix} x_1 \\ x_2 \\ x_3 \end{pmatrix} = \begin{pmatrix} 1 \\ 0 \\ 5 \end{pmatrix}$$

6. Gauss 방법을 사용하여 다음에 주어진 선형연립방정식의 해를 구하시오.

$$\begin{bmatrix} -5 & 2 & 1 \\ 2 & -1 & 7 \\ 2 & 6 & 3 \end{bmatrix} \begin{pmatrix} x_1 \\ x_2 \\ x_3 \end{pmatrix} = \begin{pmatrix} 7 \\ 3 \\ 5 \end{pmatrix}$$

7. Gauss 방법을 사용하여 다음에 주어진 선형연립방정식의 해를 구하시오.

$$\begin{bmatrix} 7 & 2 & 1 \\ 2 & 8 & 3 \\ 2 & 1 & 6 \end{bmatrix} \begin{pmatrix} x_1 \\ x_2 \\ x_3 \end{pmatrix} = \begin{pmatrix} 3 \\ 2 \\ 2 \end{pmatrix}$$

18장

Gauss 소거법 (Gaussian Elimination)

18.1 Gauss 소거법: 개요

$Ax = b$ 로 표시되는 선형연립방정식의 해를 구하는 가장 보편적인 방법은 주어진 방정식을 해를 구하기 쉬운 다른 형태로 변환 시키는 것이다. 예를 들어, 다음과 같은 방정식이 있을 때

$$\begin{bmatrix} a_{11} & a_{12} & a_{13} \\ a_{21} & a_{22} & a_{23} \\ a_{31} & a_{32} & a_{33} \end{bmatrix} \begin{pmatrix} x_1 \\ x_2 \\ x_3 \end{pmatrix} = \begin{pmatrix} b_1 \\ b_2 \\ b_3 \end{pmatrix} \tag{18.1}$$

적절한 방법을 써서 다음과 같이 만들 수 있다면 방정식의 해 x_1, x_2, x_3 를 쉽게 얻을 수 있을 것이다.

$$\begin{bmatrix} \bar{a}_{11} & \bar{a}_{12} & \bar{a}_{13} \\ 0 & \bar{a}_{22} & \bar{a}_{23} \\ 0 & 0 & \bar{a}_{33} \end{bmatrix} \begin{pmatrix} x_1 \\ x_2 \\ x_3 \end{pmatrix} = \begin{pmatrix} \bar{b}_1 \\ \bar{b}_2 \\ \bar{b}_3 \end{pmatrix} \tag{18.2}$$

여기서 $\overline{a_{11}}$, $\overline{a_{12}}$ 등은 행렬을 변환하는 과정에서 값이 변화되어 처음과는 다른 값을 가지는 계수들을 의미한다. 식(18.2)의 해를 구하는 과정은 x_3 를 먼저 구하고 x_2, x_1

을 차례로 구하는 방식으로 하며 다음과 같이 수행하게 되며 이를 후방대치법 (back substitution)이라고 한다.

$$
\begin{aligned}
x_3 &= \frac{b_3}{\bar{a}_{33}} \\
x_2 &= \frac{\bar{b}_2 - \bar{a}_{23}x_3}{\bar{a}_{22}} \\
x_1 &= \frac{\bar{b}_1 - \bar{a}_{13}x_3 - \bar{a}_{12}x_2}{\bar{a}_{11}}
\end{aligned}
\tag{18.3}
$$

한편, 식 (18.2)에서 주어진 모양의 행렬을 윗삼각행렬 (upper triangular matrix)이라고 하며 이러한 형태로 주어지는 연립방정식은 후방 대치법을 적용하여 해를 구할 수 있게 된다.

18.2 Gauss 소거법: 해설

Gauss 소거법 (Carl Friedrich Gauss, 1777 – 1855)은 주어진 연립방정식을 윗삼각행렬의 형태로 변화시켜서 후방대치법으로 해를 구하는 방법으로 설명될 수 있으며 행렬기호로 나타내면 다음과 같다.

$$
\mathbf{Ax} = \mathbf{b} \rightarrow \mathbf{Ux} = \bar{\mathbf{b}} \tag{18.4}
$$

여기서 윗삼각행렬 U 는 다음과 같이 정의된다.

$$
\mathbf{U} = \begin{bmatrix} \hat{a}_{11} & \bar{a}_{12} & \bar{a}_{13} \\ 0 & \bar{a}_{22} & \bar{a}_{23} \\ 0 & 0 & \bar{a}_{33} \end{bmatrix} = \begin{bmatrix} u_{11} & u_{12} & u_{13} \\ 0 & u_{22} & u_{23} \\ 0 & 0 & u_{33} \end{bmatrix} \tag{18.5}
$$

따라서 Gauss 소거법은 선형연립방정식의 해를 구하기 위해서 식 (18.2) 형태의 행렬로 만들어 주는 알고리즘이며 다음에 주어진 방정식에 적용해 보기로 한다.

$$\begin{aligned} 2x_1 + x_2 &= 11 \\ 5x_1 + 7x_2 &= 13 \end{aligned} \tag{18.6}$$

또는

$$\begin{bmatrix} 2 & 1 \\ 5 & 7 \end{bmatrix} \begin{pmatrix} x_1 \\ x_2 \end{pmatrix} = \begin{pmatrix} 11 \\ 13 \end{pmatrix} \tag{18.7}$$

먼저 다음과 같이 확장된 행렬로 만든다.

$$\begin{bmatrix} 2 & 1 & 11 \\ 5 & 7 & 13 \end{bmatrix} \tag{18.8}$$

이 식의 첫 번째 행에 $a_{21/}a_{11} = 5/2$ 를 곱한 결과를 두 번째 행에서 빼주면 결과는 다음과 같다.

$$\begin{bmatrix} 2 & 1 & 11 \\ 0 & \frac{9}{2} & -\frac{29}{2} \end{bmatrix} \tag{18.9}$$

결과를 다시 써보면 다음과 같은 방정식으로 변환되었음을 알 수 있다.

$$\begin{bmatrix} 2 & 1 \\ 0 & \frac{9}{2} \end{bmatrix} \begin{pmatrix} x_1 \\ x_2 \end{pmatrix} = \begin{pmatrix} 11 \\ -\frac{29}{2} \end{pmatrix} \tag{18.10}$$

따라서, 방정식의 해는 다음과 같이 쉽게 계산된다.

$$\begin{aligned} x_2 &= -\frac{29}{2}/\frac{9}{2} = -\frac{29}{9} \\ x_1 &= \frac{11 - x_2}{2} = \frac{64}{9} \end{aligned} \tag{18.11}$$

18.3 Gauss 소거법: 일반화

위에서 설명한 Gauss 소거법을 다음에 주어진 선형연립방정식에 대하여 일반화하면 다음과 같이 설명할 수 있다.

$$\begin{aligned} a_{11}x_1 + a_{12}x_2 + a_{13}x_3 &= b_1 \\ a_{21}x_1 + a_{22}x_2 + a_{23}x_3 &= b_2 \\ a_{31}x_1 + a_{32}x_2 + a_{33}x_3 &= b_3 \end{aligned} \tag{18.12}$$

이 방정식을 다음과 같이 확장행렬로 표시한다.

$$\begin{bmatrix} a_{11} & a_{12} & a_{13} & b_1 \\ a_{21} & a_{22} & a_{23} & b_2 \\ a_{31} & a_{32} & a_{33} & b_3 \end{bmatrix} \tag{18.13}$$

식 (18.13)의 첫번째 행에 $a_{21/}a_{11}$ 을 곱한 결과를 두 번째 행에서 빼주면 다음과 같다.

$$\begin{bmatrix} a_{11} & a_{12} & a_{13} & b_1 \\ 0 & \left(a_{22} - a_{12} \times \dfrac{a_{21}}{a_{11}}\right) & \left(a_{23} - a_{13} \times \dfrac{a_{21}}{a_{11}}\right) & \left(b_2 - b_1 \times \dfrac{a_{21}}{a_{11}}\right) \\ a_{31} & a_{32} & a_{33} & b_3 \end{bmatrix} \tag{18.14}$$

또는

$$\begin{bmatrix} a_{11} & a_{12} & a_{13} & b_1 \\ 0 & a'_{22} & a'_{23} & b'_2 \\ a_{31} & a_{32} & a_{33} & b_3 \end{bmatrix} \tag{18.15}$$

여기서

$$a'_{22} = a_{22} - a_{12} \times \frac{u_{21}}{a_{11}} \quad a'_{23} = a_{23} - a_{13} \times \frac{a_{21}}{a_{11}} \quad b'_2 = b_2 - b_1 \times \frac{a_{21}}{a_{11}}$$

이번에는 식 (18.5)의 첫 번째 행에 a_{31}/a_{11} 을 곱한 결과를 세 번째 행에서 빼주면 다음과 같다.

$$\begin{bmatrix} a_{11} & a_{12} & a_{13} & b_1 \\ 0 & a'_{22} & a'_{23} & b'_2 \\ 0 & \left(a_{32} - a_{12} \times \dfrac{a_{31}}{a_{11}}\right) & \left(a_{33} - a_{12} \times \dfrac{a_{31}}{a_{11}}\right) & \left(b_3 - a_{12} \times \dfrac{a_{31}}{a_{11}}\right) \end{bmatrix} \tag{18.16}$$

또는

$$\begin{bmatrix} a_{11} & a_{12} & a_{13} & b_1 \\ 0 & a'_{22} & a'_{23} & b'_2 \\ 0 & a'_{32} & a'_{33} & b'_3 \end{bmatrix} \tag{18.17}$$

여기서

$$a'_{32} = a_{32} - a_{12} \times \frac{a_{31}}{a_{11}} \quad a'_{33} = a_{33} - a_{12} \times \frac{a_{31}}{a_{11}} \quad b'_3 = b_3 - a_{12} \times \frac{a_{31}}{a_{11}}$$

윗삼각행렬로 만들기 위해서는 또 한 번의 제거 과정이 필요하며 이를 위해서 식 (18.7)의 두 번째 행에 a'_{32}/a'_{22} 을 곱한 결과를 세 번째 행에서 빼주면 다음과 같다.

$$\begin{bmatrix} a_{11} & a_{12} & a_{13} & b_1 \\ 0 & a'_{22} & a'_{23} & b'_2 \\ 0 & 0 & \left(a'_{33} - a'_{23} \times \frac{a'_{32}}{a'_{22}}\right) & \left(b'_3 - b'_2 \times \frac{a'_{32}}{a'_{22}}\right) \end{bmatrix} \tag{18.18}$$

또는

$$\begin{bmatrix} a_{11} & a_{12} & a_{13} & b_1 \\ 0 & a'_{22} & a'_{23} & b'_2 \\ 0 & 0 & a''_{33} & b''_3 \end{bmatrix} \tag{18.19}$$

여기서

$$a''_{33} = a'_{33} - a'_{23} \times \frac{a'_{32}}{a'_{22}} \quad b''_3 = b'_3 - b'_2 \times \frac{a'_{32}}{a'_{22}}$$

최종적으로 식 (18.19)를 원래의 방정식 행렬로 표시하면 다음과 같다.

$$\begin{bmatrix} a_{11} & a_{12} & a_{13} \\ 0 & a'_{22} & a'_{23} \\ 0 & 0 & a''_{33} \end{bmatrix} \begin{pmatrix} x_1 \\ x_2 \\ x_3 \end{pmatrix} = \begin{pmatrix} b_1 \\ b'_2 \\ b''_3 \end{pmatrix} \tag{18.20}$$

또는

$$\begin{aligned} a_{11}x_1 + a_{12}x_2 + a_{13}x_3 &= b_1 \\ a'_{22}x_2 + a'_{23} &= b'_2 \\ a''_{33}x_3 &= b''_3 \end{aligned} \tag{18.21}$$

따라서 다음과 같이 후방대치법을 적용하여 쉽게 해를 구할 수 있다.

$$\begin{aligned} x_3 &= \frac{b''_3}{a''_{33}} \\ x_2 &= \frac{b'_2 - a'_{23}x_3}{a'_{22}} \\ x_1 &= \frac{b_1 - a_{13}x_3 - a_{12}x_2}{a_{11}} \end{aligned} \tag{18.22}$$

18.4 Gauss 소거법: 코딩

다음에 주어진 선형연립방정식에 대하여 Gauss 소거법을 적용하여 해를 계산하기로 한다.

$$
\begin{aligned}
5x_1 - x_2 + x_3 &= 6 \\
-x_1 + 3x_2 - x_3 &= 2 \\
x_1 - x_2 + 4x_3 &= 11
\end{aligned}
\tag{18.23}
$$

프로그램에서 from numpy import array,zeros,append 로 선언하여 Numpy에서 필요한 함수들을 불러온다. 여기서 append 는 리스트에 요소를 추가할 때 사용하는 함수이다. 또한, import numpy as np 으로 선언하였는데 그 이유는 gausselim(A,b) 함수 내에서 사용할 행렬에서 하나의 열을 추가하는 기능인 np.c_[A,b] 을 사용하기 위해서 이다. augA 에서는 주어진 방정식에 대한 확장 행렬을 만들었다. p1 에서는 식 (18.4)의 과정을, p2 에서는 식 (18.16)의 과정을 각각 구현하였다. 한편 temp에서는 원래의 확장 행렬 augA에 식 (18.14)에 의한 결과를 append 를 적용하여 추가하였다. augA1 에서는 temp 에 식 (18.16)에 의한 결과를 추가하고 행렬의 구조를 reshape 을 사용하여 3×4 형식으로 맞추어 주었다. 즉, augA1 은 식 (18.17)의 구조와 동일하다. 식 (18.18)에서와 같은 또 한번의 제거 과정을 p3 에서 구현하였다. augA2[2] = p3 와 같이 하여 식 (18.18)에서의 결과를 augA2 의 마지막 행에 추가하였다. 표기상의 간편함을 위해서 augA2 에 저장되어 있는 결과를 A = ag2[:,0:3] 와 b = ag2[:,-1] 와 같이 하여 분리해서 저장하였다.

```
from numpy import array,zeros,append
import numpy as np

def gausselim(A,b):
   #AUGMENTED MATRIX
    augA = np.c_[A,b]
    p1 = augA [1,:] - augA [0,:] * (augA [1,0]/augA [0,0])
    p2 = augA [2,:] - augA [0,:] * (augA [2,0]/augA [0,0])
    temp = append(augA[0,:],p1)
    augA1 = append(temp,p2).reshape(3,4)
    p3 = augA1[2,:] - augA1[1,:] * (augA1[2,1]/augA1[1,1])
    augA2 = augA1.copy()
```

```
    augA2[2] = p3
    A = augA2[:,0:3]
    b = augA2[:,-1]
    print("A = ",A)
    print("b = ",b)
    # BACK SUBSTITUTION
    x = zeros((3))
    x[2] = b[2]/A[2,2]
    x[1] = (b[1] - A[1,2] * x[2])/A[1,1]
    x[0] = (b[0] - A[0,2] * x[2] - A[0,1] * x[1])/A[0,0]
    return x

A = array([[5,-1,1],[-1,3,-1],[1,-1,4]])
b = array([6,2,11])
xg = gausselim(A,b)

print('x1 = %8.4f' % xg[0])
print('x2 = %8.4f' % xg[1])
print('x3 = %8.4f' % xg[2])
```

프로그램의 나머지 부분은 해를 구하기 위해서 후방대치법을 사용하는 과정과 결과를 출력하는 내용을 구현한 것이며 실행 결과는 다음과 같이 주어진다.

```
A =  [[ 5.        -1.         1.        ]
 [ 0.         2.8       -0.8       ]
 [ 0.         0.         3.57142857]]
b =  [ 6.         3.2       10.71428571]
x1 =   1.0000
x2 =   2.0000
x3 =   3.0000
```

18.5 Gauss 소거법: 피보팅 문제

Gauss 소거법은 원리적으로 간단한 편이나 여느 수치해석 알고리즘과 마찬가지로 경우에 따라서는 해를 구하지 못하거나 발산하는 경우도 있다. 예를 들어, 다음에 주어진 방정식은 Gauss 소거법을 적용할 수 없는데 그 이유는 첫 번째 행의 방정식에서의 x_1 의 계수가 0이기 때문이다.

$$\begin{aligned} 0x_1 - x_2 &= 3 \\ 2x_1 + 5x_2 &= 1 \end{aligned} \tag{18.24}$$

Gauss 소거법을 실행하기 위해서는 첫 번째 행의 계수로 다른 행의 계수를 나누어야 하는데 $a_{21}/a_{11} = 2/0$ 으로 되어 그대로 실행시키면 오류가 나기 때문이다. 이러한 경우는 행의 순서를 다음과 같이 바꾸어 주면 해결할 수 있으며 이를 피보팅 (pivoting)이라고 하며 각 행의 대각선에 있는 요소를 피봇 (pivot)이라고 한다.

$$\begin{aligned} 2x_1 + 5x_2 &= 1 \\ 0x_1 - x_2 &= 3 \end{aligned} \tag{18.25}$$

일반적으로 방정식의 각 행에서 피보팅을 하게 될 열을 모두 살펴보아서 가장 큰 계수가 있는 행이 피보팅 계수가 되도록 순서를 바꾸는 방식을 많이 사용하며 이를 부분 피보팅 (partial pivoting)이라고 한다. 결론적으로 선형 연립방정식에서 피보팅은 수치적 계산을 가능하게 할 뿐 아니라 오차를 줄여주는 역할도 하기 때문에 매우 중요하다.

다음의 연립방정식은 피보팅이 되어 있지 않다.

$$\begin{aligned} 5x_1 - x_2 + x_3 &= 6 \\ x_1 - x_2 + 4x_3 &= 11 \\ -x_1 + 3x_2 - x_3 &= 2 \end{aligned} \tag{18.26}$$

이 식에서 첫 번째와 세 번째 행에 대해서 부분 피보팅을 적용하면 다음과 같이 각 행과 해당하는 열에 가장 큰 계수가 위치하게 된다.

$$
\begin{aligned}
5x_1 - x_2 + x_3 &= 6 \\
-x_1 + 3x_2 - x_3 &= 11 \\
x_1 - x_2 + 4x_3 &= 2
\end{aligned}
\tag{18.27}
$$

피보팅의 결과가 눈으로는 특별한 장점이 없어보이더라도 가능하면 계산을 개시하기 전에 수행해 놓는 것이 좋다. 그 이유는 대부분의 수치해석 알고리즘은 선형연립방정식이 피보팅이 되어 있을 때 가장 효율적으로 작동하게 되어있기 때문이다.

18.6 요약

- Gauss 소거법은 직접적으로 방정식의 매 행에 적절한 상수를 곱하여 얻은 결과를 가지고 방정식을 수정하여 나가는 방식이다.
- 연립방정식의 각 행에서 피보팅을 하게 될 열을 모두 살펴보아서 가장 큰 계수가 있는 행이 피보팅 계수가 되도록 순서를 바꾸는 방식을 많이 사용하며 이를 부분 피보팅 (partial pivoting)이라고 한다.
- 부분 피보팅은 Gauss 소거법에서 연산의 정확도를 높이는 역할을 한다.

18.7 과제

1. Gauss 소거법을 사용하여 다음에 주어진 선형연립방정식의 해를 구하시오.

$$
\begin{bmatrix} 5 & -1 & 0 \\ -1 & 3 & -1 \\ 0 & -1 & 2 \end{bmatrix}
\begin{pmatrix} x_1 \\ x_2 \\ x_3 \end{pmatrix}
=
\begin{pmatrix} 5 \\ 6 \\ 4 \end{pmatrix}
$$

2. Gauss 방법을 사용하여 다음에 주어진 선형연립방정식의 해를 구하시오.

$$\begin{bmatrix} 2 & 1 & 0 \\ -1 & 6 & -1 \\ 4 & -3 & 7 \end{bmatrix} \begin{pmatrix} x_1 \\ x_2 \\ x_3 \end{pmatrix} = \begin{pmatrix} 1 \\ 3 \\ 4 \end{pmatrix}$$

3. Gauss 소거법을 사용하여 다음에 주어진 선형연립방정식의 해를 구하시오.

$$\begin{bmatrix} 2 & -1 & 1 \\ 4 & 3 & -1 \\ 3 & 2 & 2 \end{bmatrix} \begin{pmatrix} x_1 \\ x_2 \\ x_3 \end{pmatrix} = \begin{pmatrix} 4 \\ 6 \\ 15 \end{pmatrix}$$

4. Gauss 소거법을 사용하여 다음에 주어진 선형연립방정식의 해를 구하시오.

$$\begin{bmatrix} 1 & -1 & 1 \\ 2 & 1 & -1 \\ 3 & 2 & 2 \end{bmatrix} \begin{pmatrix} x_1 \\ x_2 \\ x_3 \end{pmatrix} = \begin{pmatrix} 4 \\ 0 \\ 9 \end{pmatrix}$$

5. Gauss 소거법을 사용하여 다음에 주어진 선형연립방정식의 해를 구하시오.

$$\begin{bmatrix} -5 & -1 & 2 \\ 2 & 1 & 7 \\ 2 & 6 & -3 \end{bmatrix} \begin{pmatrix} x_1 \\ x_2 \\ x_3 \end{pmatrix} = \begin{pmatrix} 1 \\ 0 \\ 5 \end{pmatrix}$$

6. Gauss 소거법을 사용하여 다음에 주어진 선형연립방정식의 해를 구하시오.

$$\begin{bmatrix} -5 & 2 & 1 \\ 2 & -1 & 7 \\ 2 & 6 & 3 \end{bmatrix} \begin{pmatrix} x_1 \\ x_2 \\ x_3 \end{pmatrix} = \begin{pmatrix} 7 \\ 3 \\ 5 \end{pmatrix}$$

7. Gauss 소거법을 사용하여 다음에 주어진 선형연립방정식의 해를 구하시오.

$$\begin{bmatrix} 7 & 2 & 1 \\ 2 & 8 & 3 \\ 2 & 1 & 6 \end{bmatrix} \begin{pmatrix} x_1 \\ x_2 \\ x_3 \end{pmatrix} = \begin{pmatrix} 3 \\ 2 \\ 2 \end{pmatrix}$$

19장

LU 분해법 (LU Decomposition)

19.1 LU 분해법: 해설

LU 분해법의 주안점은 행렬 A 를 아래삼각행렬(lower triangular matrix) L과 윗삼각행렬(upper triangular matrix) U 의 곱으로 분해하여 연립방정식의 해를 구하는 것이다. 즉, $A = LU$ 의 형태로 하여 다음과 같이 쓸 수 있다.

$$\begin{bmatrix} a_{11} & a_{12} & a_{13} \\ a_{21} & a_{22} & a_{23} \\ a_{31} & a_{32} & a_{33} \end{bmatrix} = \begin{bmatrix} 1 & 0 & 0 \\ l_{21} & 1 & 0 \\ l_{31} & l_{32} & 1 \end{bmatrix} \begin{bmatrix} u_{11} & u_{12} & u_{13} \\ 0 & u_{22} & u_{23} \\ 0 & 0 & u_{33} \end{bmatrix} \tag{19.1}$$

여기서

$$\mathbf{L} = \begin{bmatrix} 1 & 0 & 0 \\ l_{21} & 1 & 0 \\ l_{31} & l_{32} & 1 \end{bmatrix} \qquad \mathbf{U} = \begin{bmatrix} u_{11} & u_{12} & u_{13} \\ 0 & u_{22} & u_{23} \\ 0 & 0 & u_{33} \end{bmatrix} \tag{19.2}$$

이때 식 (19.1)의 우변에서 행렬의 곱을 풀어서 쓰면 다음과 같다.

$$\begin{bmatrix} a_{11} & a_{12} & a_{13} \\ a_{21} & a_{22} & a_{23} \\ a_{31} & a_{32} & a_{33} \end{bmatrix} = \begin{bmatrix} u_{11} & u_{12} & u_{13} \\ l_{21}u_{11} & l_{21}u_{12}+u_{22} & l_{21}u_{13}+u_{23} \\ l_{31}u_{11} & l_{31}u_{12}+l_{32}u_{22} & l_{31}u_{13}+l_{32}u_{23}+u_{33} \end{bmatrix} \tag{19.3}$$

다음의 방정식에서 행렬을 두 개의 곱으로 분리하는 방법을 설명하기로 한다.

$$\begin{aligned} 5x_1 - x_2 + x_3 &= 6 \\ -x_1 + 3x_2 - x_3 &= 2 \\ x_1 - x_2 + 4x_3 &= 11 \end{aligned} \tag{19.4}$$

이 방정식에서 행렬 A 을 L 과 U 로 분해하여 표시하면 다음과 같다.

$$\mathbf{A} = \begin{bmatrix} 5 & -1 & 1 \\ -1 & 3 & -1 \\ 1 & -1 & 4 \end{bmatrix} = \begin{bmatrix} u_{11} & u_{12} & u_{13} \\ l_{21}u_{11} & l_{21}u_{12}+u_{22} & l_{21}u_{13}+u_{23} \\ l_{31}u_{11} & l_{31}u_{12}+l_{32}u_{22} & l_{31}u_{13}+l_{32}u_{23}+u_{33} \end{bmatrix} \tag{19.5}$$

식 (19.5)의 좌변과 우변을 비교하여 첫 번째 행에서 해당되는 성분을 다음과 같이 구할 수 있다.

$$u_{11} = a_{11} = 5, \quad u_{12} = a_{12} = -1, \quad u_{13} = a_{13} = 1 \tag{19.6}$$

식 (19.5)의 두 번째 행에서 각 성분을 다음과 같이 구할 수 있다.

$$l_{21}u_{11} = a_{21} = 1, \quad l_{21}u_{12} + u_{22} = a_{22} = 3, \quad l_{21}u_{13} + u_{23} = a_{23} = -1 \tag{19.7}$$

따라서

$$l_{21} = -\frac{1}{5}, \quad u_{22} = \frac{14}{5}, \quad u_{23} = -\frac{4}{5} \tag{19.8}$$

식 (19.5)의 세 번째 행에서 각 성분을 다음과 같이 구할 수 있다.

$$l_{31}u_{11} = a_{31} = 1, \quad l_{31}u_{12} + l_{32}u_{22} = a_{32} = -1, \quad l_{31}u_{13} + l_{32}u_{23} + u_{33} = a_{33} = 4 \tag{19.9}$$

따라서

$$l_{31} = \frac{1}{5}, \quad u_{23} = -\frac{4}{5} \quad u_{33} = \frac{25}{7} \tag{19.10}$$

최종적으로 아래삼각행렬 L 과 윗삼각행렬 U 은 각각 다음과 같이 쓸 수 있다.

$$\mathbf{L} = \begin{bmatrix} 1 & 0 & 0 \\ -\frac{1}{5} & 1 & 0 \\ \frac{1}{5} & -\frac{2}{7} & 1 \end{bmatrix}, \quad \mathbf{U} = \begin{bmatrix} 5 & -1 & 1 \\ 0 & \frac{14}{5} & -\frac{4}{5} \\ 0 & 0 & \frac{25}{7} \end{bmatrix} \tag{19.11}$$

위의 결과를 $A = LU$ 에 적용해 보면 두 개의 삼각행렬이 정확하게 분해되었음을 확인할 수 있다.

19.2 분해법: 선형연립방정식의 해법

LU 분해법을 적용하여 선형연립방정식 $Ax = b$ 의 해를 구하는 과정은 다음과 같다.

1. $A = LU$로 분해한다. 즉, 원래의 방정식에서 $Ax = (LU)x = L(Ux) = b$ 로 쓸 수 있다.

2. $Ux \equiv y$ 로 하면 방정식은 $Uy = b$ 의 형태로 된다.

$$\begin{bmatrix} 1 & 0 & 0 \\ l_{21} & 1 & 0 \\ l_{31} & l_{32} & 1 \end{bmatrix} \begin{pmatrix} y_1 \\ y_2 \\ y_3 \end{pmatrix} = \begin{pmatrix} b_1 \\ b_2 \\ b_3 \end{pmatrix} \tag{19.12}$$

이 식에서 전방대치법으로 y 를 다음과 같이 구할 수 있다.

$$\begin{aligned} y_1 &= b_1 \\ y_2 &= b_2 - l_{21}y_1 \\ y_3 &= b_3 - l_{31}y_1 - l_{32}y_2 \end{aligned} \tag{19.13}$$

식 (19.12)에 식 (19.11})의 결과를 적용하면 $Ly = b$와 같은 형태로 된다.

$$\begin{bmatrix} 1 & 0 & 0 \\ -\frac{1}{5} & 1 & 0 \\ \frac{1}{5} & -\frac{2}{7} & 1 \end{bmatrix} \begin{pmatrix} y_1 \\ y_2 \\ y_3 \end{pmatrix} = \begin{pmatrix} 6 \\ 2 \\ 11 \end{pmatrix} \qquad 19.14$$

또한, 식 (19.13)에 의해서 다음과 같은 결과를 얻을 수 있다.

$$\begin{aligned} y_1 &= 6 \\ y_2 &= 2 - \left(-\frac{1}{5}\right) \times 6 = \frac{16}{5} \\ y_3 &= 11 - \frac{1}{5} \times 6 - \left(-\frac{2}{7}\right) \times \frac{16}{5} = \frac{75}{7} \end{aligned} \tag{19.15}$$

3. 구해진 y 를 $Ux=y$ 에 대입하여 최종적으로 방정식의 해 x를 구하게 된다.

$$\begin{bmatrix} u_{11} & u_{12} & u_{13} \\ 0 & u_{22} & u_{23} \\ 0 & 0 & u_{33} \end{bmatrix} \begin{pmatrix} x_1 \\ x_2 \\ x_3 \end{pmatrix} = \begin{pmatrix} y_1 \\ y_2 \\ y_3 \end{pmatrix} \tag{19.16}$$

즉, 다음과 같이 후방대치법으로 방정식의 해 x 를 구하게 된다.

$$\begin{aligned} x_3 &= \frac{y_3}{u_{33}} \\ x_2 &= \frac{y_2 - u_{23}x_3}{u_{22}} \\ x_1 &= \frac{y_1 - u_{12}x_2 - u_{13}x_3}{u_{11}} \end{aligned} \tag{19.17}$$

식 (19.11)과 식 (19.15)의 결과를 식 (19.7)에 적용하면 다음과 같이 쓸 수 있다.

$$\begin{bmatrix} 5 & -1 & 1 \\ 0 & \frac{14}{5} & -\frac{4}{5} \\ 0 & 0 & \frac{25}{7} \end{bmatrix} \begin{pmatrix} x_1 \\ x_2 \\ x_3 \end{pmatrix} = \begin{pmatrix} 6 \\ \frac{16}{5} \\ \frac{75}{7} \end{pmatrix} \tag{19.18}$$

식 (19.17)에 후방대치법을 적용하여 최종적으로 다음과 같이 방정식의 해가 얻어진다.

$$\begin{aligned} x_3 &= \frac{\frac{75}{7}}{\frac{25}{7}} = 3 \\ x_2 &= \frac{\frac{16}{5} - (-\frac{4}{5}) \times 3}{\frac{14}{5}} = 2 \\ x_1 &= \frac{6 - (-1) \times 2 - 1 \times 3.0}{5} = 1 \end{aligned} \tag{19.19}$$

19.3 Cholesky 분해법: 해설

Cholesky 분해법은 LU 분해법의 한 종류로서, 대칭 (symmetry)이며 정부호 (positive definite)인 행렬은 아래삼각행렬과 아래삼각행렬의 전치 (transpose)의 곱으로 분리될 수 있다는 수학 공리에 기반을 두고 있다. 본서에서는 증명 없이 공리를 사용하여 알고리즘을 설명하고자 한다. 이 공리를 표시하면 다음과 같이 쓸 수 있다.

$$\mathbf{A} = \mathbf{L}\mathbf{L}^T \tag{19.20}$$

또는 행렬 요소로 표현하면 다음과 같다.

$$\begin{bmatrix} a_{11} & a_{12} & a_{13} \\ a_{21} & a_{22} & a_{23} \\ a_{31} & a_{32} & a_{33} \end{bmatrix} = \begin{bmatrix} l_{11} & 0 & 0 \\ l_{21} & l_{22} & 0 \\ l_{31} & l_{32} & l_{33} \end{bmatrix} \begin{bmatrix} l_{11} & l_{21} & l_{31} \\ 0 & l_{22} & l_{32} \\ 0 & 0 & l_{33} \end{bmatrix} \tag{19.21}$$

이 식의 우변에서 행렬의 곱을 모두 전개하면 다음과 같다.

$$\begin{bmatrix} a_{11} & a_{12} & a_{13} \\ a_{21} & a_{22} & a_{23} \\ a_{31} & a_{32} & a_{33} \end{bmatrix} = \begin{bmatrix} l_{11}^2 & l_{21}l_{11} & l_{31}l_{11} \\ l_{21}l_{11} & l_{21}^2 + l_{22}^2 & l_{31}l_{21} + l_{32}l_{22} \\ l_{31}l_{11} & l_{31}l_{21} + l_{32}l_{22} & l_{31}^2 + l_{32}^2 + l_{33}^2 \end{bmatrix} \tag{19.22}$$

식 (19.22)에서 우변과 좌변의 각 요소를 비교하여 다음과 같은 관계식을 얻을 수 있다.

$$
\begin{aligned}
l_{11} &= \sqrt{a_{11}} \\
l_{21} &= \frac{a_{21}}{l_{11}} \\
l_{22} &= \sqrt{a_{22} - l_{21}^2} \\
l_{31} &= \frac{a_{31}}{l_{11}} \\
l_{32} &= \frac{a_{32} - l_{31}l_{21}}{l_{22}} \\
l_{33} &= \sqrt{a_{33} - l_{31}^2 - l_{32}^2}
\end{aligned} \tag{19.23}
$$

다음에 주어진 연립방정식에 대하여 행렬 A 에 대한 아래삼각행렬의 성분들을 구하는 과정을 살펴보기로 한다.

$$
\begin{aligned}
5x_1 - x_2 + x_3 &= 6 \\
-x_1 + 3x_2 - x_3 &= 2 \\
x_1 - x_2 + 4x_3 &= 11
\end{aligned} \tag{19.24}
$$

주어진 방정식과 식 (19.13)에서 다음과 같은 관계식을 얻을 수 있다.

$$
\mathbf{A} = \begin{bmatrix} 5 & -1 & 1 \\ -1 & 3 & -1 \\ 1 & -1 & 4 \end{bmatrix} = \begin{bmatrix} l_{11}^2 & l_{11}l_{21} & l_{11}l_{31} \\ l_{11}l_{21} & l_{21}^2 + l_{22}^2 & l_{21}l_{31} + l_{22}l_{32} \\ l_{11}l_{31} & l_{21}l_{31} + l_{22}l_{32} & l_{31}^2 + l_{32}^2 + l_{33}^2 \end{bmatrix} \tag{19.25}
$$

또한, 아래삼각행렬의 각 요소들은 다음과 같은 계산식에 의해서 구할 수 있다.

$$\begin{aligned} l_{11} &= \sqrt{a_{11}} = \sqrt{5} \\ l_{21} &= \frac{a_{21}}{l_{11}} = -\frac{\sqrt{5}}{5} \\ l_{22} &= \sqrt{a_{22} - l_{21}^2} = \frac{\sqrt{70}}{5} \\ l_{31} &= \frac{a_{31}}{l_{11}} = \frac{\sqrt{5}}{5} \\ l_{32} &= \frac{a_{32} - l_{31}l_{21}}{l_{22}} = -\frac{2\sqrt{70}}{35} \\ l_{33} &= \sqrt{a_{33} - l_{31}^2 - l_{32}^2} = \frac{5\sqrt{7}}{7} \end{aligned} \tag{19.26}$$

계산 결과를 정리하면 아래삼각행렬과 그에 대한 전치 행렬을 다음과 같이 쓸 수 있다.

$$\mathbf{L} = \begin{bmatrix} \sqrt{5} & 0 & 0 \\ -\frac{\sqrt{5}}{5} & \frac{\sqrt{70}}{5} & 0 \\ \frac{\sqrt{5}}{5} & -\frac{2\sqrt{70}}{35} & \frac{5\sqrt{7}}{7} \end{bmatrix}, \quad \mathbf{L}^T = \begin{bmatrix} \sqrt{5} & -\frac{\sqrt{5}}{5} & \frac{\sqrt{5}}{5} \\ 0 & \frac{\sqrt{70}}{5} & -\frac{2\sqrt{70}}{35} \\ 0 & 0 & \frac{5\sqrt{7}}{7} \end{bmatrix} \tag{19.27}$$

Cholesky 분해법을 사용하여 선형연립방정식 $Ax = b$ 의 해를 구하는 과정은 LU 분해법과 유사하며 앞 절의 예제와 동일한 방정식에서는 다음과 같이 주어진다.

$$\begin{bmatrix} 5 & -1 & 1 \\ -1 & 3 & -1 \\ 1 & -1 & 4 \end{bmatrix} \begin{bmatrix} x_1 \\ x_2 \\ x_3 \end{bmatrix} = \begin{bmatrix} 6 \\ 2 \\ 11 \end{bmatrix} \tag{19.28}$$

여기서 행렬 A 을 다음과 같이 아래삼각행렬의 곱으로 분해하여 쓸 수 있다.

$$\mathbf{Ax} = \mathbf{L}\left(\mathbf{L}^T\mathbf{x}\right) = \mathbf{Ly} = \mathbf{b} \tag{19.29}$$

여기서 $L^T x = y$ 이며, y 에 대하여 정리하면 다음과 같다.

$$\begin{bmatrix} \sqrt{5} & 0 & 0 \\ -\frac{\sqrt{5}}{5} & \frac{\sqrt{70}}{5} & 0 \\ \frac{\sqrt{5}}{5} & -\frac{2}{35}\sqrt{70} & \frac{5}{7}\sqrt{7} \end{bmatrix} \begin{pmatrix} y_1 \\ y_2 \\ y_3 \end{pmatrix} = \begin{pmatrix} 6 \\ 2 \\ 11 \end{pmatrix} \tag{19.30}$$

이 식에서 전방대치법으로 $y_{1,}y_2$ 그리고 y_3 를 차례로 구한 후 $L^T x = y$ 에 대입한다.

$$\begin{bmatrix} \sqrt{5} & -\frac{\sqrt{5}}{5} & \frac{\sqrt{5}}{5} \\ 0 & \frac{\sqrt{70}}{5} & -\frac{2\sqrt{70}}{35} \\ 0 & 0 & \frac{5\sqrt{7}}{7} \end{bmatrix} \begin{pmatrix} x_1 \\ x_2 \\ x_3 \end{pmatrix} = \begin{pmatrix} \frac{6\sqrt{5}}{5} \\ \frac{8\sqrt{70}}{35} \\ \frac{15\sqrt{7}}{7} \end{pmatrix} \tag{19.31}$$

이번에는 후방대치법을 사용하여 x 를 구하면 $x_1 = 1, x_2 = 2$ 그리고 $x_3 = 3$을 구할 수 있다.

Cholesky 분해법을 요약하면 다음과 같다.

1. $A = LL^T$ 로 분해한다.
2. 원래의 방정식에 대입하면 $Ax = (LL^T)x = L(L^T x) = b$ 로 쓸 수 있다.
3. $L^T x \equiv y$ 로 하면 방정식은 $Ly = b$ 의 형태로 되어 전방대치법으로 y 를 구할 수 있다.
4. 최종적으로 $L^T x = y$ 에 대입하여 후방대치법으로 연립방정식의 해 x 를 구하게 된다.

19.4 Cholesky 분해법: 코딩

다음의 프로그램은 앞 절에서의 설명한 Cholesky 분해법 과정을 그대로 코딩하여 옮겨놓은 것이다. 프로그램의 첫 줄에서는 필요한 Numpy 함수들을 불러오고 있으며 특별히 set_printoptions 은 결과 출력 시에 소수점 자리수를 정하는 함수이다. Cholesky 분해법의 알고리즘은 cholesky(A,b) 함수 내에서 구현하였으며 A 와 b 가 각각 입력 인자로서 사용된다. 한편, 함수의 출력 인자는 el, y, 그리고 x 이며 아래삼각행렬 L, y 그리고 x 에 각각 해당된다.

```
from numpy import array,sqrt,zeros,set_printoptions

def cholesky(A,b):
    # Lower triangular matrix
    el = zeros((3,3))
    el[0,0] = sqrt(A[0,0])
    el[1,0] = A[1,0] / el[0,0]
    el[1,1] = sqrt(A[1,1] - el[1,0]**2)
    el[2,0] = A[2,0] / el[0,0]
    el[2,1] = (A[2,1] - el[2,0] * el[1,0])/el[1,1]
    el[2,2] = sqrt(A[2,2] - el[2,0]**2 - el[2,1]**2)
    # Forward substitution for y
    y = zeros((3))
    y[0] = b[0] / el[0,0]
    y[1] = (b[1] - el[1,0] * y[0]) / el[1,1]
    y[2] = (b[2] - el[2,0] * y[0] - el[2,1] * y[1]) / el[2,2]
    # Backward substitution for x
    x = zeros((3))
    elT = el.T
    x[2] = y[2] / elT[2,2]
    x[1] = (y[1] - elT[1,2] * x[2]) / elT[1,1]
    x[0] = (y[0] - elT[0,1] * x[1] - elT[0,2] * x[2]) / elT[0,0]
    return el, y, x
```

```
# Input parameters to choesky(A,b) function
A = array([[5,-1,1],[-1,3,-1],[1,-1,4]])
b = array([6,2,11])
el, y, xc = cholesky(A,b)

set_printoptions(precision = 4)
print("L = ", el)
print("y = ", y)
print("x1 = %8.4f " % xc[0])
print("x2 = %8.4f " % xc[1])
print("x3 = %8.4f " % xc[2])
```

프로그램을 실행한 결과는 다음과 같다.

```
L =  [[ 2.2361  0.      0.    ]
 [-0.4472  1.6733  0.    ]
 [ 0.4472 -0.4781  1.8898]]
y =  [2.6833 1.9124 5.6695]
x1 =    1.0000
x2 =    2.0000
x3 =    3.0000
```

19.5 요약

- LU 분해법은 방정식의 계수행렬을 아래삼각행렬과 윗삼각행렬의 곱으로 분해한 후 각각의 행렬과 연관된 방정식을 연속적으로 풀어감으로서 주어진 방정식의 해를 구하는 방식이다.
- Cholesky 분해법의 근거는 대칭 (symmetry)이며 정부호 (positive definite)인 행렬은 아래삼각행렬과 아래삼각행렬의 전치의 곱으로 표현될 수 있다는 수학적 공리에 기반하고 있다.

19.6 과제

1. Cholesky 분해법을 사용하여 다음에 주어진 선형연립방정식의 해를 구하시오.

$$\begin{bmatrix} 5 & -1 & 0 \\ -1 & 3 & -1 \\ 0 & -1 & 2 \end{bmatrix} \begin{pmatrix} x_1 \\ x_2 \\ x_3 \end{pmatrix} = \begin{pmatrix} 5 \\ 6 \\ 4 \end{pmatrix}$$

2. Cholesky 분해법을 사용하여 다음에 주어진 선형연립방정식의 해를 구하시오.

$$\begin{bmatrix} 2 & 1 & 0 \\ 1 & 6 & -1 \\ 0 & -1 & 7 \end{bmatrix} \begin{pmatrix} x_1 \\ x_2 \\ x_3 \end{pmatrix} = \begin{pmatrix} 1 \\ 3 \\ 4 \end{pmatrix}$$

3. Cholesky 분해법을 사용하여 다음에 주어진 선형연립방정식의 해를 구하시오.

$$\begin{bmatrix} 2 & -1 & 1 \\ -1 & 3 & -1 \\ 1 & -1 & 2 \end{bmatrix} \begin{pmatrix} x_1 \\ x_2 \\ x_3 \end{pmatrix} = \begin{pmatrix} 4 \\ 6 \\ 15 \end{pmatrix}$$

4. Cholesky 분해법을 사용하여 다음에 주어진 선형연립방정식의 해를 구하시오.

$$\begin{bmatrix} 9 & -1 & 1 \\ -1 & 5 & -1 \\ 1 & -1 & 2 \end{bmatrix} \begin{pmatrix} x_1 \\ x_2 \\ x_3 \end{pmatrix} = \begin{pmatrix} 4 \\ 0 \\ 9 \end{pmatrix}$$

5. Cholesky 분해법을 사용하여 다음에 주어진 선형연립방정식의 해를 구하시오.

$$\begin{bmatrix} 5 & -1 & 1 \\ -1 & 7 & 3 \\ 1 & 3 & 6 \end{bmatrix} \begin{pmatrix} x_1 \\ x_2 \\ x_3 \end{pmatrix} = \begin{pmatrix} 1 \\ 1 \\ 5 \end{pmatrix}$$

6. Cholesky 분해법을 사용하여 다음에 주어진 선형연립방정식의 해를 구하시오.

$$\begin{bmatrix} 7 & 2 & 1 \\ 2 & 8 & 3 \\ 1 & 3 & 6 \end{bmatrix} \begin{pmatrix} x_1 \\ x_2 \\ x_3 \end{pmatrix} = \begin{pmatrix} 3 \\ 2 \\ 2 \end{pmatrix}$$

7. Cholesky 분해법을 사용하여 다음에 주어진 선형연립방정식의 해를 구하시오.

$$\begin{bmatrix} 5 & 2 & 1 \\ 2 & 7 & 1 \\ 1 & 2 & 9 \end{bmatrix} \begin{pmatrix} x_1 \\ x_2 \\ x_3 \end{pmatrix} = \begin{pmatrix} 7 \\ 3 \\ 5 \end{pmatrix}$$

20장

Jacobi 방법

20.1 Jacobi 방법: 해설

선형연립방정식의 해를 찾을 때 초기값을 가정하여 반복되는 과정을 수행하여 해를 구하는 방법을 반복법이라고 한다. 계산과정을 반복하는 이유는 한 번에 해를 찾을 가능성이 거의 없기 때문에 원하는 정확도의 해를 구하기까지 같은 과정을 반복해야 하기 때문이다. 반복법의 종류는 많지만 본서에서 소개할 알고리즘은 다음과 같다.

- Jacobi 방법
- Gauss-Seidel 방법
- SOR (Successive Over-Relaxation) 방법

먼저, 다음에 주어진 선형연립방정식을 Jacobi 방법으로 해석하는 과정을 설명하기로 한다.

$$\begin{aligned} 2x_1 - x_2 &= 4 \\ -x_1 + 5x_2 &= 7 \end{aligned} \tag{20.1}$$

Jacobi 방법에서는 다음과 같이 방정식을 미지수에 대하여 정리하여야 한다.

$$
\begin{aligned}
x_1 &= \frac{1}{2}(4 + x_2) \\
x_2 &= \frac{1}{5}(7 + x_1)
\end{aligned}
\tag{20.2}
$$

여기서 x_1 과 x_2 는 미지수이므로 처음에는 값을 추측하여 사용한다. 반복 과정이 진행되면 두 변수의 값이 계속적으로 바뀌므로 처음 값을 $x_1^{(0)}$ 와 $x_2^{(0)}$ 와 같이 반복회수를 나타내는 첨자를 사용하여 표시하기로 하여 식 (20.2)을 다시 쓰면 다음과 같다.

$$
\begin{aligned}
x_1^{(1)} &= \frac{1}{2}(4 + x_2^{(0)}) \\
x_2^{(1)} &= \frac{1}{5}(7 + x_1^{(0)})
\end{aligned}
\tag{20.3}
$$

만일, $x_1^{(0)} = 0$ 과 $x_2^{(0)} = 0$ 을 추측값으로 하여 식 (20.3)에 대입하여 정리하면 다음과 같다.

$$
\begin{aligned}
x_1^{(1)} &= \frac{1}{2}(4 + x_2^{(0)}) = \frac{1}{2}(4 + 0) = 2 \\
x_2^{(1)} &= \frac{1}{5}(7 + x_1^{(0)}) = \frac{1}{7}(7 + 0) = \frac{7}{5}
\end{aligned}
\tag{20.4}
$$

첫 번째 반복과정을 통해서 얻은 값은 각각 $x_1^{(1)} = 2$ 와 $x_2^{(1)} = 7/5$이며 이를 식 (20.2)에 대입하여 다음과 같은 결과를 얻는다.

$$
\begin{aligned}
x_1^{(2)} &= \frac{1}{2}\,(4 + 2) = \frac{27}{10} \\
x_2^{(2)} &= \frac{1}{5}\left(7 + \frac{7}{5}\right) = \frac{9}{5}
\end{aligned}
\tag{20.5}
$$

새롭게 계산된 근사값 $x_2^{(2)} = 27/10$, $x_2^{(2)} = 9/5$ 를 식 (20.2)에 대입하면 다음과 같다.

$$x_1^{(3)} = \frac{1}{2}\left(4 + \frac{27}{10}\right) = \frac{29}{10}$$
$$x_2^{(3)} = \frac{1}{7}\left(7 + \frac{9}{5}\right) = \frac{97}{50} \qquad (20.6)$$

이와 같이 연속적으로 계산된 값들을 사용하여 방정식의 근사해를 구하게 된다. 표 20.1에서는 Jacobi 반복법에서 수행한 반복 회수에 따른 근삿값의 수렴도를 보여주고 있다.

표 20.1 Jacobi 방법과 선형연립방정식 (20.1) 에 대한 근삿값 $x_{1,} x_2$ 의 수렴

k	x_1	x_2
0	0	0
1	2	7/5
2	27/10	9/5
3	29/10	97/50

20.2 Jacobi 방법: 알고리즘

Jacobi 방법의 알고리즘은 여러 가지 수학적 표현으로 설명할 수 있으나 개별 방정식 단위와 행렬단위의 두 가지 관점에서 살펴보기로 한다.

1. Jacobi 방법 알고리즘 (방정식 수준)

   다음은 n 개의 방정식으로 구성된 선형연립방정식이다.

$$\begin{aligned} a_{11}x_1 + a_{12}x_2 + a_{13}x_3 + \cdots + a_{1n}x_n &= b_1 \\ a_{21}x_1 + a_{22}x_2 + a_{23}x_3 + \cdots + a_{2n}x_n &= b_2 \\ &\vdots \\ a_{n1}x_1 + a_{n2}x_2 + a_{n3}x_3 + \cdots + a_{nn}x_n &= b_n \end{aligned} \qquad (20.7)$$

Jacobi 방법은 선형연립방정식을 다음과 같이 미지수 x에 대한 식으로 정리하는 것으로 시작한다.

$$
\begin{aligned}
x_1 &= \frac{1}{a_{11}}(b_1 - a_{12}x_2 - a_{13}x_3 - \cdots - a_{1n}x_n) \\
x_2 &= \frac{1}{a_{22}}(b_2 - a_{21}x_1 - a_{23}x_3 - \cdots - a_{2n}x_n) \\
&\vdots
\end{aligned}
\tag{20.8}
$$

또는

$$
x_i^{(k+1)} = \frac{1}{a_{ii}}\left(b_i - \sum_{j \neq i} a_{ij}x_j^{(k)}\right), \qquad i = 1, 2, \ldots, n. \tag{20.9}
$$

연산을 시작할 때 예측값 $x^{(0)}$ 을 미리 정해주어야 한다. 반복해서 계산을 수행하고 오차가 미리 정해진 범위 안으로 들어왔을 때 과정을 종료한다. 일반적으로 과정의 반복회수는 오차의 정도에 따라서 결정된다. 오차는 절대오차와 상대오차가 사용되나 여기서는 상대오차로 다음과 같이 정의하였다.

$$
\left| \frac{x_i^{(k+1)} - x_i^{(k)}}{x_i^{(k+1)}} \right| \leq \varepsilon_i, \quad i = 1, 2, 3, \ldots, n \tag{20.10}
$$

여기서 ϵ 는 목표로 하는 오차의 크기이다.

2. Jacobi 방법 알고리즘 (행렬 수준) 알고리즘을 행렬로 표시하면 상세한 내용을 이해하는 데 도움이 되는 경우가 많다. 해석하고자 하는 방정식은 다음과 같다.

$$
\mathbf{A}\mathbf{x} = \mathbf{b} \tag{20.11}
$$

여기서

$$\mathbf{A} = \begin{bmatrix} a_{11} & a_{12} & \cdots & a_{1n} \\ a_{21} & a_{22} & \cdots & a_{2n} \\ \vdots & \vdots & \ddots & \vdots \\ a_{n1} & a_{n2} & \cdots & a_{nn} \end{bmatrix}, \quad \mathbf{x} = \begin{pmatrix} x_1 \\ x_2 \\ \vdots \\ x_n \end{pmatrix}, \quad \mathbf{b} = \begin{pmatrix} b_1 \\ b_2 \\ \vdots \\ b_n \end{pmatrix} \tag{20.12}$$

먼저 A 는 다음에 보는 것과 같이 다른 행렬들의 합으로 $A = D + L + U$ 로 쓸 수 있으며 D, L, U 는 각각 대각행렬, 아래 삼각행렬, 위 삼각행렬이다.

$$\mathbf{D} = \begin{bmatrix} a_{11} & 0 & \cdots & 0 \\ 0 & a_{22} & \cdots & 0 \\ 0 & 0 & \ddots & 0 \\ 0 & 0 & 0 & a_{nn} \end{bmatrix}, \quad \mathbf{L} = \begin{bmatrix} 0 & 0 & \cdots & 0 \\ a_{21} & 0 & \cdots & 0 \\ \vdots & \vdots & \ddots & \vdots \\ a_{n1} & a_{n2} & \cdots & 0 \end{bmatrix}, \quad \mathbf{U} = \begin{bmatrix} 0 & a_{12} & \cdots & a_{1n} \\ 0 & 0 & \cdots & a_{2n} \\ \vdots & \vdots & \ddots & \vdots \\ 0 & 0 & 0 & 0 \end{bmatrix} \tag{20.13}$$

행렬 A 가 다른 행렬의 합으로 구성된 것을 고려하여 식 (20.11) 을 다시 쓰면 다음과 같다.

$$\mathbf{Ax} = (\mathbf{D} + \mathbf{L} + \mathbf{U})\mathbf{x} = \mathbf{b} \tag{20.14}$$

또는

$$\mathbf{Dx} = \mathbf{b} - (\mathbf{L} + \mathbf{U})\mathbf{x} \tag{20.15}$$

최종적으로 미지수 행렬 x 에 대하여 풀면 다음과 같다.

$$\mathbf{x}^{(k+1)} = \mathbf{D}^{-1}\mathbf{b} - \mathbf{D}^{-1}(\mathbf{L} + \mathbf{U})\mathbf{x}^{(k)} \tag{20.16}$$

Jacobi 반복법의 알고리즘을 정리하면 다음과 같다.

방정식 $A_x = b$ 을 미지수 x 에 대하여 고쳐 쓴다.

$$\mathbf{x}^{(k+1)} = \mathbf{D}^{-1}\mathbf{b} - \mathbf{D}^{-1}(\mathbf{L}+\mathbf{U})\mathbf{x}^{(k)} \tag{20.17}$$

이 식에 초기값 $x^{(0)} = 0$ 을 대입하여 계산을 수행한다. 다음과 같이 오차를 구하고 목표 값과 비교한다. 만일 오차가 목표 값보다 다시 반복 과정을 수행하고 목표 값을 만족하면 종료한다.

$$\left| \frac{x_i^{(k+1)} - x_i^{(k)}}{x_i^{(k+1)}} \right| \le \varepsilon_i, \quad i = 1, 2, 3, \ldots, n \tag{20.18}$$

20.3 Jacobi 방법: 코딩

다음에 주어진 방정식을 사용하여 Jacobi 방법에 대한 알고리즘을 코딩하는 과정을 설명하고자 한다.

$$\begin{aligned} 5x_1 - x_2 + x_3 &= 6 \\ -x_1 + 3x_2 - x_3 &= 2 \\ x_1 - x_2 + 4x_3 &= 11 \end{aligned} \tag{20.19}$$

반복 과정을 수행할 수 있도록 하기 위해서 방정식을 다음과 같이 수정한다. 즉, 첫 번째 방정식은 x_1, 두 번째 방정식은 x_2 그리고 마지막 방정식은 x_3 에 대하여 방정식을 정리한다.

$$x_1^{(k+1)} = \frac{1}{5}(6 + x_2^{(k)} - x_3^{(k)})$$
$$x_2^{(k+1)} = \frac{1}{3}(2 + x_1^{(k)} + x_3^{(k)})$$
$$x_3^{(k+1)} = \frac{1}{4}(11 - x_1^{(k)} + x_2^{(k)}) \tag{20.20}$$

프로그램은 매우 단순하므로 별도의 설명이 필요 없을 것으로 사료 된다. 물론 주어진 선형연립방정식을 자동으로 Jacobi 반복법을 위한 식으로 전환하는 부분을 프로그램에 추가 할 수 있을 것이다.

```
from numpy import zeros,array

def jacobi(A,b,x10,x20,x30,n):
    x1 = zeros(n)
    x2 = zeros(n)
    x3 = zeros(n)
    x1[0] = x10
    x2[0] = x20
    x3[0] = x30
    print('%7s %9s %9s %9s' % ('k','x1','x2','x3'))
    print('%7d %9.5f %9.5f %9.5f' % (0,x1[0],x2[0],x3[0]))
    for k in range(n-1):
        x1[k+1] = (b[0] - A[0,1] * x2[k] - A[0,2] * x3[k])/A[0,0]
        x2[k+1] = (b[1] - A[1,0] * x1[k] - A[1,2] * x3[k])/A[1,1]
        x3[k+1] = (b[2] - A[2,0] * x1[k] - A[2,1] * x2[k])/A[2,2]
        print('%7d          %9.5f          %9.5f          %9.5f'          %
(k+1,x1[k+1],x2[k+1],x3[k+1]))
    return x1,x2,x3

A = array([[5,-1,1],[-1,3,-1],[1,-1,4]])
b = array([6,2,11])
x10 = 0.0
x20 = 0.0
x30 = 0.0
```

```
n = 8
x1, x2, x3 = jacobi(A,b,x10,x20,x30,n)
```

프로그램을 수행하면 다음과 같은 결과를 얻게 된다.

k	x1	x2	x3
0	0.00000	0.00000	0.00000
1	1.20000	0.66667	2.75000
2	0.78333	1.98333	2.61667
3	1.07333	1.80000	3.05000
4	0.95000	2.04111	2.93167
5	1.02189	1.96056	3.02278
6	0.98756	2.01489	2.98467
7	1.00604	1.99074	3.00683

그림 20.1에서는 엄밀해 $x_1 = 1, x_2 = 2, x_3 = 3$ 에 대한 Jacobi 방법으로 구한 근사해의 수렴 특성을 보여주고 있다. 한편, 그림 20.2에서는 Jacobi 방법으로 구한 근사값에 대한 오차 $\epsilon_1, \epsilon_2, \epsilon_3$ 의 감소특성을 보여주고 있다. 반복회수가 증가할수록 각 근삿값이 수렴하는 것을 두 그림에서 확인할 수 있다.

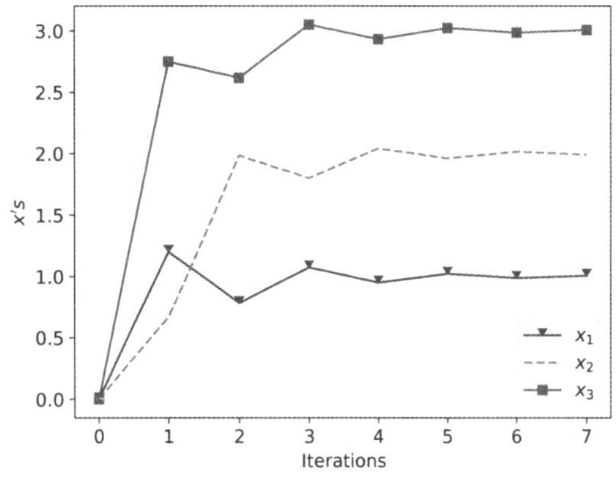

그림 20.1 Jacobi 방법으로 구한 근사값 x_1, x_2, x_3 의 수렴 특성

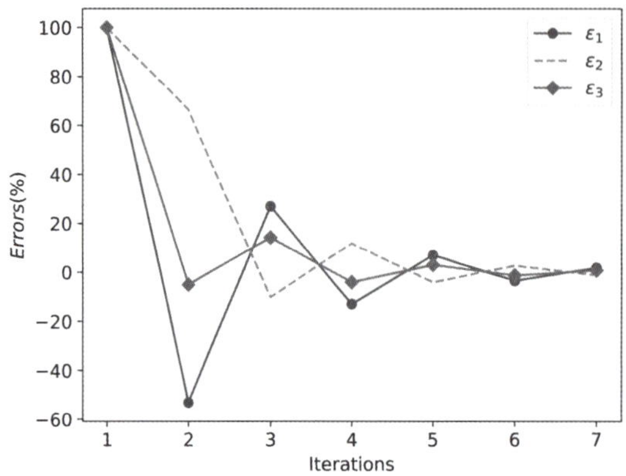

그림 20.2 Jacobi 방법으로 구한 근삿값에 대한 오차 $\epsilon_1, \epsilon_2, \epsilon_3$ 의 감소특성

20.4 요약

- 수치해석에서 유의할 점은 프로그램을 실행한 결과가 발산한다고 해서 그것이 그 방정식의 해가 존재하지 않는다는 것을 의미하는 것은 아니라는 사실이다. 해가 존재할 수도 있으나 여러 가지 문제로 인해서 발견이 안 된다고도 볼 수 있다.
- 프로그램 수행 중 발산하는 경우에 응급 처치할 수 있는 방법들이 있다. 그 중에서 가장 먼저 시도해 볼 수 있는 것은 초기값을 바꾸어 보는 것이다.
- Jacobi 방법에서도 연립방정식이 대각선우세 (diagonally dominant) 조건을 만족시킨다는 것을 전제하고 있다. 따라서 해석과정을 시작하기 전에 대각선우세 조건에 맞도록 방정식을 수정할 수 있다면 수렴속도가 빨라지고 계산 결과에서도 오차가 감소할 것으로 기대할 수 있다.

20.5 과제

1. Jacobi 방법을 사용하여 다음에 주어진 선형연립방정식의 해를 구하시오.

$$\begin{bmatrix} 5 & -1 & 0 \\ -1 & 3 & -1 \\ 0 & -1 & 2 \end{bmatrix} \begin{pmatrix} x_1 \\ x_2 \\ x_3 \end{pmatrix} = \begin{pmatrix} 5 \\ 6 \\ 4 \end{pmatrix}$$

2. Jacobi 방법을 사용하여 다음에 주어진 선형연립방정식의 해를 구하시오.

$$\begin{bmatrix} 2 & 1 & 0 \\ 1 & 6 & -1 \\ 0 & -1 & 7 \end{bmatrix} \begin{pmatrix} x_1 \\ x_2 \\ x_3 \end{pmatrix} = \begin{pmatrix} 1 \\ 3 \\ 4 \end{pmatrix}$$

3. Jacobi 방법을 사용하여 다음에 주어진 선형연립방정식의 해를 구하시오.

$$\begin{bmatrix} 2 & -1 & 1 \\ -1 & 3 & -1 \\ 1 & -1 & 2 \end{bmatrix} \begin{pmatrix} x_1 \\ x_2 \\ x_3 \end{pmatrix} = \begin{pmatrix} 4 \\ 6 \\ 15 \end{pmatrix}$$

4. Jacobi 방법을 사용하여 다음에 주어진 선형연립방정식의 해를 구하시오.

$$\begin{bmatrix} 9 & -1 & 1 \\ -1 & 5 & -1 \\ 1 & -1 & 2 \end{bmatrix} \begin{pmatrix} x_1 \\ x_2 \\ x_3 \end{pmatrix} = \begin{pmatrix} 4 \\ 0 \\ 9 \end{pmatrix}$$

5. Jacobi 방법을 사용하여 다음에 주어진 선형연립방정식의 해를 구하시오.

$$\begin{bmatrix} 5 & -1 & 1 \\ -1 & 7 & 3 \\ 1 & 3 & 6 \end{bmatrix} \begin{pmatrix} x_1 \\ x_2 \\ x_3 \end{pmatrix} = \begin{pmatrix} 1 \\ 1 \\ 5 \end{pmatrix}$$

6. Jacobi 방법을 사용하여 다음에 주어진 선형연립방정식의 해를 구하시오.

$$\begin{bmatrix} 7 & 2 & 1 \\ 2 & 8 & 3 \\ 1 & 3 & 6 \end{bmatrix} \begin{pmatrix} x_1 \\ x_2 \\ x_3 \end{pmatrix} = \begin{pmatrix} 3 \\ 2 \\ 2 \end{pmatrix}$$

7. Jacobi 방법을 사용하여 다음에 주어진 선형연립방정식의 해를 구하시오.

$$\begin{bmatrix} 5 & 2 & 1 \\ 2 & 7 & 1 \\ 1 & 2 & 9 \end{bmatrix} \begin{pmatrix} x_1 \\ x_2 \\ x_3 \end{pmatrix} = \begin{pmatrix} 7 \\ 3 \\ 5 \end{pmatrix}$$

21장

Gauss-Seidel 방법

21.1 Gauss-Seidel 방법: 해설

Jacobi 방법에서는 해를 구하는 과정에서 새로운 값을 매 단계의 마지막에서 한꺼번에 갱신하는 방법을 사용하였다. 그러나 Gauss-Seidel 방법에서는 새로 계산한 값을 반복 계산이 끝날 때까지 기다리지 않고 곧바로 갱신하는 방식을 사용한다.

Gauss-Seidel 방법으로 다음에 주어진 선형연립방정식을 해를 구하는 과정을 설명하기로 한다.

$$\begin{aligned} 2x_1 - x_2 &= 4 \\ -x_1 + 5x_2 &= 7 \end{aligned} \tag{21.1}$$

다음과 같이 방정식을 미지수에 대하여 정리한다.

$$\begin{aligned} x_1 &= \frac{1}{2}(4 + x_2) \\ x_2 &= \frac{1}{5}(7 + 5x_1) \end{aligned} \tag{21.2}$$

예측값을 $x_1^{(0)}$ 와 $x_2^{(0)}$ 와 같이 반복회수를 나타내는 첨자를 사용하여 하여 식 (21.2)을 다시 쓰면 다음과 같다.

$$
\begin{aligned}
x_1^{(1)} &= \frac{1}{2}(4 + x_2^{(0)}) = \frac{1}{2}(3+0) = 2 \\
x_2^{(1)} &= \frac{1}{5}(7 + x_1^{(1)}) = \frac{1}{5}(7+2) = \frac{9}{5}
\end{aligned} \tag{21.3}
$$

여기서 유의할 점은 Jacobi 방법과 달리 Gauss–Seidel 방법에서는 계산된 근사값 $x_1^{(1)}$을 곧바로 두 번째 식에서 사용한다는 점이다. 계산된 근삿값 $x_2^{(1)}$ 을 식 (21.3)에 대입하면 다음과 같이 다음 단계의 근삿값 $x_1^{(2)}$ 와 $x_2^{(2)}$ 을 얻는다.

$$
\begin{aligned}
x_1^{(2)} &= \frac{1}{2}(4 + x_2^{(1)}) = \frac{1}{2}(3 - \frac{13}{14}) = \frac{29}{10} \\
x_2^{(2)} &= \frac{1}{5}(7 + x_1^{(2)}) = \frac{1}{5}\left(7 + 5 \times \frac{29}{10}\right) = \frac{99}{50}
\end{aligned} \tag{21.4}
$$

반복을 진행하면 $x_1^{(3)}$와 $x_2^{(3)}$ 은 다음과 같이 주어진다.

$$
\begin{aligned}
x_1^{(3)} &= \frac{1}{2}(4 + x_2^{(2)}) = \frac{1}{2}\left(4 + \frac{99}{50}\right) = \frac{299}{100} \\
x_2^{(3)} &= \frac{1}{5}(7 + x_1^{(3)}) = \frac{1}{7}\left(7 + \frac{299}{100}\right) = \frac{999}{500}
\end{aligned} \tag{21.5}
$$

이와 같이 계속적으로 계산된 값들을 사용하여 방정식을 갱신하는 방법으로 근사해를 구하게 된다. 표 21.1에서는 Gauss–Seidel 방법에 의해서 근삿값이 수렴하는 정도를 보여주고 있다. 실제 방정식의 해는 $x_1 = 3$ 와 $x_2 = 2$ 이므로 더 정확한 값을 얻기 위해서는 위에서와 같은 반복을 몇 차례 더 수행해야만 한다.

표 21.1 Gauss–Seidel 방법과 선형연립방정식 (21.1)에 대한 근사값 x_1, x_2 의 수렴

k	x_1	x_2
0	0	0
1	2	9/5
2	29/10	99/50
3	299/100	999/500

21.2 Gauss-Seidel 방법: 일반화

앞에서 예제를 통해서 살펴본 Gauss-Seidel 방법을 알고리즘으로 전개해 보기로 한다. 다음은 n 개의 방정식으로 구성된 선형연립방정식이다.

$$
\begin{aligned}
a_{11}x_1 + a_{12}x_2 + a_{13}x_3 + \cdots + a_{1n}x_n &= b_1 \\
a_{21}x_1 + a_{22}x_2 + a_{23}x_3 + \cdots + a_{2n}x_n &= b_2 \\
&\vdots \\
a_{n1}x_1 + a_{n2}x_2 + a_{n3}x_3 + \cdots + a_{nn}x_n &= b_n
\end{aligned}
\tag{21.6}
$$

선형연립방정식을 다음과 같이 미지수 x 에 대한 식으로 다시 쓴다.

$$
\begin{aligned}
x_1 &= \frac{1}{a_{11}}(b_1 - a_{12}x_2 - a_{13}x_3 - \cdots - a_{1n}x_n) \\
x_2 &= \frac{1}{a_{22}}(b_2 - a_{21}x_1 - a_{23}x_3 - \cdots - a_{2n}x_n)
\end{aligned}
\tag{21.7}
$$

또는

$$
x_i^{(k+1)} = \frac{1}{a_{ii}}\left(b_i - \sum_{j=i}^{i-1} a_{ij}x_j^{(k+1)} - \sum_{j=i+1}^{n} a_{ij}x_j^{(k)}\right), \qquad i = 1, 2, \ldots, n. \tag{21.8}
$$

과정을 시작할 때 예측값 $x^{(0)}$ 을 미리 정해주어야 하며 반복 계산을 수행하고 오차가 미리 정해진 범위 안으로 들어왔을 때 과정을 종료한다. 근사값이 계산될 때마다 그 자리에서 새로운 값으로 바꾸어 준다. 일반적으로 반복법에서의 상대오차는 다음과 같이 정의된다.

$$\left|\frac{x_i^{(k+1)} - x_i^{(k)}}{x_i^{(k+1)}}\right| \le \varepsilon_i, \quad i = 1, 2, 3, \ldots, n \tag{21.9}$$

여기서 ϵ 는 목표로 하는 오차의 크기이다.

21.3 Gauss-Seidel 방법: 코딩

다음에 주어진 방정식을 사용하여 Gauss-Seidel 방법에 대한 알고리즘을 코딩하는 과정을 설명하고자 한다.

$$\begin{aligned} 5x_1 - x_2 + x_3 &= 6 \\ -x_1 + 3x_2 - x_3 &= 2 \\ x_1 - x_2 + 4x_3 &= 11 \end{aligned} \tag{21.10}$$

반복 과정을 수행할 수 있도록 하기 위해서 방정식을 다음과 같이 수정한다. 즉, 첫 번째 방정식은 x_1, 두 번째 방정식은 x_2 그리고 마지막 방정식은 x_3 에 대하여 식을 각각 정리한다.

$$\begin{aligned} x_1^{(k+1)} &= \frac{1}{5}(6 + x_2^{(k)} - x_3^{(k)}) \\ x_2^{(k+1)} &= \frac{1}{3}(2 + x_1^{(k+1)} + x_3^{(k)}) \\ x_3^{(k+1)} &= \frac{1}{4}(11 - x_1^{(k+1)} + x_2^{(k+1)}) \end{aligned} \tag{21.11}$$

프로그램에서 $n = 8$ 은 반복 회수를 지정한 것이다. 수렴을 잘 하지 않는 문제에 대해서는 오차 목표 값을 낮추거나 또는 반복 회수의 값을 늘려보는 것이 좋다. Gauss-Seidel 방법은 gauss_seidel(n, x1, x2, x3) 반복 부분에 구현되어 있으며 본문의 내용을 그대로 적었으므로 이해하는데 큰 어려움은 없을 것이다.

```
from numpy import zeros, array

def gauss_seidel(A,b,x10,x20,x30,n):
    x1 = zeros(n)
    x2 = zeros(n)
    x3 = zeros(n)
    x1[0] = x10
    x2[0] = x20
    x3[0] = x30
    print('%7s %9s %9s %9s' % ('k','x1','x2','x3'))
    print('%7d %9.5f %9.5f %9.5f' % (0,x1[0],x2[0],x3[0]))
    for k in range(n-1):
        x1[k+1] = (b[0] - A[0,1] * x2[k] - A[0,2] * x3[k])/A[0,0]
        x2[k+1] = (b[1] - A[1,0] * x1[k+1] - A[1,2] * x3[k])/A[1,1]
        x3[k+1] = (b[2] - A[2,0] * x1[k+1] - A[2,1] * x2[k+1])/A[2,2]
        print('%7d %9.5f %9.5f %9.5f' % (k+1,x1[k+1],x2[k+1],x3[k+1]))
    return x1,x2,x3

A = array([[5,-1,1],[-1,3,-1],[1,-1,4]])
b = array([6,2,11])
x10 = 0.0
x20 = 0.0
x30 = 0.0
n = 10
x1, x2, x3 = gauss_seidel(A,b,x10,x20,x30,n)
```

프로그램을 실행하면 다음과 같은 결과를 얻게 되며 보다 정확한 수렴도를 알기 위해서는 오차의 값을 살펴보아야 한다.

k	x1	x2	x3
0	0.00000	0.00000	0.00000
1	1.20000	1.06667	2.71667
2	0.87000	1.86222	2.99806
3	0.97283	1.99030	3.00437
4	0.99719	2.00052	3.00083
5	0.99994	2.00026	3.00008
6	1.00004	2.00004	3.00000
7	1.00001	2.00000	3.00000
8	1.00000	2.00000	3.00000
9	1.00000	2.00000	3.00000

또한 그림 21.1에서는 방정식의 해가 수렴하는 과정을 그리고 그림 21.2에서는 오차가 수렴하고 있는 과정을 각각 보여주고 있다. 두 그림에 의하면 네 번 정도의 반복이 지난 후에 대체적으로 모든 근삿값이 수렴하고 있는 것을 볼 수 있다.

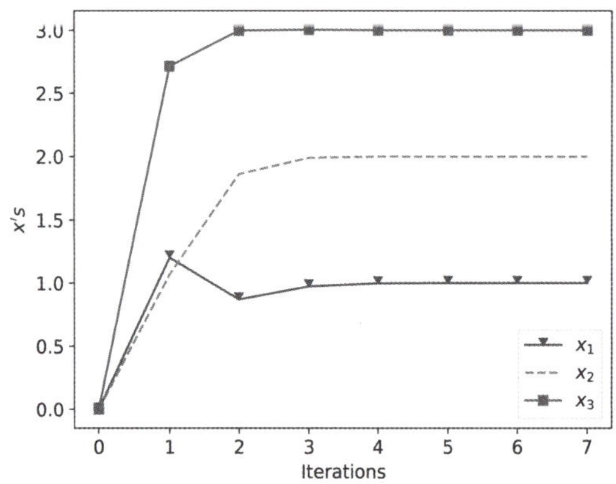

그림 21.1 Gauss-Seidel 방법으로 구한 근삿값 x_1, x_2, x_3 의 수렴 특성

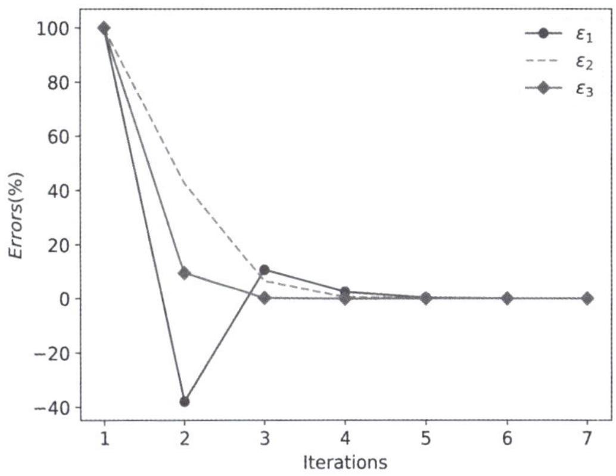

그림 21.2 Gauss–Seidel 방법으로 구한 근삿값에 대한 오차 $\epsilon_1, \epsilon_2, \epsilon_3$ 의 감소특성

21.4 요약

- Gauss–Seidel 반복법은 Jacobi 반복법과 달리 매 반복단계에서 새로이 계산되는 근삿값을 바로 공식에 반영해서 갱신하는 방식을 취한다.
- 이렇게 함으로써 근삿값의 보다 빠른 수렴속도를 일반적으로 기대할 수 있다.
- 모든 알고리즘이 그러하듯이 이러한 방식이 반드시 최적의 결과를 보장하는 것은 아니다.

21.5 과제

1. Gauss–Seidel 방법을 사용하여 다음에 주어진 선형연립방정식의 해를 구하시오.

$$\begin{bmatrix} 5 & -1 & 0 \\ -1 & 3 & -1 \\ 0 & -1 & 2 \end{bmatrix} \begin{pmatrix} x_1 \\ x_2 \\ x_3 \end{pmatrix} = \begin{pmatrix} 5 \\ 6 \\ 4 \end{pmatrix}$$

2. Gauss-Seidel 방법을 사용하여 다음에 주어진 선형연립방정식의 해를 구하시오.

$$\begin{bmatrix} 2 & 1 & 0 \\ 1 & 6 & -1 \\ 0 & -1 & 7 \end{bmatrix} \begin{pmatrix} x_1 \\ x_2 \\ x_3 \end{pmatrix} = \begin{pmatrix} 1 \\ 3 \\ 4 \end{pmatrix}$$

3. Gauss-Seidel 방법을 사용하여 다음에 주어진 선형연립방정식의 해를 구하시오.

$$\begin{bmatrix} 2 & -1 & 1 \\ -1 & 3 & -1 \\ 1 & -1 & 2 \end{bmatrix} \begin{pmatrix} x_1 \\ x_2 \\ x_3 \end{pmatrix} = \begin{pmatrix} 4 \\ 6 \\ 15 \end{pmatrix}$$

4. Gauss-Seidel 방법을 사용하여 다음에 주어진 선형연립방정식의 해를 구하시오.

$$\begin{bmatrix} 9 & -1 & 1 \\ -1 & 5 & -1 \\ 1 & -1 & 2 \end{bmatrix} \begin{pmatrix} x_1 \\ x_2 \\ x_3 \end{pmatrix} = \begin{pmatrix} 4 \\ 0 \\ 9 \end{pmatrix}$$

5. Gauss-Seidel 방법을 사용하여 다음에 주어진 선형연립방정식의 해를 구하시오.

$$\begin{bmatrix} 5 & -1 & 1 \\ -1 & 7 & 3 \\ 1 & 3 & 6 \end{bmatrix} \begin{pmatrix} x_1 \\ x_2 \\ x_3 \end{pmatrix} = \begin{pmatrix} 1 \\ 1 \\ 5 \end{pmatrix}$$

6. Gauss-Seidel 방법을 사용하여 다음에 주어진 선형연립방정식의 해를 구하시오.

$$\begin{bmatrix} 7 & 2 & 1 \\ 2 & 8 & 3 \\ 1 & 3 & 6 \end{bmatrix} \begin{pmatrix} x_1 \\ x_2 \\ x_3 \end{pmatrix} = \begin{pmatrix} 3 \\ 2 \\ 2 \end{pmatrix}$$

7. Gauss-Seidel 방법을 사용하여 다음에 주어진 선형연립방정식의 해를 구하시오.

$$\begin{bmatrix} 5 & 2 & 1 \\ 2 & 7 & 1 \\ 1 & 2 & 9 \end{bmatrix} \begin{pmatrix} x_1 \\ x_2 \\ x_3 \end{pmatrix} = \begin{pmatrix} 7 \\ 3 \\ 5 \end{pmatrix}$$

22장

반복법에 대한 비교와 분석

22.1 반복법 알고리즘의 특성

수치해석에서 보다 정확한 결과를 얻기 위해서는 몇 가지 검증해 보아야 할 요소들이 있다. 예를 들어, 계산의 결과가 목표 값에 이르지 못하는 것처럼 보이거나 수렴하지 않고 발산하는 경우 또는 아예 오류를 내고 프로그램이 중단되는 경우가 있을 수 있다. 이번 장에서는 예측값, 피보팅 (pivoting), 알고리즘 등이 근삿값을 구하는 과정에 미치는 영향을 알아보고자 한다.

1. 근사해의 수렴특성
2. 오차의 특성
3. 피보팅의 영향

22.2 근사해의 수렴특성

그림 22.1에서는 연립방정식 (20.10)에서의 해를 초기값을 0으로 하여 각각 Jacobi 방법과 Gauss-Seidel 방법으로 해석한 결과를 비교하고 있다. 그림에서 볼 수 있듯이 Gauss-Seidel 방법을 사용한 경우 Jacobi 방법에 비해서 해의 수렴도가 한 단계 정도 빠르게 진행되는 것을 볼 수 있다. 예를 들어, 의 값을 구하는 과정에서 Gauss-Seidel 방법에서는 3번째의 반복에서 이미 수렴을 시작한 반면에 Jacobi 방법에서는 4번째의 반복에서 수렴이 시작됨을 알 수 있다. 또한 같은 그림에서 보이는 다른 값 x_1 x_2 를

구하는 과정에서도 비슷한 양상을 보여준다. 그러므로 지나친 일반화는 지양해야 하지만 대체적으로 Gauss-Seidel 방법이 보다 나은 성능을 보여주고 있다고 볼 수 있다.

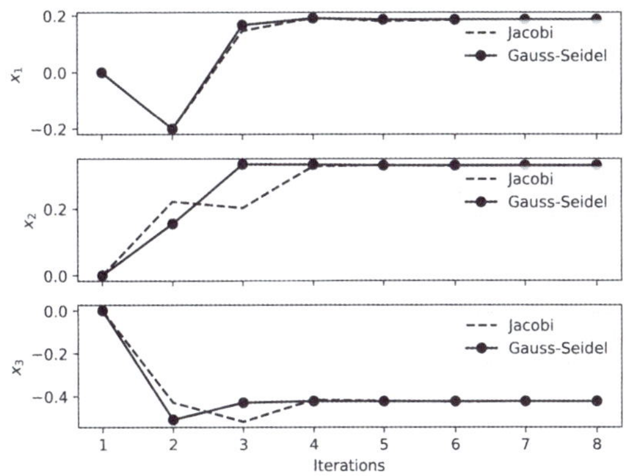

그림 22.1 Jacobi 방법과 Gauss-Seidel 방법으로 구한 근사값 x_1, x_2, x_3 의 수렴특성

해의 수렴특성과 마찬가지로 오차의 수렴성도 두 방법 사이에서 약간의 차이가 나며 그림 22.2 에서 보이는 바와 같이 전반적으로 Gauss-Seidel 방법의 경우에 수렴속도가 약간 빠름을 알 수 있다. 그림 22.1에서 본 결과가 각각의 근사값의 수렴도에 관한 것이었다면 그림 22.2은 상대오차의 수렴 특성을 나타내고 있다. 따라서 보다 정교한 프로그램을 작성하기 위해서는 오차 계산 부분을 추가해서 계산과정의 계속 또는 종료 여부를 결정하도록 해야 한다.

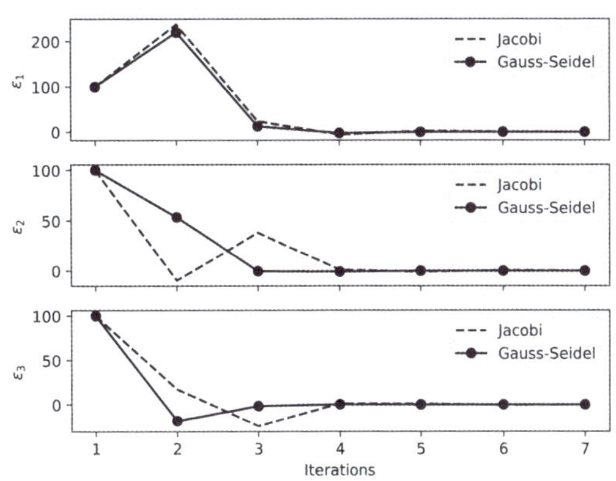

그림 22.2 Gauss-Seidel 방법으로 구한 근사값에 대한 오차 $\epsilon_1, \epsilon_2, \epsilon_3$ 의 감소특성

22.3 피보팅 (pivoting)의 영향

선형연립방정식의 근사해를 구하는 과정에서 종종 피보팅의 중요성을 잊는 경우가 많다. 주어진 방정식을 아무런 사전 작업을 거치지 않고 입력하여 그대로 프로그램을 수행하는 것은 권장되는 방식이 아니다. 선형연립방정식에서 가장 먼저 살펴보아야 할 것은 앞에서 설명한 대각우세 (diagonally dominant)의 여부이다. 반복법에서는 방정식의 계수행렬이 대각우세의 성질을 갖고, 대칭 (symmetry)이며, 정부호행열 (positive definite matrix)일 때 가장 정확한 근사해를 구할 수 있다는 것이 수학적으로 증명되어 있다.

1. 대각우세의 예

$$
\begin{aligned}
5x_1 - 2x_2 + 3x_3 &= -1 \\
-3x_1 + 9x_2 + x_3 &= 2 \\
-2x_1 + x_2 + 7x_3 &= -3
\end{aligned}
\tag{22.1}
$$

위에서 주어진 방정식에 대한 대각우세 여부를 판단하기 위해서 간단한 계산을 해 보기로 한다. 먼저 첫 번째 행에서 첫 번째 열의 값은 5이며 나머지 두 열의 값은 각각 −2와 3이 $5 > -2+3$ 따라서 첫 번째 행은 대각우세 조건을 만족한다. 두 번째 행에서는 두 번째 열의 계수값이 9이며 다른 요소들의 절댓값의 합은 $3+1=4$ 대각우세이다. 마지막으로 세 번째 행에서는 세 번째 열의 값이 7이며 다른 두 값의 합이 $2+1=3$ 대각우세 조건을 만족한다. 그러므로 주어진 방정식은 대각우세조건을 만족한다.

2. 비대각우세의 예

이번에는 다음과 같은 방정식을 고려해 본다.

$$5x_1 - 2x_2 + 3x_3 = -1$$
$$-2x_1 + x_2 + 7x_3 = -3$$
$$-3x_1 + 9x_2 + x_3 = 2 \qquad (22.2)$$

간단한 계산을 통해서 두 번째와 세 번째 행은 대각우세 조건을 만족하지 않음을 어렵지 않게 찾을 수 있다. 예측값을 0으로 놓고 Jacobi 방법과 Gauss-Seidel 방법을 각각 사용하여 방정식의 해를 구하기로 한다. 프로그램은 앞에서 작성하였던 Jacobi 방법과 Gauss-Seidel 방법을 사용하였으며 결과는 표 22.1와 표 22.2에서 나타내었다. 표에서 보는 두 결과 모두 발산하고 있음을 보여주고 있다. 따라서 선형연립방정식에 대한 수치해석과정을 시작하기 전에 먼저 방정식의 특성을 잘 이해하는 것이 무엇보다도 중요한 일이 된다.

표 22.1 Jacobi 방법으로 수행한 식 (22.2)의 근사해 x_1, x_2, x_3 의 발산

k	x_1	x_2	x_3
0	0.00	0.00	0.00
1	-0.20	-3.00	2.00
2	-2.60	-17.400	28.40
3	-24.20	-207.00	150.80
4	-173.48	-1107.00	1792.40

표 22.2 Gauss-Seidel 방법으로 수행한 식 (22.2)의 근사해 x_1, x_2, x_3 의 발산

k	x_1	x_2	x_3
1	-0.200	-3.400	32.000
2	-20.760	-268.520	2356.400
3	-1521.448	-19540.696	171303.920
4	-110598.830	-1420328.100	12451158.416

22.4 요약

- 앞에서 살펴본 두 가지의 반복법 – Jacobi 방법, Gauss-Seidel 방법 – 은 비슷하면서도 다른 특성을 지닌다.
- Gauss-Seidel 방법은 필요에 따라 약간씩의 변형된 형태로 사용되고 있다.
- Jacobi 방법과 Gauss-Seidel 방법을 비교해 본 결과 Gauss-Seidel 방법이 보다 빠르게 수렴함을 알 수 있었다. 그러나 방정식의 종류, 해의 존재 여부, 초기 예측값 선정 등에 따라 결과는 얼마든지 달라질 수 있다.

23장

SOR 방법

23.1 SOR 방법: 해설

SOR (successive overrelaxation method)방법은 Gauss-Seidel 방법에 약간의 수정을 가하여 새로운 형태로 선형연립방정식의 해를 구하는 방법이다. 즉, 식 (23.1)에서 보는 바와 같이 이전에 얻어진 값과 새로이 계산된 값의 조합을 통해서 보다 빠른 수렴 속도를 얻고자 하는 것이 기본적인 내용이다.

$$x^{(k+1)} = (1-\omega)x^{(k)} + \omega\widehat{x}^{(k+1)} \tag{23.1}$$

여기서 $\widehat{x}^{(k+1)}$ 는 Gauss-Seidel 방법에 의해서 계산된 값을 의미하고 ω 는 완화계수 (relaxation factor)를 뜻한다. 다음에 주어진 선형연립방정식을 SOR 방법을 사용하여 해를 구하는 방법을 설명하기로 한다.

$$\begin{aligned} a_{11}x_1 + a_{12}x_2 + a_{13}x_3 &= b_1 \\ a_{21}x_1 + a_{22}x_2 + a_{23}x_3 &= b_2 \\ a_{31}x_1 + a_{32}x_2 + a_{33}x_3 &= b_3 \end{aligned} \tag{23.2}$$

위식을 다음과 같이 미지수 $x_{1,}\, x_{2,}$ 그리고 x_3 에 대한 식으로 다시 쓴다.

$$x_1 = \frac{1}{a_{11}}(b_1 - a_{12}x_2 - a_{13}x_3)$$
$$x_2 = \frac{1}{a_{22}}(b_2 - a_{21}x_1 - a_{23}x_3)$$
$$x_3 = \frac{1}{a_{33}}(b_2 - a_{31}x_1 - a_{32}x_3) \tag{23.3}$$

완화계수 ω 를 사용하여 SOR 형식으로 표기하면 다음과 같다.

$$x_1^{(k+1)} = (1-\omega)x_1^{(k)} + \omega\hat{x}_1^{(k+1)}$$
$$x_2^{(k+1)} = (1-\omega)x_2^{(k)} + \omega\hat{x}_2^{(k+1)}$$
$$x_3^{(k+1)} = (1-\omega)x_3^{(k)} + \omega\hat{x}_3^{(k+1)} \tag{23.4}$$

여기서 Gauss-Seidel 방법에 의해서 계산된 값 $\hat{x}^{(k+1)}$ 은 다음과 같이 정의된다.

$$\hat{x}_1^{(k+1)} = (b_1 - a_{12}x_2^{(k)} - a_{13}x_3^{(k)})/a_{11}$$
$$\hat{x}_2^{(k+1)} = (b_2 - a_{21}x_1^{(k+1)} - a_{23}x_3^{(k)})/a_{22}$$
$$\hat{x}_3^{(k+1)} = (b_3 - a_{31}x_1^{(k+1)} - a_{32}x_2^{(k+1)})/a_{33} \tag{23.5}$$

위식을 일반화시키면 다음과 같이 표시할 수 있다.

$$\hat{x}_i^{(k+1)} = \frac{1}{a_{ii}}\left(b_i - \sum_{j=i}^{i-1} a_{ij}x_j^{(k+1)} - \sum_{j=i+1}^{n} a_{ij}x_j^{(k)}\right), \qquad i = 1, 2, \ldots, n. \tag{23.6}$$

23.2 SOR 방법: 코딩

다음에 주어진 방정식을 사용하여 SOR 방법에 대한 알고리즘을 코딩하는 과정을 설명하고자 한다.

$$\begin{aligned} 5x_1 - x_2 + x_3 &= 6 \\ -x_1 + 3x_2 - x_3 &= 2 \\ x_1 - x_2 + 4x_3 &= 11 \end{aligned} \tag{23.7}$$

반복 과정을 수행할 수 있도록 하기 위해서 방정식을 다음과 같이 수정한다. 즉, 첫 번째 방정식은 x_1, 두 번째 방정식은 x_2 그리고 마지막 방정식은 x_3 에 대하여 식을 각각 정리한다.

$$\begin{aligned} x_1^{(k+1)} &= (1-\omega)x_1^{(k)} + \omega\widehat{x}_1^{(k+1)} \\ x_2^{(k+1)} &= (1-\omega)x_2^{(k)} + \omega\widehat{x}_2^{(k+1)} \\ x_3^{(k+1)} &= (1-\omega)x_3^{(k)} + \omega\widehat{x}_3^{(k+1)} \end{aligned} \tag{23.8}$$

여기서

$$\begin{aligned} \widehat{x}_1^{(k+1)} &= \frac{1}{5}(6 + x_2^{(k)} - x_3^{(k)}) \\ \widehat{x}_2^{(k+1)} &= \frac{1}{3}(2 + x_1^{(k+1)} + x_3^{(k)}) \\ \widehat{x}_3^{(k+1)} &= \frac{1}{4}(11 - x_1^{(k+1)} + x_2^{(k+1)}) \end{aligned} \tag{23.9}$$

다음 프로그램은 SOR 방법을 코딩한 것이다. 필요한 Numpy 함수인 zeros 와 array 는 from numpy import zeros, array 에서 선언하였으며 반복회수 n = 10

로 지정하였다. 근삿값에서의 초기값은 모두 0으로 주었으며 완화계수는 omega = 1.25 이다. SOR 방법은 sor(A,b,x10,x20,x30,n,omega)에서 구현되었으며 입력 인자를 유의하여 수행한다. sor 함수는 계산 결과값인 x1, x2 그리고 x3 를 반환한다.

```
from numpy import zeros,array

def sor(A,b,x10,x20,x30,n,omega):
    x1 = zeros(n)
    x2 = zeros(n)
    x3 = zeros(n)
    x1[0] = x10
    x2[0] = x20
    x3[0] = x30
    print('%7s %9s %9s %9s' % ('k','x1','x2','x3'))
    print('%7d %9.5f %9.5f %9.5f' % (0,x1[0],x2[0],x3[0]))
    for k in range(n-1):
        gs1 = (b[0] - A[0,1] * x2[k] - A[0,2] * x3[k])/A[0,0]
        x1[k+1] = (1.0 - omega) * x1[k] + omega * gs1
        gs2 = (b[1] - A[1,0] * x1[k+1] - A[1,2] * x3[k])/A[1,1]
        x2[k+1] = (1.0 - omega) * x2[k] + omega * gs2
        gs3 = (b[2] - A[2,0] * x1[k+1] - A[2,1] * x2[k+1])/A[2,2]
        x3[k+1] = (1.0 - omega) * x3[k] + omega * gs3
        print('%7d %9.5f %9.5f %9.5f' % (k+1,x1[k+1],x2[k+1],x3[k+1]))
    return x1,x2,x3
A = array([[5,-1,1],[-1,3,-1],[1,-1,4]])
b = array([6,2,11])
x10 = 0.0
x20 = 0.0
x30 = 0.0
n = 10
omega = 1.25
x1, x2, x3 = sor(A,b,x10,x20,x30,n,omega)
```

프로그램을 수행하면 다음과 같은 결과를 얻게된다.

k	x1	x2	x3
0	0.00000	0.00000	0.00000
1	1.50000	1.45833	3.42448
2	0.63346	2.15956	3.05829
3	1.11695	2.03313	2.95923
4	0.98924	1.97025	3.00426
5	0.99419	2.00679	3.00287
6	1.00243	2.00051	2.99868
7	0.99985	1.99926	3.00015
8	0.99982	2.00017	3.00007
9	1.00007	2.00002	2.99997

한편, SOR 방법에서는 완화계수의 값에 따라 수렴속도나 오차의 크기 등이 영향을 받으므로 이에 따른 관계를 살펴보는 것이 매우 중요하다. 완화계수의 값에 따른 비교를 위해서 모두 5가지의 다른 값 (1.5, 0.5, 1.0, 1.25, 1.75)을 사용하여 동일한 계산을 수행한 결과가 그림 23.1에서부터 그림 23.5에 이르기까지 나타나 있다. 완화계수의 값에 따라 다양한 특성을 보이는 것을 관찰할 수 있으며 특별히 $\omega = 1.0$ 일때는 Gauss-Seidel 방법과 동일함을 유의한다.

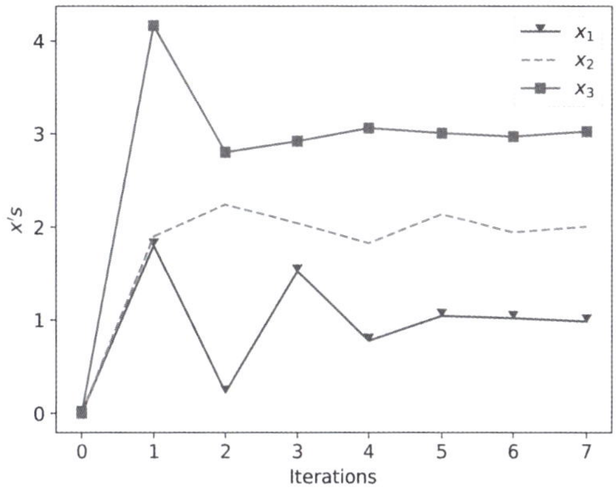

그림 23.1 SOR 방법으로 구한 근사값 x_1, x_2, x_3 의 수렴특성 ($\omega = 1.5$)

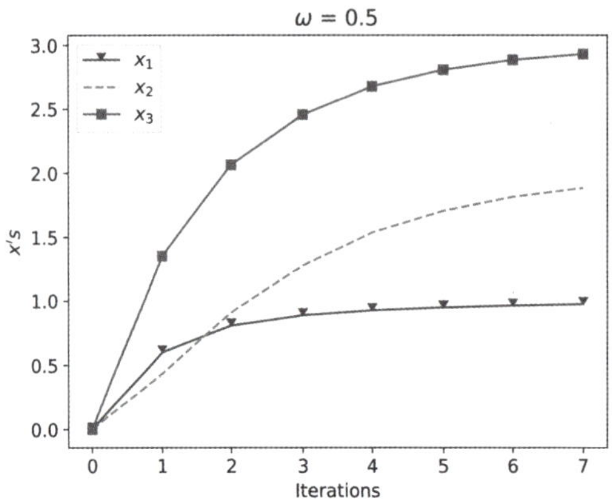

그림 23.2 SOR 방법으로 구한 근삿값 x_1, x_2, x_3 의 수렴 특성 $(\omega = 1.5)$

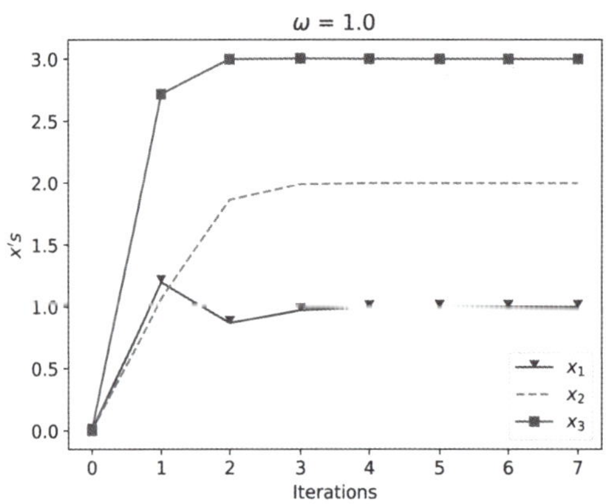

그림 23.3 SOR 방법으로 구한 근사값 x_1, x_2, x_3 의 수렴 특성 $(\omega = 1.0)$

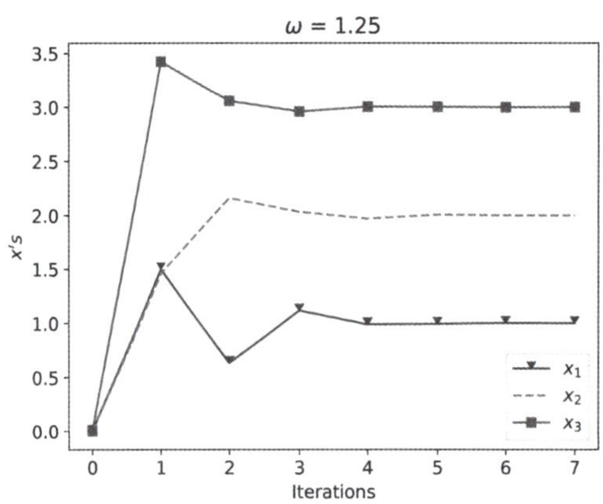

그림 23.4 SOR 방법으로 구한 근사값 x_1, x_2, x_3 의 수렴 특성 $(\omega = 1.25)$

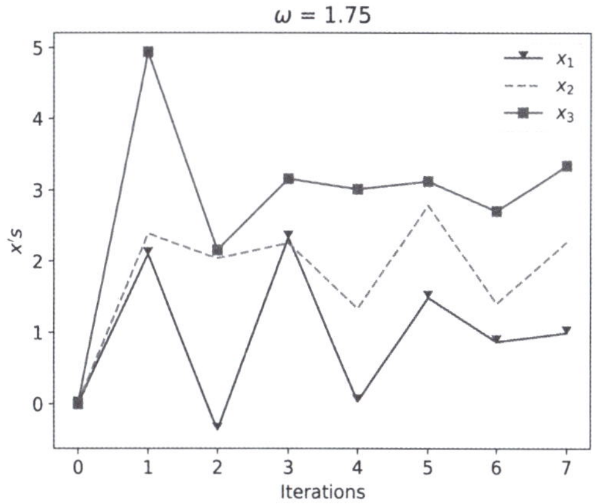

그림 23.4 SOR 방법으로 구한 근사값 x_1, x_2, x_3 의 수렴 특성 ($\omega = 1.75$)

23.3 요약

- SOR 방법은 Gauss–Seidel 방법으로 계산된 값과 이전의 근삿값에 대한 적절한 배분을 통해서 해법의 수렴속도를 개선하고자 하는데 비중을 두고 있다.
- SOR 방법에서는 초기값만이 아니라 완화계수의 값이 전체 성능에 크게 영향을 미치게 되므로 신중하게 선택하여야 한다.
- SOR 방법은 Gauss–Seidel 방법의 변형으로 간주될 수 있으며 적절한 조건이 갖추어지면 다른 방법보다 더 좋은 성능을 보여준다.

23.4 과제

1. SOR 방법을 사용하여 다음에 주어진 선형연립방정식의 해를 구하시오.

$$\begin{bmatrix} 5 & -1 & 0 \\ -1 & 3 & -1 \\ 0 & -1 & 2 \end{bmatrix} \begin{pmatrix} x_1 \\ x_2 \\ x_3 \end{pmatrix} = \begin{pmatrix} 5 \\ 6 \\ 4 \end{pmatrix}$$

2. SOR 방법을 사용하여 다음에 주어진 선형연립방정식의 해를 구하시오.

$$\begin{bmatrix} 2 & 1 & 0 \\ 1 & 6 & -1 \\ 0 & -1 & 7 \end{bmatrix} \begin{pmatrix} x_1 \\ x_2 \\ x_3 \end{pmatrix} = \begin{pmatrix} 1 \\ 3 \\ 4 \end{pmatrix}$$

3. SOR 방법을 사용하여 다음에 주어진 선형연립방정식의 해를 구하시오.

$$\begin{bmatrix} 2 & -1 & 1 \\ -1 & 3 & -1 \\ 1 & -1 & 2 \end{bmatrix} \begin{pmatrix} x_1 \\ x_2 \\ x_3 \end{pmatrix} = \begin{pmatrix} 4 \\ 6 \\ 15 \end{pmatrix}$$

4. SOR 방법을 사용하여 다음에 주어진 선형연립방정식의 해를 구하시오.

$$\begin{bmatrix} 9 & -1 & 1 \\ -1 & 5 & -1 \\ 1 & -1 & 2 \end{bmatrix} \begin{pmatrix} x_1 \\ x_2 \\ x_3 \end{pmatrix} = \begin{pmatrix} 4 \\ 0 \\ 9 \end{pmatrix}$$

5. SOR 방법을 사용하여 다음에 주어진 선형연립방정식의 해를 구하시오.

$$\begin{bmatrix} 5 & -1 & 1 \\ -1 & 7 & 3 \\ 1 & 3 & 6 \end{bmatrix} \begin{pmatrix} x_1 \\ x_2 \\ x_3 \end{pmatrix} = \begin{pmatrix} 1 \\ 1 \\ 5 \end{pmatrix}$$

6. SOR 방법을 사용하여 다음에 주어진 선형연립방정식의 해를 구하시오.

$$\begin{bmatrix} 7 & 2 & 1 \\ 2 & 8 & 3 \\ 1 & 3 & 6 \end{bmatrix} \begin{pmatrix} x_1 \\ x_2 \\ x_3 \end{pmatrix} = \begin{pmatrix} 3 \\ 2 \\ 2 \end{pmatrix}$$

7. SOR 방법을 사용하여 다음에 주어진 선형연립방정식의 해를 구하시오.

$$\begin{bmatrix} 5 & 2 & 1 \\ 2 & 7 & 1 \\ 1 & 2 & 9 \end{bmatrix} \begin{pmatrix} x_1 \\ x_2 \\ x_3 \end{pmatrix} = \begin{pmatrix} 7 \\ 3 \\ 5 \end{pmatrix}$$

제V편

데이터와 수치해석

24장

데이터와 수치해석

24.1 데이터와 수치해석의 필요성

이공학 분야에서는 다양한 실험을 통해서 관심 있는 물리량을 소량으로 측정하는 경우도 있고, 센서나 측정기기의 성능 향상으로 인해서 한꺼번에 다루기 어려울 만큼 많은 데이터가 생산되고 있다. 적절한 분석 없이 단순히 많은 데이터를 가지고 있는 것은 도움이 되지 않으며 신뢰성 있는 방법으로 가공하고 처리해서 원하는 정보를 얻어내는 것이 갈수록 중요해지고 있다. 데이터는 단순히 이산적인 정보가 아니라 물리적이며 화학적인 정보가 담겨있는 소중한 정보이다. 그러므로 데이터를 제대로 활용하기 위해서는 체계적인 분석과 처리 방법에 대한 학습이 반드시 필요하다. Python에서는 데이터 처리를 위한 다양한 라이브러리가 제공되고 있으나 방대한 내용으로 인해서 그에 대한 목록만을 제시하는 것도 한정된 지면에서는 어려운 일이다. 그러므로 가장 많이 사용되고 기본적인 데이터 처리를 중심으로 예제를 통하여 소개하고자 한다.

24.2 데이터의 분류

데이터를 사용하기 위해서는 데이터의 특성을 먼저 파악해야 하며 이를 간과하면 잘못된 결과를 바탕으로 결론을 내게 된다. 데이터는 척도와 차원 등으로 구분될 수 있다.

먼저, 데이터는 척도 (scale)에 따라 다음과 같이 분류될 수 있다.

명목척도 (nominal scale) 데이터의 서열을 고려하지 않으며 가장 기본적인 형태로 제공되는 경우이다.

서열척도 (ordinal scale) 데이터에서 특정한 기준을 따라 그룹으로 구분하며 각 그룹들만의 유일한 정보를 포함하고 있다.

간격척도 (interval scale) 데이터가 물리적이나 다른 기준에서 볼 때 다양한 정보를 포함하고 있는 경우이다.

명목척도는 데이터의 가장 기본적인 형태이다. 예를 들어, 공장에서 제품을 생산하고 검사할 때 두 가지의 경우, 합격 (pass, P)과 불합격 (fail, F)으로 정해놓았다면 모든 제품에 대해서 두 가지 상태 중의 하나로만 판단하게 된다. 이러한 데이터는 특별한 순서를 제공하지 않고 단지 상태만 알려줄 수 있을 뿐이다. 따라서 각 제품에 대한 합격과 불합격에 대한 데이터는 명목척도의 예로 볼 수 있다.

Part No.	1	2	3	4	5	6
Pass/Fail	P	P	F	F	F	P

다음은 서열척도에 대해서 알아보기로 한다. 아래 표에서는 철, 알루미늄과 티타늄의 가격에 대한 자료를 보여주고 있다.

Materials	steel	aluminum	titanium
Price	low	medium	high

데이터에서 보여주고 있는 정보는 각 재료의 가격이며 그에 따라 순서를 titanium 〉 aluminum 〉steel 로 표시할 수 있다. 그러나 위 표에서 철과 티타늄의 차이가 titanium − steel = medium 라는 것으로 인식하는 것은 잘못된 것이다. 즉, 데이터에서 제공하고 있는 것은 단순히 각 재료의 상대적인 가격 정도를 나타내고 있으므로 서열은 존재하나 상호 간의 연산에 대해서는 의미를 부여하지 말아야 한다. 이러한 경

우에 데이터는 서열척도에 속한다고 말한다.

간격척도는 이공학 분야에서 가장 많이 사용되고 있는 데이터 척도이다. 예를 들어, 용액의 산도(pH)를 시간을 달리하여 세 번 측정하여 표에 나온 것과 같은 데이터를 얻었다고 하자. 이때는 데이터를 가지고 평균값을 산출할 수 있고, 분산 등의 다른 지표도 구할 수 있으며 그 값에 대한 의미가 부여된다. 이러한 경우에 데이터가 간격척도로 주어졌다고 말한다.

Time	1	2	3
pH	3.4	3.2	4.3

한편, 데이터의 차원 (dimension)은 도표로 정리할 때 몇 개의 좌표축이 필요한가에 의해서 결정된다. 예를 들어, 같은 장소에서 시간차를 두고 기온을 다섯 번을 측정하였다면 다음과 같은 표로 만들 수 있다. 즉, 온도를 측정한 시간이 중요하지 않고 단순히 측정 장소의 평균온도를 알고 싶은 경우에는 온도 하나만의 변수가 되므로 1차원 데이터로 분류된다.

No.	1	2	3	4	5
T	24	21	28	23	20

이번에는 다른 장소에서 같은 시간에 측정된 기온에 대한 데이터를 생각해보기로 한다. 기존의 기온이라는 변수에 장소라는 변수가 추가되었으므로 데이터는 이제 두 개의 변수를 고려해야 하는 2차원 데이터가 되었다.

City	Seoul	New York	London	Paris	Rome
T	24	21	28	23	20

그러므로 위에서 설명한 두 가지의 예를 통해서 비록 데이터가 같은 형식으로 보이더라도 내재되어 있는 의미는 크게 달라지므로 데이터를 다룰 때는 이러한 점을 반드시 유의하여야 한다.

24.3 데이터의 기본정보

많은 데이터가 실험이나 관측을 통해서 얻어지는데 필요한 정보를 찾아내기 위해서는 체계적인 이론에 의한 해석이 필요하다. 통계학은 가장 기본적이면서도 중요한 해석기법이다. 여기서는 기본 통계학에서 정의되는 몇 가지의 통계 요소들에 대해서 알아보기로 한다.

데이터가 주어졌을 때 가장 많이 찾아보는 내용은 평균을 구하는 것이다. 평균(mean)은 모든 값의 합을 구한 후 데이터의 개수로 나누는 것으로 정의된다. 예를 들어, 다음은 농장에서 생산된 오렌지 7개에 대하여 산도(pH)를 측정한 데이터이다.

No.	1	2	3	4	5	6	7
pH	2.2	2.3	3.1	3.4	3.3	3.2	5

평균 μ 은 다음과 같이 계산된다.

$$\begin{aligned}\mu &= \frac{1}{N}\sum_{i=1}^{N} x_i \\ &= \frac{2.2+2.3+.3.2+3.2+3.3+3.2+5}{7} = 3.21\end{aligned}$$

여기서 N 는 데이터의 개수이다. 평균은 측정한 데이터가 가지고 있는 대표적인 정보이다. 즉, 농장에서 생산된 오렌지의 대표적인 산도는 3.21 이다. 그러나 평균은 대푯값에 대한 정보를 알려주기는 하지만 실제로 데이터의 구조에 대해서는 알려주지 않는다. 만일 평균대신에 중앙에 있는 값을 알 수 있다면 데이터의 구조를 이해하는 데 도움이 될 것이다. 데이터의 요소 중에 정 중앙에 있는 값을 중앙값 (median)이라고 한다. 주어진 데이터를 크기에 따라 재배치하고 중앙에 있는 값을 취하면 중앙값은 3.2 임을 알 수 있다.

데이터에 대한 평균과 중앙값이 알려주는 것은 데이터의 중앙 근처에서의 정보이다. 그러므로 전체적인 데이터의 구조를 알기 위해서는 중앙 부근만이 아니라 다른 부분도 살펴보아야 할 필요가 있다. 데이터의 분산 (variance)은 평균값에서 떨어진 거리를 제곱한 것으로 정의된다.

$$s^2 = \frac{1}{N-1}\sum_{i=1}^{N}(x_i - \mu)^2$$

자료에 대한 분산(s^2)은 다음과 같다.

$$\begin{aligned} s^2 &= \frac{1}{7-1}\left[(2.2-3.21)^2 + (2.3-3.21)^2 + \cdots + (5-3.21)^2\right] \\ &= 0.73 \end{aligned}$$

또한 표준편차 (standard deviation)는 다음과 같이 정의된다.

$$s = \sqrt{\frac{1}{N-1}\sum_{i=1}^{N}(x_i - \mu)^2}$$

자료에 대한 표준편차는 다음과 같이 계산된다.

$$\begin{aligned} s &= \sqrt{\frac{1}{7-1}\left[(2,2-3.21)^2 + (2.3-3.21)^2 + \cdots + (5-3.21)^2\right]} \\ &= 0.85 \end{aligned}$$

분산과 표준편차는 모두 데이터의 구조에 대한 정보를 알려주는데 평균에서부터 떨어진 거리를 계산한 것이다. 따라서 분산이나 표준편차의 값이 작을수록 데이터가 평균 근처에 몰려있음을 의미하고 큰 값을 가지는 경우는 평균값에서 먼 곳에 데이터가 있음을 의미한다. 분산과 표준편차가 데이터에 대한 완벽한 정보는 아닐지라도 데이터 구조에 대한 기본적인 정보를 얻는데 큰 도움이 된다.

24.4 데이터 기본정보: 코딩

Python에는 앞에서 설명한 기본적인 데이터의 구종에 대한 정보를 위한 여러 함수들이 제공되고 있어서 별도의 코딩이 필요 없이 사용할 수 있으므로 편리하다. Numpy에서는 다양한 통계함수를 제공하고 있는데 여기서 사용한 것은 평균 mean(x), 중앙값 median(x), 분산 var(x), 그리고 표준편차 std(x) 이다.

```
from numpy import mean,median,var,std,array

x = array([2.2, 2.3, 3.1, 3.4, 3.3, 3.2, 5])
mu = mean(x)
med = median(x)
vari = var(x)
stdd = std(x)

print('mean = %6.2f' % mu)
print('median = %6.2f' % med)
print('variance = %6.2f' % vari)
print('standard deviation = %6.2f' % stdd)
```

프로그램의 실행 결과는 다음과 같다.

```
mean =   3.21
median =   3.20
```

```
variance =    0.73
standard deviation =    0.85
```

24.5 데이터의 가시화

앞에서 설명하였던 데이터에 대한 통계적인 정보도 도움이 되나 시각적인 정보가 큰 그림으로 파악하는데 필요한 경우가 많다. 이번에는 Python의 그림 라이브러리인 Matplotlib 를 사용하여 데이터에 대한 정보를 가시화 시키는 방법에 대하여 알아보기로 한다. 데이터를 표현할 수 있는 다양한 그림이 있으나 가장 많이 사용되는 그림은 선그림 (line plot), 히스토그램 (histogram) 그리고 산점도 (scatter plot) 등이다.

선그림 독립변수와 종속변수의 관계를 그림으로 나타낸 것이다.
히스토그램 데이터 요소의 빈도수를 표현하기 위한 그림이다.
산점도 두 변수 사이의 관계를 나타내는 데 사용한다.

다음은 한 곳에서 시간대 별로 측정한 기온에 관한 데이터이다. 이 데이터에서 독립변수를 시간으로 정하면 온도는 종속변수가 된다. 따라서 선그림으로 표시하면 데이터의 내부 관계에 대한 대략적인 정보를 볼 수 있다.

Time	1	2	3	4	5	6	7
Temperature	20	23	25	22	21	19	18

선그림을 그리기 위한 프로그램은 다음과 같다.

```
%matplotlib inline
from numpy import array
import matplotlib.pyplot as plt
```

```
time = array([1,2,3,4,5,6,7])
temp = array([20,23,25,22,21,19,18])

plt.plot(time,temp,'k')
plt.xlabel('Time')
plt.ylabel('Temperature')
plt.show()
```

프로그램에서 from numpy import array 명령으로 배열을 만드는데 필요한 array 함수를 불러온다. 시간과 온도에 대한 변수는 time 와 temp 로 하여 배열을 만들었다. plt.plot(time,temp,'k') 는 선그림을 그리는 명령이며 k 는 선을 검은색으로 하는 것이다. 그리고 xlabel('Time') 와 ylabel('Temperature') 는 x 축과 y 축에 명칭을 적어 넣는 명령이다. 프로그램을 실행하면 그림 24.1에서와 같이 데이터의 선그림을 볼 수 있다.

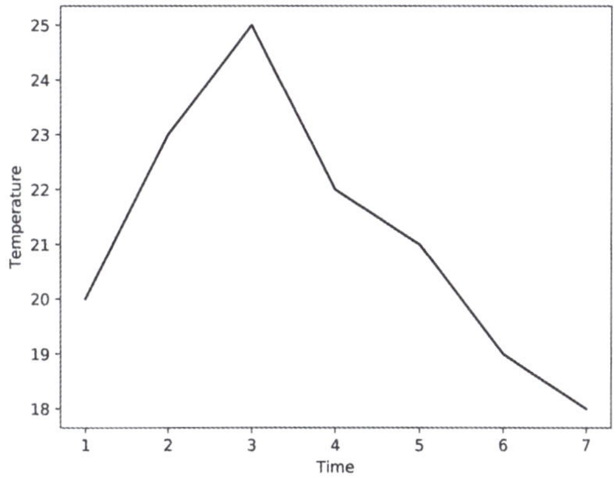

그림 24.1 선그림 (line plot)

다음은 홍수 예방을 위해서 강물의 높이를 매 시간에 따라 측정한 것이며 위험수위를 넘어가는 상황이 관측한 시간내에 얼마나 자주 있는지를 알고자 한다.

time	1	2	3	4	5	6	7	8	9	10
height	8.2	7.1	9.1	6.3	7.6	8.1	6.5	8.5	9.1	8.3

프로그램에서 from numpy import array 명령으로 배열을 만드는데 필요한 array 함수를 불러온다. 강물의 수위에 대한 변수는 height 로 하여 배열을 만들었다. hist(height,color='black') 는 히스토그램을 그리는 명령이다. 그리고 xlabel('Height') 와 ylabel('Frequency') 는 x 축과 y 축에 명칭을 적어 넣는 명령이다.

```
%matplotlib inline
from numpy import array
import matplotlib.pyplot as plt

height = array([ 8.2,8.1 ,9.1,6.3,7.6,8.1,6.5,5.5,9.1,8.3])

plt.hist(height,color='black')
plt.xlabel('Height')
plt.ylabel('Frequency')
plt.show()
```

프로그램을 실행하면 그림 24.2에서와 같이 데이터의 히스토그램을 볼 수 있다. 히스토그램에서 보여주는 것은 데이터의 각 요소가 얼마나 많이 또는 자주 발생하는가에 대한 정보이다. 강물 수위 데이터에서는 그림을 보면 8에서 8.5 사이에서 가장 흔하게 발생하는 것을 알 수 있다. 즉, 강물 수위는 평상시에 8 정도가 된다는 정보를 찾아낼 수 있다.

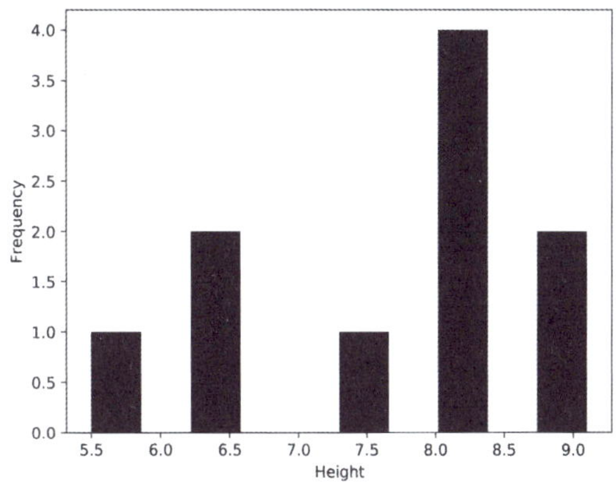

그림 24.2 히스토그램 (histogram)

다음은 오렌지의 산도를 측정한 데이터에 오렌지의 무게를 추가한 것이다. 데이터를 통하여 알고 싶은 것은 오렌지의 산도와 무게의 상관관계이다. 즉, 산도의 증가 또는 감소가 오렌지의 무게와 어떤 관계가 있는지를 알고 싶은 경우는 산점도를 그려보는 것이 시각적인 도움이 된다.

	1	2	3	4	5	6	7
pH	2.2	2.3	3.1	3.4	3.3	3.2	5
weight	70	80	100	95	90	97	120

프로그램에서 from numpy import array 명령으로 배열을 만드는데 필요한 array 함수를 불러온다. 산도와 무게에 대한 변수는 각각 pH, weight 로 하여 배열을 만들었다. scatter(weight,pH,s=90,facecolor='black') 는 산점도를 그리는 명령이다. 그리고 xlabel('Weight') 와 ylabel('pH') 는 x 축과 y 축에 명칭을 적어 넣는 명령이다.

```
%matplotlib inline
from numpy import array
import matplotlib.pyplot as plt
```

```
pH = array([2.2, 2.3, 3.1, 3.4, 3.3, 3.2, 5])
weight = array([81,80,85,83,82,87,92])

plt.scatter(weight,pH,s=90,facecolor='black')
plt.xlabel('Weight')
plt.ylabel('pH')
plt.show()
```

프로그램을 실행하면 그림 24.3에서와 같이 데이터의 산점도를 볼 수 있다. 그림 24.3에서는 수평축에 무게를 수직축에 산도를 배치하여 데이터를 도시하였다. 뚜렷하게 보이지는 않지만 대략적으로 산도와 무게는 양의 상관관계를 가지고 있는 것을 확인할 수 있으며 데이터로부터 두 변수가 관계가 있음을 규정할 수 있다. 이와 같이 산점도로 나타낸 그림은 데이터 요소들 간의 상관관계를 드러내는데 매우 유용한 도구이다.

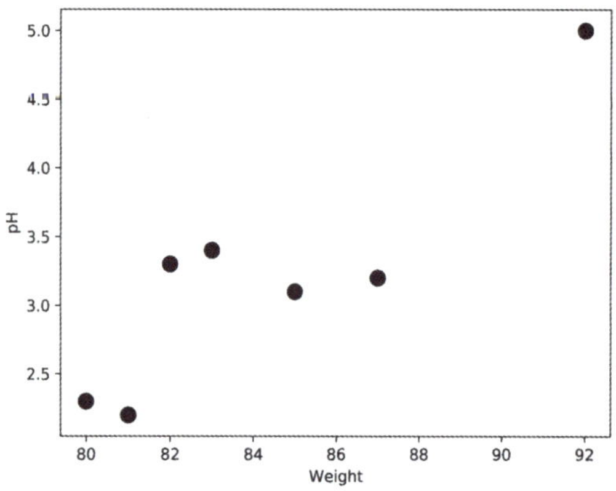

그림 24.3 산점도 (scatter plot)

24.6 요약

- 선그림은 독립변수와 종속변수의 관계를 그림으로 나타낸 것이다.
- 히스토그램은 데이터 요소의 빈도수를 표현하기 위한 그림이다.

- 산점도는 두 변수 사이의 관계를 나타내는 데 사용한다. 즉, 하나의 변수가 다른 하나의 변수에 어떤 영향을 주는 가를 볼 수 있게 해준다.
- 데이터에서 유용한 정보를 찾아내기 위해서는 적절한 척도로 보는 관점에 익숙해져야 하고 또한 데이터에 대한 가시화를 통해서 전체 구조를 파악하려는 노력이 있어야 한다.

24.7 과제

1. 명목척도로 분류될 수 있는 데이터를 찾아서 설명하시오.
2. 서열척도로 분류될 수 있는 데이터를 찾아서 설명하시오.
3. 간격척도로 분류될 수 있는 데이터를 찾아서 설명하시오.

25장

회귀법

25.1 회귀법과 보간법

회귀 (regression)와 보간 (interpolation)은 서로 다른 학문의 영역에서 규정되어 사용되는 중요한 방식이나, 흔히 유사한 개념으로 인식되어 혼용 되거나 동일 시 되기도 한다. 두 개념에 대한 보다 엄격한 정의에 대해서 논의하는 것은 이 책의 범위를 넘어서게 되므로 여기서는 실제로 사용하는 관점에서 정리하여 설명하기로 한다.

회귀법 독립변수와 종속변수로 이루어지는 데이터의 상관관계를 분석하는 것이 주요 목적이다.

보간법 주어진 데이터를 가지고 알려지지 않은 새로운 데이터를 얻기 위해 사용된다.

25.2 회귀법

회귀법은 이공학 분야 뿐만 아니라 사회 계열 및 의학 분야에서도 널리 사용되는 중요한 개념이며, 데이터를 획득한 후 잠재되어 있는 정보를 찾아내기 위해서 사용하는 중요한 과학적 기법 중의 하나이다. 회귀법에서는 다음과 같은 내용을 학습한다.

1. 최소 자승법의 개념
2. 다항식을 이용한 회귀법

3. 비선형 함수식을 이용한 회귀법

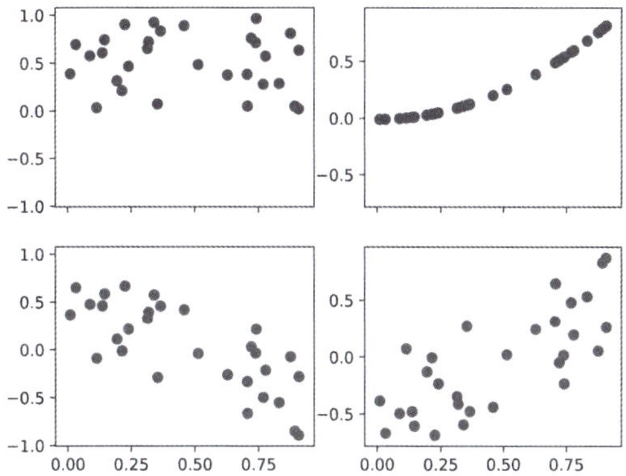

그림 25.1 다양한 데이터의 관계와 성향

그림 25.1에서는 다양한 데이터에 대한 산점도를 보여주고 있다. 일반적으로 산점도는 두 변수간의 상관관계를 볼 수 있는 그림을 의미한다. 왼쪽 위의 그림에서 두 변수는 유의미한 상관관계가 없는 것으로 보이며 오른쪽 위에서 보는 데이터는 두 변수가 증가하는 비선형적인 관계가 있음을 나타내고 있다. 왼쪽 아래에 있는 데이터는 음(−)의 선형관계를 그리고 오른쪽 아래에 있는 데이터는 양(+)의 선형관계가 있음을 볼 수 있다. 그러므로 평균, 표준편차, 또는 분산 등의 데이터에 대한 산술 적인 지표도 중요하지만 적절한 가시화는 데이터의 구조를 파악하고 숨겨져 있는 정보를 알아내는데 반드시 필요하다.

25.3 최소자승법: 해설

회귀법이란 관측된 데이터에서 독립변수와 종속변수가 존재한다면 그 둘 사이의 관계를 가장 적절하게 표현할 수 있는 직선 또는 곡선을 찾아내는 것을 의미한다. 회귀법 중에서 가장 널리 쓰이는 방법이 최소자승법 (method of least squares)이며 관측된 데이터와 곡선의 오차를 최소화 하도록 회귀곡선의 형태를 정하는 방법을 말한다. 다음에 주어진 데이터를 사용하여 최소자승법을 이용하여 회귀직선을 구하는 과정을 설명하기로 한다.

x	0	1	2
y	1	3	2

그림 25.2에서는 표에서 제공된 데이터를 도시하였고 이에 가장 근접하다고 생각되는 직선 3개, $f(x)=2x-1$, $f(x)=x+0.5$, $f(x)=0.55x+1.5$ 그린 결과를 보여주고 있다. 그러나 세 개의 직선 중에서 가장 데이터의 경향을 잘 대표하고 직선을 결정하기 위해서는 적절한 기준이 필요하며, 최소자승법은 이러한 판단 기준을 정해주는 알고리즘의 하나라고 생각할 수 있다.

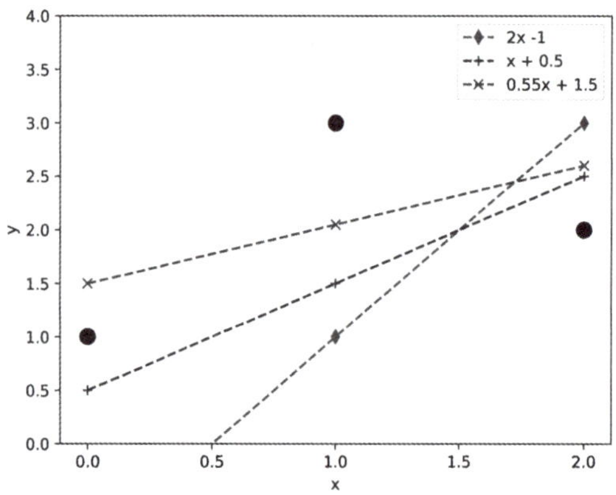

그림 25.2 관측된 데이터(원으로 표시됨)의 경향을 모사하기 위한 3개의 회귀직선

관찰된 데이터와 근사하게 적합할 수 있는 직선의 방정식을 $f(x)=ax+b$ 라고 하면 둘 사이의 오차 ϵ 는 다음과 같이 정의할 수 있다.

$$\varepsilon = y-(ax+b) \tag{25.1}$$

위에서 주어진 데이터가 세 개이므로 각각의 오차는 $\epsilon_1, \epsilon_2, \epsilon_3$ 로 표시하여 다음과 같이 나타낼 수 있다.

$$
\begin{aligned}
\varepsilon_1 &= y_1 - (ax_1 + b) = 1 - b \\
\varepsilon_2 &= y_2 - (ax_2 + b) = 3 - a - b \\
\varepsilon_3 &= y_3 - (ax_3 + b) = 2 - 2a - b
\end{aligned} \tag{25.2}
$$

오차는 $\epsilon_1 = 1 - b$, $\epsilon_2 = 3 - a - b$, $\epsilon_3 = 2 - 2a - b$ 이므로 전체 오차는 $\epsilon = 6 - 3a - 3b$ 이 된다. 따라서 회귀문제는 전체 오차의 값이 최소가 될 수 있도록 미지수 a 와 b 를 결정하는 문제로 귀착된다. 그런데 각 오차의 부호는 다를 수가 있으므로 전체 오차를 계산할 때 다른 부호를 가진 값들이 서로 상쇄되는 결과를 가져올 수 있어서 정확한 값을 주지 못할 수도 있다. 예를 들어, $\epsilon_1 = -1$, $\epsilon_2 = 0$, $\epsilon_3 = 1$ 인 경우 전체 오차는 0이 되어 사실과 다르다. 따라서 단순한 오차의 합이 아닌 부호에 영향을 받지 않는 다른 오차를 규정해야 할 필요가 생긴다. 이를 위하여 가장 널리 사용되는 것은 오차의 제곱을 구하여 합을 구하여 그 값을 최소로 만드는 미지수 a 와 b 를 구하는 방식인데 이러한 방식을 최소자승법이라고 한다. 오차의 합의 제곱은 다음과 같이 계산된다.

$$
\begin{aligned}
\mathcal{E} = \varepsilon^2 &= \varepsilon_1^2 + \varepsilon_2^2 + \varepsilon_3^2 \\
&= (y_1 - ax_1 - b)^2 + (y_2 - ax_2 - b)^2 + (y_3 - ax_3 - b))^2 \\
&= (1 - b)^2 + (3 - a - b)^2 + (2 - 2a - b)^2
\end{aligned} \tag{25.3}
$$

이제 전체 오차를 최소화 시키는 계수 a 와 b 를 찾기 위해서 다음과 같은 과정을 수행한다.

$$\frac{\partial \mathcal{E}}{\partial a} = -2(3-a-b) - 4(2-2a-b) = 10a + 6b - 14 = 0$$
$$\frac{\partial \mathcal{E}}{\partial b} = -2(1-b) - 2(3-a-b) - 2(2-2a-b) = 6a + 6b - 12 = 0 \qquad (25.4)$$

최종적으로 위의 두 식을 풀면 $a = 1/2$ 와 $b = 3/2$ 를 얻게 되어 관측된 데이터에 대한 회귀직선은 $y = 1/2x + 3/2$ 로 결정되며 결과를 그림 25.3에 나타내었다. 표 25.1에서는 각 지점에서의 오차의 제곱을 나타내고 있으며 $x = 1$ 에서 최대 오차를 보이고 있으며 그림 25.3에서 보는 것과 일치함을 알 수 있다.

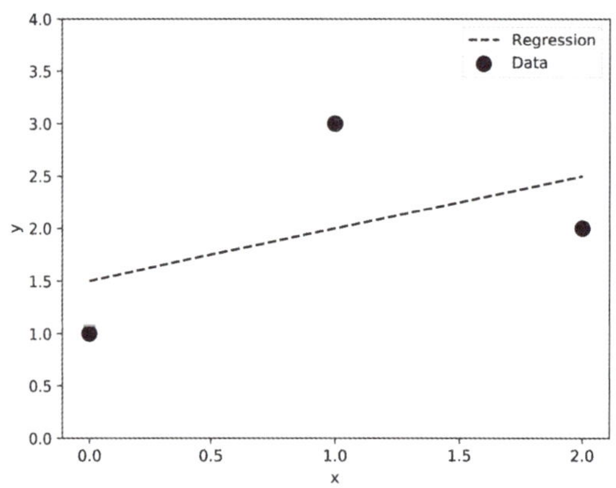

그림 25.3 관측된 데이터와 최소 자승법으로 구한 직선 $f(x) = \frac{1}{2}x + \frac{3}{2}$ 의 비교

표 25.1 데이터와 최소자승법으로 구한 회귀직선 $f(x) = \frac{1}{2}x + \frac{3}{2}$ 과의 오차

x	y	ε^2
0	1	0.25
1	3	1.00
2	2	0.25

25.4 최소자승법: 일반화

최소자승법은 해석적인 방법으로는 앞 절에서 설명한 과정을 통해서 결과를 얻을 수 있으나 많은 데이터를 다루는 실제 상황에서는 사용하기가 불편하다. 그러므로 이번 절에서는 최소자승법의 내용을 일반화시켜서 조금 더 적용하기 편리하게 하고자 한다. 데이터와 회귀직선과의 전체 오차 ϵ 는 다음과 같이 쓸 수 있다.

$$\mathcal{E} = \sum_{i=1}^{n} \varepsilon^2 = \sum_{i=1}^{n} (y_i - b - ax_i)^2 \tag{25.5}$$

오차에 대한 최소값을 규정하기 위해서 미지수에 대하여 과정을 수행하면 다음과 같다.

$$\begin{aligned} \frac{\partial \mathcal{E}}{\partial a} &= -2\sum_{i=1}^{n} [(y_i - b - ax_i)x_i] = 0 \\ \frac{\partial \mathcal{E}}{\partial b} &= -2\sum_{i=1}^{n} (y_i - b - ax_i) = 0 \end{aligned} \tag{25.6}$$

따라서 위의 두 식은 다음과 같이 쓸 수 있다.

$$\begin{aligned} \sum_{i=1}^{n} y_i x_i - \sum_{i=1}^{n} bx_i - \sum_{i=1}^{n} ax_i^2 = 0 \\ \sum_{i=1}^{n} y_i - \sum_{i=1}^{n} b - \sum_{i=1}^{n} ax_i = 0 \end{aligned} \tag{25.7}$$

$\Sigma_{i-1}^{n} b = nb$ 이므로 위의 식은 다음과 같은 연립방정식이 된다.

$$\sum_{i=1}^{n} y_i x_i - (\sum_{i=1}^{n} x_i)b - (\sum_{i=1}^{n} x_i^2)a = 0$$
$$\sum_{i=1}^{n} y_i - nb - (\sum_{i=1}^{n} x_i)a = 0 \tag{25.8}$$

연립방정식을 먼저 a 에 대하여 풀면 다음과 같은 결과를 얻는다.

$$a = \frac{n\sum_{i=1}^{n} x_i y_i - \sum_{i=1}^{n} x_i \sum_{i=1}^{n} y_i}{n\sum_{i=1}^{n} x_i^2 - (\sum_{i=1}^{n} x_i)^2} \tag{25.9}$$

위의 결과를 식 (25.7)에 대입하여 b 를 구하면 다음과 같다.

$$b = \bar{y} - a\bar{x} \tag{25.10}$$

여기서 $\bar{x}$ 와 $\bar{y}$ 는 각각 x, y 의 평균이며 다음과 같이 정의된다.

$$\bar{x} = \frac{\sum_{i=1}^{n} x_i}{n}, \qquad \bar{y} = \frac{\sum_{i=1}^{n} y_i}{n} \tag{25.11}$$

25.5 최소자승법: 코딩

```
from numpy import array,mean

def linear_fit(x,y):
    n = len(x)
    xsum = sum(x)
    ysum = sum(y)
    xmean = mean(x)
    ymean = mean(y)
```

```
    xysum = 0
    x2sum = 0
    for i in range(n):
        xysum = xysum + x[i]*y[i]
        x2sum = x2sum + x[i]*x[i]
    a = (n * xysum - xsum * ysum)/(n * x2sum - xsum**2)
    b = ymean - a * xmean
    return a,b

x = array([0, 1, 2])
y = array([1, 3, 2])
a,b = linear_fit(x,y)

print("a = %8.4f" % a)
print("b = %8.4f" % b)
print("y = %8.4f x + %8.4f" % (a, b))
```

프로그램에서 from numpy import array, mean 은 필요한 함수들을 가지고 오는 명령이다. 따로 프로그램을 작성하지 않아도 데이터의 합, 평균 등은 sum , mean 등의 함수를 사용하여 계산할 수 있어서 편리하다. 예를 들어, sum(x) 는 x 의 합을 구하고 mean(x) 는 평균값을 계산해서 돌려준다. 식(25.9)과 식(25.10)에서의 계수 a, b 를 구하는 방식을 그대로 프로그램에서 구현하였으므로 이해하는 데 어려움은 없을 것으로 보이며 결과는 다음과 같다.

```
a =    0.5000
b =    1.5000
y =    0.5000 x +    1.5000
```

25.6 요약

• 관측된 데이터의 요소들은 무한한 정보를 포함하고 있다. 그러므로 데이터를 자세

히 분석하는 것은 매우 중요하다. 회귀법은 데이터에 내재되어있는 기본적인 정보를 가시화 하는데 도움이 된다.

- 회귀법 중 가장 널리 쓰이는 방법이 최소자승법이다. 전체 오차를 최소화하게 하는 계수들을 찾고 회귀곡선을 구성하는 방법이다.

25.7 과제

1. 최소자승법을 사용하여 다음에 주어진 데이터에 대한 선형 회귀식을 구하시오.

x	1	2	3	4	5
y	1.1	3.2	2.5	3.9	1.0

2. 최소자승법을 사용하여 다음에 주어진 데이터에 대한 선형 회귀식을 구하시오.

x	1	2	3	4	5	6	7	8	9
y	1.1	3.2	2.5	3.9	1.0	5.1	4.7	3.6	2.1

3. 최소자승법을 사용하여 다음에 주어진 데이터에 대한 선형 회귀식을 구하시오.

x	1	2	3	4	5	6	7	8	9
y	3.1	2.2	4.6	8.3	2.0	6.3	2.1	1.4	7.3

26장

다항식 회귀법

26.1 다항식 회귀법: 해설

다항식 회귀법은 데이터의 상호관계가 선형적이지 않은 경우에 사용되는 비선형 회귀법 중의 하나이다. 비선형 회귀방식에서는 선형방정식이 아니라 다항식 함수, 지수함수, 로그함수 또는 삼각함수 등이 사용될 수 있다. 다항식 회귀법에서도 선형보간법일 경우와 동일한 과정을 거친다. 이번 절에서는 다항식 회귀법에서 2차식을 고려하여 설명하기로 한다. 데이터와 적합하게 갈 수 있는 2차 방정식을 $f(x) = c + bx + ax^2$ 로 놓으면 전체 오차는 다음과 같이 정의할 수 있다.

$$\mathcal{E} = y - (c + bx + ax^2) \tag{26.1}$$

각각의 데이터에 대한 각 오차의 합이 전체 오차이므로 ϵ 는 다음과 같이 표시할 수 있다.

$$\mathcal{E} = \sum_{i=1}^{n}(y_i - c - bx_i - ax_i^2)^2 \tag{26.2}$$

이 식에서 오차 ϵ 를 최솟값으로 만드는 방정식의 계수 a, b, c를 구하기 위해서 편미분을 수행하면 다음과 같다.

$$\frac{\partial \mathcal{E}}{\partial a} = -2\sum_{i=1}^{n}\left[(y_i - c - bx_i - ax_i^2)x_i^2\right] = 0$$
$$\frac{\partial \mathcal{E}}{\partial b} = -2\sum_{i=1}^{n}\left[(y_i - c - bx_i - ax_i^2)x_i\right] = 0$$
$$\frac{\partial \mathcal{E}}{\partial c} = -2\sum_{i=1}^{n}(y_i - c - bx_i - ax_i^2) = 0 \tag{26.3}$$

$\Sigma_{i=1}^{n} c = nc$ 이 식을 정리하면 다음과 같다.

$$c\sum_{i=1}^{n} x_i^2 + b\sum_{i=1}^{n} x_i^3 + a\sum_{i=1}^{n} x_i^4 = \sum_{i=1}^{n} x_i^2 y_i$$
$$c\sum_{i=1}^{n} x_i + b\sum_{i=1}^{n} x_i^2 + a\sum_{i=1}^{n} x_i^3 = \sum_{i=1}^{n} x_i y_i$$
$$cn + b\sum_{i=1}^{n} x_i + a\sum_{i=1}^{n} x_i^2 = \sum_{i=1}^{n} y_i \tag{26.4}$$

이 식에서 a, b, c 를 구한 후에 원래의 방정식에 대입하면 2차 회귀곡선을 구할 수 있게 된다.

다음에 주어진 데이터를 사용하여 2차 회귀곡선을 계산해보기로 한다.

x	0	1	2
y	1	3	2

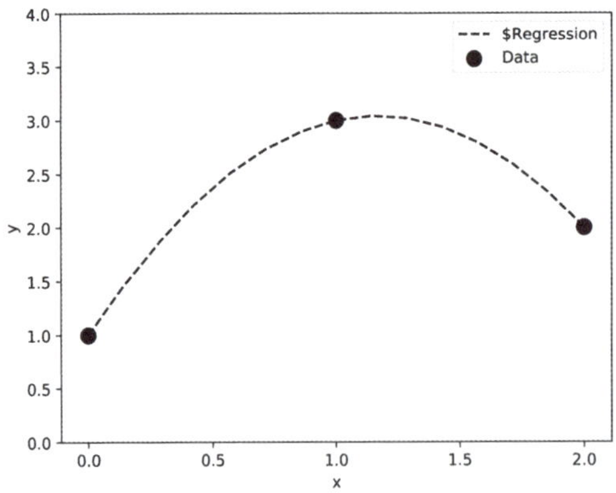

그림 26.1 데이터와 2차 다항식 회귀곡선과의 비교

주어진 데이터를 사용하여 식 (26.4)에서의 계수들을 다음과 같이 주어진다.

$\sum x_i$	$\sum y_i$	$\sum x_i^2$	$\sum x_i^3$	$\sum x_i^4$	$\sum x_i y_i$	$\sum x_i^2 y_i$
3	6	5	9	17	7	11

이 결과를 식 (26.4)에 대입하여 정리하면 다항식 회귀법은 다음과 같은 연립방정식으로 귀착된다.

$$\begin{aligned} 5c + 9b + 17a &= 11 \\ 3c + 5b + 9a &= 7 \\ 3c + 3b + 5a &= 6 \end{aligned} \tag{26.5}$$

이 식에서 $a = -1.5$, $b = 3.5$, $c = 1$ 이 되므로 다항식 회귀곡선은 $y = -1.5x^2 + 3.5x + 1$ 이 되며 데이터와 비교한 결과는 그림 26.1에서 보였다. 데이터 자체가 2차 곡선의 성향을 가지고 있으므로 2차 다항식 회귀곡선과 정확하게 일치 됨을 보이나 일반적으로는 그렇게 되지 않음을 유의한다.

26.2 다항식 회귀법: 코딩

이번에는 2차 다항식 회귀곡선 $y = ax^2 + bx + c$을 구하는 과정을 프로그램으로 구현하는 방법을 설명하기로 한다. 사용할 데이터는 다음과 같다.

x	0	1	2	4
y	2	3	9	15

프로그램에서 먼저 Numpy에서 필요한 함수들을 from numpy import array 명령

으로 불러온다. 식 (26.4)에서는 필요한 계수들을 구하기 위해서 sum 함수를 적극적으로 사용하였다. 예를 들어, $\Sigma x_i y_i$ 항은 sum(x*y) 로 한 줄로 구현할 수 있어서 매우 편리하다. 식 (26.4)에서 구성된 연립방정식을 여기서는 Cramer 방법으로 풀기로 한다. 따라서 행렬식을 구해야 하므로 rom numpy.linalg import det 와 같이 선언하여 det 함수를 불러오고 있다. 마지막으로 연립방정식을 풀고난 후 2차 방정식의 계수 a, b, c 를 출력하게 된다. 그리고 그림 26.2에서는 데이터와 2차 회귀방정식을 비교한 결과를 보여주고 있다.

```
from numpy import array
from numpy.linalg import det

def poly_fit(x,y):
    n = len(x)
    x1sm = sum(x)
    y1sm = sum(y)
    x2sm = sum(x**2)
    x3sm = sum(x**3)
    x4sm = sum(x**4)
    xysm = sum(x*y)
    x2ysm = sum((x**2)*y)
    # Cramer's rule
    eq = array([[x2sm,x3sm,x4sm],[x1sm,x2sm,x3sm],[n,x1sm,x2sm]])
    rig = array([x2ysm, xysm, y1sm])
    detabc = det(eq)
    eqc = array([[x2ysm,x3sm,x4sm],[xysm,x2sm,x3sm],[y1sm,x1sm,x2sm]])
    eqb = array([[x2sm,x2ysm,x4sm],[x1sm,xysm,x3sm],[n,y1sm,x2sm]])
    eqa = array([[x2sm,x3sm,x2ysm],[x1sm,x2sm,xysm],[n,x1sm,y1sm]])
    detc = det(eqc)
    detb = det(eqb)
    deta = det(eqa)
    a = deta/detabc
    b = detb/detabc
    c = detc/detabc
```

```
    return a,b,c

x = array([0, 1, 2, 4])
y = array([2, 3, 9, 15])
a,b,c = poly_fit(x,y)

print("a = %8.4f" % a)
print("b = %8.4f" % b)
print("b = %8.4f" % c)
print("y = %8.4f x^2 + %8.4f x + %8.4f" % (a, b, c))
```

프로그램을 실행한 결과는 다음과 같다.

```
a =    0.1136
b =    2.9864
b =    1.4273
y =    0.1136 x^2 +    2.9864 x +    1.4273
```

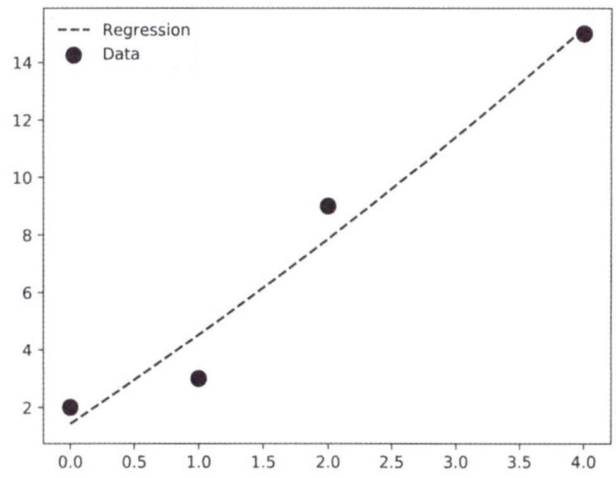

그림 26.2 데이터와 2차 다항식 회귀곡선과의 비교

26.3 요약

- 다항식 회귀법은 선형적인 관계와 맞지 않는 데이터의 성향을 분석할 때 사용된다. 다항식을 사용하여 선형관계를 넘어서는 데이터 내의 정보를 구성하는데 필요하다.
- 다항식 회귀법에서도 최소자승법 알고리즘이 직접적으로 적용된다.

26.4 과제

1. 2차 다항식 회귀법을 사용하여 데이터에 대한 회귀곡선을 구하시오.

x	1	2	3	4	5
y	1.1	3.2	2.5	3.9	1.0

2. 2차 다항식 회귀법을 사용하여 데이터에 대한 회귀곡선을 구하시오.

x	1	2	3	4	5	6	7	8	9
y	1.1	3.2	2.5	3.9	1.0	5.1	4.7	3.6	2.1

3. 2차 다항식 회귀법을 사용하여 데이터에 대한 회귀곡선을 구하시오.

x	0.3	1.4	2.7	4.3	5.1
y	3.1	2.2	6.3	5.2	0.7

27장

비선형 회귀법

27.1 비선형 회귀법: 해설

비선형 회귀법은 데이터에 적합하고자 하는 곡선을 비선형 함수로 선택하는 것을 의미한다. 데이터의 상호관계가 선형적이 아니라 비선형적으로 주어질 때는 선형 회귀직선으로서는 만족할 만한 결과를 얻지 못할 경우가 있다. 따라서 적절한 비선형 함수를 회귀곡선으로 채택하면 상호관계를 잘 표현할 수 있을 것으로 기대할 수 있다. 예를 들어, 데이터가 지수적으로 증가하거나 감소하는 경향이 나타났음에도 불구하고 선형 회귀직선으로 적합하는 것은 지나치게 현상을 단순화 시키는 것일 수도 있다. 비선형 회귀법에서는 지수함수, 로그함수, 쌍곡선 함수, 삼각함수 등을 데이터의 특성에 따라 적절하게 사용할 수 있으나 여기서는 다음과 같은 지수함수의 경우만을 고려해 보기로 한다.

$$f(x) = be^{ax} \tag{27.1}$$

여기서 a 와 b 는 최소자승법에 의해서 결정되어야 하는 미지수이다. 이 식의 양변에서 자연로그를 취하면 다음과 같으며 이렇게 함으로써 비선형 관계가 선형관계로 대치된 것을 볼 수 있다.

$$\ln f(x) = \ln b + ax \tag{27.2}$$

편의를 위해서 이 식을 다음과 같이 고쳐 쓴다.

$$F(x) = B + Ax \tag{27.3}$$

여기서 $F(x) \equiv \ln f(x)$, $A \equiv a$, $B \equiv \ln b$ 이다. 데이터와 회귀곡선에서 발생하는 오차 ϵ 를 다음과 같이 정의한다.

$$\varepsilon = Y - B - Ax \tag{27.4}$$

여기서 유의해야 할 점은 데이터에서 주어진 y 값을 그대로 사용해서는 안 되고 $Y \equiv \ln(y)$ 로 놓고 계산해야 한다는 점이다. 최소자승법 적용을 위해서 각각의 오차를 구한 후 전체 오차 ϵ 를 계산하면 다음과 같다.

$$\mathcal{E} = \sum_{i=1}^{n}(Y_i - B - Ax_i)^2 \tag{27.5}$$

전체 오차를 최소화 할 수 있는 미지수 A와 B 를 구하기 위해서 다음과 같이 편미분을 수행한다.

$$\begin{aligned}\frac{\partial \mathcal{E}}{\partial A} &= -2\sum_{i=1}^{n}[(Y_i - B - Ax_i)x_i] = 0 \\ \frac{\partial \mathcal{E}}{\partial B} &= -2\sum_{i=1}^{n}(Y_i - B - Ax_i) = 0\end{aligned} \tag{27.6}$$

$\Sigma_{i=1}^{n} B = nB$ 를 고려하고 이 식을 정리하면 다음과 같다.

$$\sum_{i=1}^{n} x_i y_i - B \sum_{i=1}^{n} x_i - A \sum_{i=1}^{n} x_i^2 = 0$$
$$\sum_{i=1}^{n} y_i - nB - A \sum_{i=1}^{n} x_i = 0 \tag{27.7}$$

연립방정식을 먼저 A 에 대하여 풀면 다음과 같은 결과를 얻는다.

$$A = \frac{n \sum_{i=1}^{n} x_i Y_i - \sum_{i=1}^{n} x_i \sum_{i=1}^{n} Y_i}{n \sum_{i=1}^{n} x_i^2 - (\sum_{i=1}^{n} x_i)^2} \tag{27.8}$$

위의 결과를 식 (27.7)에 대입하여 B 를 구하면 다음과 같다.

$$B = \overline{Y} - A\overline{x} \tag{27.9}$$

여기서 $\overline{x}$ 와 $\overline{Y}$ 는 각각 x, Y 의 평균이며 다음과 같이 정의된다.

$$\overline{x} = \frac{\sum_{i=1}^{n} x_i}{n}, \qquad \overline{Y} = \frac{\sum_{i=1}^{n} y_i}{n} \tag{27.10}$$

이 식에서 A 와 B 를 구한 후 실제 값으로 변환하여 회귀곡선을 얻게 된다.

27.2 비선형 회귀법: 코딩

지수함수 $f(x) = be^{ax}$ 를 사용하여 다음에 주어진 데이터에 적합한 회귀곡선을 구하는 문제를 살펴보기로 한다.

x	0	1	2	4
y	2	4	8	15
Y	ln(2)	ln(4)	ln(8)	ln(15)

```
from numpy import array,mean,log,exp

def nonlinear_fit(x,yo):
    n = len(x)
    y = log(yo)
    xsum = sum(x)
    ysum = sum(y)
    xmean = mean(x)
    ymean = mean(y)
    xysum = sum(x * y)
    x2sum = sum(x**2)
    A = (n * xysum - xsum * ysum)/(n * x2sum - xsum**2)
    B = ymean - A * xmean
    print('A = %8.4f B = %8.4f' % (A, B))
    b = exp(B)
    a = A
    return a,b

def f(a,b,x):
    return b * exp(a * x)

x = array([0, 1, 2, 4])
yo = array([2, 4, 8, 15])
a,b = nonlinear_fit(x,yo)

print('a = %8.4f b = %8.4f' % (a,b))
print("y = %8.4f exp(%8.4f x)" % (b,a))
```

프로그램에서는 먼저 Numpy에서 필요한 함수들을 from numpy import array,mean,log,exp 명령으로 불러온다. 다음 과정은 지수함수를 함수 f(a,b,x) 로 규정하였다. 식 (27.7)에서 위해서 sum 함수를 이용하여 필요한 계수들을 계산하였다. 연립방정식을 풀어서 중간계수 A 와 B 를 구하고 지수곡선의 계수 a, b 로 변환하여 출력하게 된다. 프로그램을 실행하면 결과는 다음과 같이 주어진다.

```
A =    0.4983 B =    0.8447
a =    0.4983 b =    2.3272
y =    2.3272 exp(  0.4983 x)
```

그림 27.1에서는 데이터와 비선형 회귀방정식을 비교한 결과를 보여주고 있다.

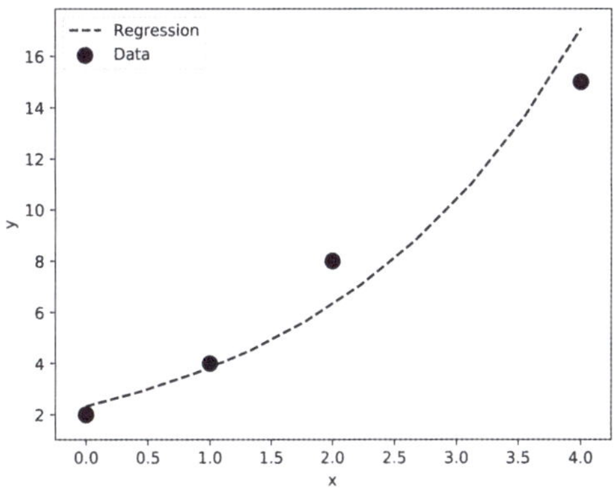

그림 27.1 데이터와 비선형 회귀곡선과의 비교

실제 계산 과정을 조금 더 상세하게 설명하기로 한다. 먼저 식 (27.7)을 구성하기 위해서 필요한 준비 계산을 수행하여 정리하면 다음과 같다.

$$\sum_{i=1}^{4} x_i = 0 + 1 + 2 + 4 = 7$$

$$\sum_{i=1}^{4} Y_i = \ln(2) + \ln(4) + \ln(8) + \ln(15) = \ln(960)$$

$$\sum_{i=1}^{4} x_i y_i = 0 \times \ln(2) + 1 \times \ln(4) + 2 \times \ln(8) + 4 \times \ln(15) = \ln(12960000)$$

$$\sum_{i=1}^{4} x_i^2 = 0^2 + 1^2 + 2^2 + 4^2 = 21$$

$$\bar{x} = \sum_{i=1}^{4} x_i / n = \frac{7}{4}$$

$$\bar{Y} = \frac{\sum_{i=1}^{4} Y_i}{n} = \frac{\ln(960)}{4} \tag{27.11}$$

준비된 값들을 식 (27.8)과 식 (27.9)에 대입하면 다음과 같이 지수함수의 계수들을 얻게 된다.

$$A = \frac{n \sum_{i=1}^{4} x_i y_i - \sum_{i=1}^{4} x_i \sum_{i=1}^{4} y_i}{4 \sum_{i=1}^{4} x_i^2 - (\sum_{i=1}^{4} x_i)^2} = 0.4983 \tag{27.12}$$

위의 결과를 식 (27.7)에 대입하여 B를 구하면 다음과 같다.

$$B = \bar{Y} - A\bar{x} = 0.8446 \tag{27.13}$$

이 방정식에서 $a = A = 0.4983$, $b = e^B = 2.3272$ 로 환원되어 원래의 방정식 식 (27.1)에 대입하여 최종적으로 비선형 회귀곡선인 지수곡선 $y = be^{ax} = 2.3272e^{0.4983x}$ 를 얻게 된다.

27.3 요약

- 데이터의 성향이 비선형관계로 보일 때는 지수함수, 삼각함수 등의 성향을 보일 때는 비선형 모델을 가정하여 회귀곡선을 찾아내는 것이 더 적합하다.
- 비선형 회귀법에서도 최소자승법의 알고리즘이 그대로 적용된다.

27.4 과제

1. 비선형 회귀법을 사용하여 다음의 데이터에 대한 회귀곡선을 구하시오.

x	1	2	3	4	5
y	1.1	3.2	2.5	3.9	1.0

2. 비선형 회귀법을 사용하여 다음의 데이터에 대한 회귀곡선을 구하시오.

x	1	2	3	4	5	6	7	8	9
y	1.1	3.2	2.5	3.9	1.0	5.1	4.7	3.6	2.1

3. 비선형 회귀법을 사용하여 다음의 데이터에 대한 회귀곡선을 구하시오.

x	0.3	1.4	2.7	4.3	5.1
y	3.1	2.2	6.3	5.2	0.7

제VI편

보간법

(Interpolation)

28장

선형보간법 (linear interpolation)

28.1 보간법의 목적

보간법 (interpolation)의 기본 목적은 관측된 데이터에서는 찾아볼 수 없는 새로운 데이터에 대한 정보를 얻기 위해 사용된다. 예를 들어, 만일 데이터가 다음과 같이 1,3 과 8 의 값에서만 존재한다면 2 일 때의 정보는 알 수 없다. 따라서 객관적인 추측으로 정보를 찾아내야 하며 이런 경우에 보간법을 적용할 수 있다.

1	3	8
3.1	4.6	2.6

보간법의 또 하나의 목적은 주어진 함수가 매우 복잡하여 대수적으로 처리하기가 어려운 경우이다. 따라서 그 함수의 값을 근사하게 따라갈 수 있는 보다 간단한 값을 찾아낼 수 있다면 계산 과정이 훨씬 수월하게 될 것이다. 보간법에서는 다음과 같은 내용을 다룬다.

- **선형보간법** 데이터 사이를 선형관계로 간주하여 정보를 찾아낸다.
- **다항식 보간법** 다항식을 적용하여 알려지지 않은 정보를 찾아낸다.
- Newton **보간 다항식** 다항식을 이용한 보간법의 일반화

28.2 선형보간법: 해설

선형보간법은 보간법 중 가장 간단한 방법으로 데이터 사이를 선형적인 관계로 간주하여 그 사이의 정보를 찾아내는 것이다. 다음과 같이 관측된 데이터의 쌍 $(x_0, y_0), (x_1, y_1)$, 이 있다고 할 때 $x_0 \le \xi \le x_1$ 구간의 한 점에서의 y 값을 알아야 할 필요가 있다고 하자.

x	x_0	ξ	x_1
y	y_0	?	y_1

즉, $x = \xi$ 에서의 y 값을 구하여야 한다. 따라서 구간에서의 y 값이 x 에 따라서 선형적으로 변한다고 가정하면 보간 함수를 $f(x)$ 로 생각해서 다음과 같은 방정식을 세울 수 있다.

$$f(x) = a_0 + a_1(x - x_0) \tag{28.1}$$

그런데 식 (28.1)에서의 보간 함수는 데이터의 양끝점 (x_0, y_0), (x_1, y_1) 을 반드시 지나야 하므로 다음과 같은 조건을 만족해야 한다. 즉, $y_0 \equiv f(x_0)$, $y_0 \equiv f(x_0)$ 이다.

$$\begin{aligned} f(x_0) &= a_0 + a_1(x_0 - x_0) \\ f(x_1) &= a_0 + a_1(x_1 - x_0) \end{aligned} \tag{28.2}$$

이 식에서 방정식의 계수 a_0와 a_1 는 다음과 같이 구해진다.

$$a_0 = f(x_0), \qquad a_1 = \frac{f(x_1) - f(x_0)}{(x_1 - x_0)} \tag{28.3}$$

이 결과를 원래의 식 (28.1)에 대입하면 $x_0 \le x \le x_1$ 구간에서 성립되는 다음과 같은 보간함수를 얻는다.

$$f(x) = f(x_0) + \frac{f(x_1) - f(x_0)}{x_1 - x_0}(x - x_0) \tag{28.4}$$

이러한 방식으로 정의되는 보간 함수를 Newton 보간 다항식 (Newton interpolating polynomials)이라고 한다. 기하학적으로 보면 선형보간법은 단순히 데이터의 한 점과 다른 점 사이를 직선으로 이은 것이다. 결과적으로 알고 싶어 하는 지점 $x = \xi$ 에서의 예측값 (보간값)은 다음과 같이 결정된다.

$$f(\xi) = f(x_0) + \frac{f(x_1) - f(x_0)}{x_1 - x_0}(\xi - x_0) \tag{28.5}$$

만일 그 다음 구간인 $x_1 \le x \le x_2$ 에서의 값을 알고 싶은 경우에는 위에서와 동일한 방법으로 그 구간에서의 선형보간식을 다시 구해야 한다. 결국, 데이터를 선형보간법으로 보간해 나가는 것은 두 점을 직선으로 연속적으로 이어나가는 것과 동일하다.

28.3 선형보간법: 데이터

다음에서 관측된 데이터에 대한 보간법을 고려해보기로 한다. 예를 들어, $x = 0.5$ 에서의 보간값 y 을 알아보고자 할 때 주어진 자료를 사용하여 구하는 과정을 생각해본다.

x	0	1	2
y	1	3	2

데이터에 대하여 선형보간을 적용하기 위해서는 두 구간 $0 \le x \le 1$, $1 \le x \le 2$ 이 존재하므로 $f_0(x)$ 와 $f_1(x)$ 와 같이 구간 별로 두 개의 보간함수를 구해야 한다.

$$\begin{aligned} f_0(x) &= f(x_0) + \frac{f(x_1) - f(x_0)}{x_1 - x_0}(x - x_0) \\ &= 1 + \frac{3-1}{1-0}(x - 0) \\ &= 1 + 2x \qquad 0 \le x \le 1 \end{aligned} \tag{28.6}$$

$$\begin{aligned} f_1(x) &= f(x_1) + \frac{f(x_2) - f(x_1)}{x_2 - x_1}(x - x_1) \\ &= 3 + \frac{2-3}{2-1}(x - 1) \\ &= 4 - x \qquad 1 \le x \le 2 \end{aligned} \tag{28.7}$$

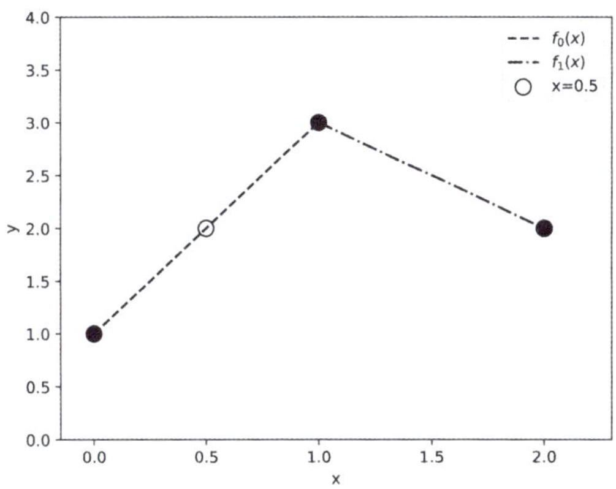

그림 28.1 선형보간법의 적용

만일 특정한 지점에서의 값을 알고 싶은 경우에는, 예를 들어, $f(0.5) = f_0(0.5) = 2$, $f(1.7) = f_1(1.7) = 2.3$ 이 되어 보간값을 구하게 되었다. 그러나 이러한 결과는 다른 정보가 주어지지 않으므로 얼마나 정확한 가를 판단하기에 어려운 점이 있다. 만일 관측된 데이터에 대한 사전 지식이 조금이라도 있다면 (예를 들어, 온도의 변화, 농도의 변화 등) 보간된 값에 대한 어느 정도의 정확도는 가늠할 수 있을 것이다. 그림 28.1은 앞에서 언급했던 데이터에 대하여 두 구간에서의 선형보간식을 그림으로 그려본 것이며 $x=0.5$ 에서 찾고자 했던 값이 보간직선 위에 있음을 볼 수 있다.

```
from numpy import array,zeros

def coeffs(x0,x1,f0,f1):
    a1= (f1-f0)/(x1-x0)
    a0 = f0
    return a0, a1

def linear_intp(x,y):
    n = len(x)
    for i in range(n-1):
        x0 = x[i]
        x1 = x[i+1]
        f0 = y[i]
        f1 = y[i+1]
        a0, a1 = coeffs(x0,x1,f0,f1)
        print("f(x) = %8.4f + %8.4f (x - %8.4f)" % (a0, a1, x0))

x = array([0, 1, 2])
y = array([1, 3, 2])
linear_intp(x,y)
```

프로그램에서는 선형보간법을 수행하는 알고리즘을 구현한 내용을 보여주고 있다. from numpy import array,zeros 명령으로 필요한 함수들을 가져온다. 선형보간 식 (28.4)는 함수 linear_intp(x,y) 에서 규정하였다. 이 함수는 선형보간식의 두 계수 a0와 a1 를 계산해서 돌려주게 되며 결과는 다음과 같다.

```
f(x) =    1.0000 +    2.0000 (x -    0.0000)
f(x) =    3.0000 +   -1.0000 (x -    1.0000)
```

28.4 선형보간법: 함수

앞절에서는 관측된 데이터에 대한 보간법을 살펴보았다. 이번에는 선형보간법을 다음에 주어진 함수에 적용하여 보다 간단한 함수로 변환 시키는 과정을 알아보기로 한다.

$$y = \frac{x^2 e^{-x}}{\sqrt{1+x^2}} \tag{28.8}$$

이를 위해서는 다음과 같은 두 단계를 거쳐야 한다.

1. 원하는 지점 ($x=0$, 1, 2)을 정하여 (y_0, y_1, y_2) 을 구하여 데이터를 생성한다.
2. 얻어진 데이터를 사용하여 보간 함수를 구한다.

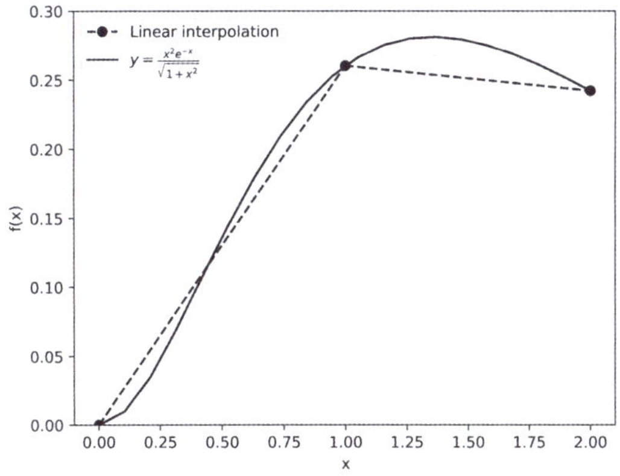

주어진 함수에 대하여 구간 $0 \le x \le 2$ 에서 보간 하고자 한다. 구간을 둘로 나누면 하나의 구간의 크기는 $h=1$ 이 된다. 따라서 보간을 위해서 다음과 같은 데이터를 얻을 수 있다.

x	0	1	2
y	0.0000	0.2601	0.2420

이 표에서의 데이터를 가지고 프로그램을 실행하여 다음과 같이 선형보간식을 얻게 된다.

```
f(x) =    0.0000 +    0.2601 (x -    0.0000)
f(x) =    0.2601 +   -0.0181 (x -    1.0000)
```

구간의 크기는 $h=1$ 이므로 데이터와 함께 선형보간식을 그리면 그림 28.2에서와 같은 결과를 얻을 수 있다. 전반 구간은 괜찮으나 후반 구간에서 오차가 커짐을 알 수 있다. 오차를 줄이기 위해서 구간의 크기를 1/2로 줄이면 크기가 $h=1/2$ 인 4개의 구간으로 나누어진다. 즉, $x=0$, 0.5, 1, 1.5, 2 으로 결정되어 해당하는 함수값을 구한 후에 프로그램에 입력하고 실행시키면 그림 28.3에서 보는 것과 같은 결과를 얻을 수 있다. 구간의 크기를 줄였을 때 그에 따라 보간 결과가 개선된 것을 확인할 수 있다.

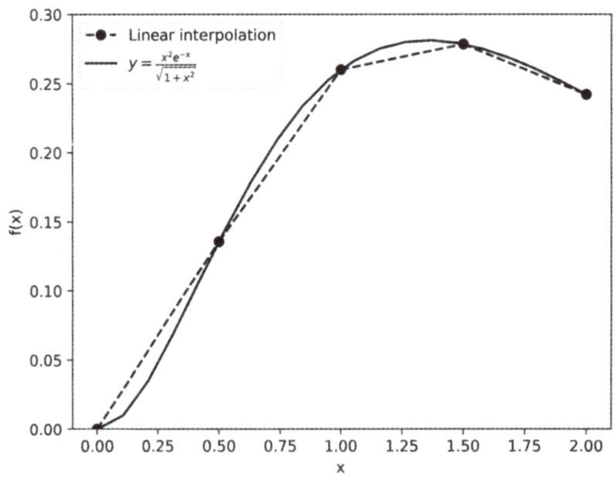

그림 28.3 함수에 대한 선형보간법의 적용 ($h=0.5$)

28.5 요약

- 선형보간법은 관측된 데이터를 사용하여 알려지지 않은 데이터를 찾는 가장 간단한 보간법이다.
- 구간의 크기를 작게 할수록 보간값은 실제값과 근접하다고 간주된다.
- 함수에 대한 보간을 수행할 때에는 먼저 임의의 구간의 지점들을 정하고 그 지점들에서의 함숫값들을 구한 후 보간법을 적용하는 방식을 사용한다.

28.6 과제

1. 선형보간법을 사용하여 다음의 데이터에 대한 보간 함수를 구하시오.

x	0	1	2	3	4
y	2.9	3.3	5.2	4.3	6.1

2. 선형보간법을 사용하여 다음의 데이터에 대한 보간 함수를 구하시오.

x	0.3	1.4	2.7	4.3	5.1
y	9.1	5.3	7.2	7.7	4.3

3. 선형보간법을 사용하여 다음의 데이터에 대한 보간 함수를 구하시오.

x	1	2	3	4	5
y	3.1	2.2	6.3	5.2	0.7

4. 선형보간법을 사용하여 다음의 데이터에 대한 보간 함수를 구하시오.

x	0.4	2.4	3.7	5.7	8.1
y	2.2	4.5	8.3	3.2	6.7

5. 선형보간법을 사용하여 다음의 데이터에 대한 보간 함수를 구하시오.

x	1	2	3	4	5	6	7	8	9
y	1.1	3.2	2.5	3.9	1.0	5.1	4.7	3.6	2.1

29장

다항식 보간법 (polynomial interpolation)

29.1 Newton 다항식 보간법: 해설

선형보간법은 간편하다는 장점이 있는 반면, 두 점 사이를 단순한 직선관계로 간주하게 됨으로써 실제의 상황을 잘 대변해주지 못한다고 생각되는 부분도 있다. 데이터가 존재하지 않는 구간 구간에서 단순히 선형적인 관계가 아닌 보다 실제 상황에 근접하는 관계를 부여하고 싶은 경우에는 다항식을 사용하여 보간 하는 방법을 쓴다. 여러 보간 다항식의 형식 중 Newton 다항식 방법이 체계적인 알고리즘을 제공하여 주므로 이에 대해서 알아보기로 한다.

Newton 다항식 보간법은 선형보간으로부터 고차원 함수를 사용한 보간까지 체계적으로 수행할 수 있도록 잘 구성된 보간 방법이다. 또한 차수에 따라 보간 함수가 이미 설정되어 있으므로 원하는 차원 (또는 데이터 수)에 따라서 특정한 보간 함수를 사용하여 계산을 수행할 수 있다. 일반적인 Newton 보간 다항식은 다음과 같이 정의된다.

$$f(x) = a_0 + a_1(x - x_0) + a_2(x - x0)(x - x_1) + a_3(x - x_0)(x - x_1)(x - x_2) + \cdots \tag{29.1}$$

여기서 a_0, a_1, a_2등은 미지계수로서 주어진 데이터를 사용하여 구하게 된다. 앞에서는 선형보간법에 대하여 학습하였다.

이번에는 보간 함수의 차수를 2차 이상으로 올려서 수행하는 다항식 보간에 대하여 알아보고자 한다. 그 중에서도 Newton 2차 다항식을 사용하여 다항식 보간을 적용해

보기로 보기로 한다. 2차 다항식은 식 (29.1)에서 다음과 같이 주어진다.

$$f(x) = a_0 + a_1(x - x_0) + a_2(x - x_0)(x - x_1) \tag{29.2}$$

이 식에서 보는 바와 같이 2차 다항식은 3개의 미지수를 포함하고 있으므로 한 번에 3개의 데이터가 필요하다. 따라서 2차 다항식 보간법에 사용될 최소한의 데이터는 다음과 같다.

x	x_0	x_1	x_2
y	y_0	y_1	y_2

이 데이터를 식 (29.2)에 대입하여 정리하면 다음과 같은 관계식을 얻는다. 여기서 $y_0 = f(x_0)$, $y_1 = f(x_1)$, $y_2 = f(x_2)$ 임을 유의한다.

$$\begin{aligned} f(x_0) &= a_0 \\ f(x_1) &= a_0 + a_1(x_1 - x_0) \\ f(x_2) &= a_0 + a_1(x_2 - x_0) + a_2(x_2 - x_0)(x_2 - x_1) \end{aligned} \tag{29.3}$$

이 식을 모두 전개하여 미지수 a_0, a_1, a_2 에 대하여 정리하면 선형연립방정식의 형태로 된다. 또한 이러한 연립방정식은 앞에서 학습한 여러 가지 해법을 사용하여 해를 구할 수 있다. Newton 다항식을 사용하는 경우 미지계수를 구하기 위한 체계적인 분할차분 공식이 있다. Newton 다항식을 보간 함수로 사용하는 경우 미지계수를 체계적인 방법으로 구하는 방식이 있으며 전진분할 (forward divided difference formula) 또는 후진분할 공식 (backward divided difference formula)으로 불린다. 여기서는 유도과정등의 상세이론에 대하여 다루지 않고 적용 사례를 중심으로 설명하기로 한다.

29.2 Newton의 다항식 보간법: 데이터

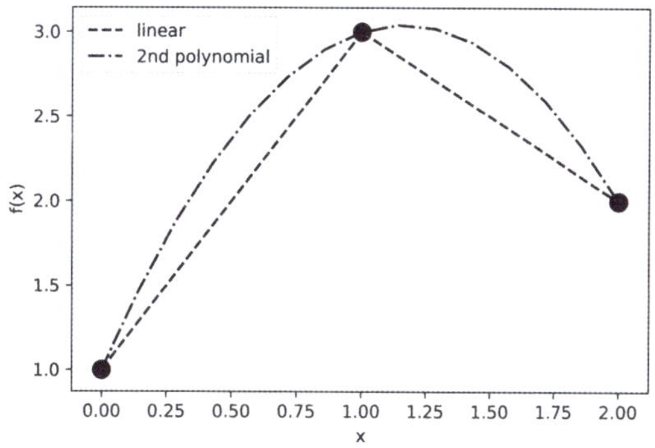

그림 29.1 데이터에 대한 Newton 2차 보간함수와 선형보간 함수를 사용한 결과의 비교

Newton 다항식 보간법은 원하는 차수의 보간 방정식을 체계적인 방법으로 제공해 준다는 데 장점이 있다. 비록 여기서는 상세한 설명을 생략하였지만 관심 있는 독자는 Newton 다항식 보간을 위한 수식과 알고리즘을 보기 바란다. 다음에 주어진 데이터를 가지고 Newton 2차 다항식 보간 과정을 설명하기로 한다.

x	0	1	2
y	1	3	2

이 데이터를 Newton 보간함수인 식 (29.2)에 대입하여 다음과 같은 관계식을 얻는다.

$$
\begin{aligned}
1 &= a_0 \\
3 &= a_0 + a_1(1-0) = a_0 + a_1 \\
2 &= a_0 + a_1(2-0) + a_2(2-0)(2-1) = a_0 + 2a_1 + 2a_2
\end{aligned}
\tag{29.4}
$$

이 식으로부터 각각 $a_0 = 1$, $a_1 = 2$, $a_2 = -\frac{3}{2}$ 를 얻게 된다. 따라서 구간 $0 \leq x \leq 2$ 에서의 Newton의 다항식 보간 함수는 다음과 같이 결정된다.

$$f(x) = 1 + 2x - \frac{3}{2}x(x-1) = 1 + \frac{7}{2}x - \frac{3}{2}x^2 \tag{29.5}$$

그림 29.1에서는 Newton 2차 보간 함수를 사용하여 보간한 곡선과 선형보간법을 사용하여 얻은 함수를 그려서 비교하고 있다. 예상했던 것과 같이 2차 보간 함수가 보다 사실적으로 상황을 표현해주고 있는 것으로 보인다. 그러나 정보를 알지 못하는 상황에서는 어떤 부분이 정확하다고 말할 수 없기 때문에 단순히 어떤 보간 함수가 더 우월하다고 말하기는 어렵다. 단지 관측된 데이터의 특성을 알고 있는 경우는 보다 정확한 보간값을 구하는데 도움이 될 것이다.

이번에는 다음과 같이 데이터의 수를 5개로 늘려서 보간법을 수행해 보기로 한다.

x	1	3	4	6	9
y	4	3.5	2.9	2.5	2.75

이제 구간은 $1 \leq x \leq 9$ 이며 구간의 간격도 일정하지 않다. 2차 보간식은 한번에 3개씩의 데이터를 취하게 되므로 구간을 $1 \leq x \leq 4$, $4 \leq x \leq 9$ 와 같이 두 개로 나누어 각각 구간에 대하여 보간법을 2번 실행해야 한다. Newton 2차 보간 함수인 식 (29.2)을 사용하여 첫 번째 구간 $1 \leq x \leq 4$ 에서는 다음과 같은 관계식을 얻게 된다.

$$\begin{aligned} 4 &= a_0 \\ 3.5 &= a_0 + a_1(3-1) = a_0 + 2a_1 \\ 2.9 &= a_0 + a_1(4-1) + a_2(4-1)(4-3) = a_0 + 3a_1 + 3a_2 \end{aligned} \tag{29.6}$$

이 식을 행렬로 정리하면 다음과 같다.

$$\begin{bmatrix} 1 & 0 & 0 \\ 1 & 2 & 0 \\ 1 & 3 & 3 \end{bmatrix} \begin{pmatrix} a_0 \\ a_1 \\ a_2 \end{pmatrix} = \begin{pmatrix} 4 \\ 3.5 \\ 2.9 \end{pmatrix} \tag{29.7}$$

행렬로 표시된 선형연립방정식의 해를 구하는 방법은 앞에서 학습한대로 직접법과 간접법이 있으며 이를 사용하여 미지계수를 구할 수 있다. 그 결과는 $a_0 = 4.0$, $a_1 = -0.25$, $a_2 = -0.1167$ 이며 보간 다항식은 다음과 같이 결정된다.

$$f_0(x) = 4.0 - 0.25(x-1) - 0.1167(x-1)(x-3) \tag{29.8}$$

두번째 구간 $4 \le x \le 9$ 에서도 유사한 방법으로 다음의 관계식이 성립된다.

$$\begin{aligned} 2.9 &= a_0 \\ 2.5 &= a_0 + a_1(6-4) = a_0 + 2a_1 \\ 2.75 &= a_0 + a_1(9-4) + a_2(9-4)(9-6) = a_0 + 5a_1 + 15a_2 \end{aligned} \tag{29.9}$$

이 식을 행렬로 정리하면 다음과 같다.

$$\begin{bmatrix} 1 & 0 & 0 \\ 1 & 2 & 0 \\ 1 & 5 & 15 \end{bmatrix} \begin{pmatrix} a_0 \\ a_1 \\ a_2 \end{pmatrix} = \begin{pmatrix} 2.9 \\ 2.5 \\ 2.75 \end{pmatrix} \tag{29.10}$$

이 선형연립방정식을 풀면 $a_0 = 2.9$, $a_1 = -0.2$, $a_2 = 0.0567$ 이며 보간 다항식은 다음과 같이 결정된다.

$$f_1(x) = 2.9 - 0.2(x-4) + 0.0567(x-4)(x-6) \tag{29.11}$$

그림 29.2에서는 2개의 구간에서 각각 해당하는 2차 다항식 보간식을 데이터와 함께 그려 놓은 것이다. 많은 데이터가 주어졌을 때 2차 다항식 보간을 하면 이와 같은 형태로 진행된다.

29.3 Newton 다항식 보간법: 코딩

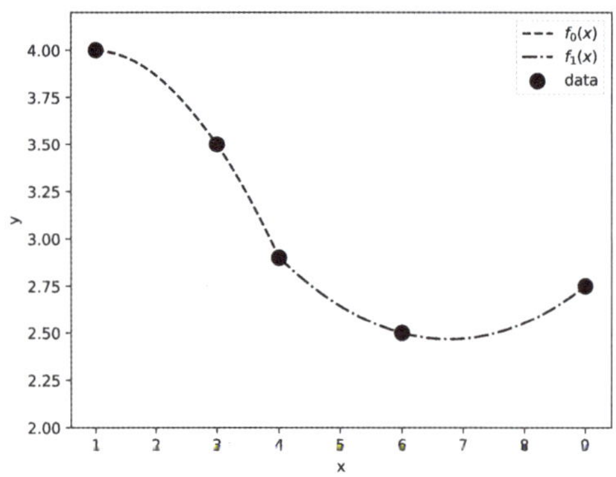

그림 29.2 데이터에 대한 Newton 2차 보간 함수를 사용한 결과

```
from numpy import array,zeros,copy
from numpy.linalg import det

def cramer(a,b):
    n = len(b)
    xs = zeros(n)
    for i in range(n):
        cram = copy(a)
        cram[:,i] = b[:]
        xs[i] = det(cram)/det(a)
    return xs

def newt2print(a,xi):
    print('f(x) = %8.4f + %8.4f (x - %8.4f) + %8.4f (x - %8.4f )(x -
```

```
%8.4f )' %
         (a[0],a[1],xi[0],a[2],xi[0],xi[1]))
    return

def coeffs(xi):
    cf0 = xi[1]-xi[0]
    cf1 = xi[2]-xi[0]
    cf2 = cf1*(xi[2]-xi[1])
    c00 = c10 = c20 = 1.0
    c01 = c02 = 0.0
    c11 = cf0
    c12 = 0.0
    c21 = cf1
    c22 = cf2
    ci = array([[c00, c01, c02],[c10, c11, c12],[c20,c21,c22]])
    return ci

def newt2poly(xt,fxt):
    k = 0
    for i in range(n):
        xi = xt[k:k+3]
        fx = fxt[k:k+3]
        k = i + 2
        ci = coeffs(xi)
        a = cramer(ci,fx)
        newt2print(a,xi)

x = array([1.0, 3.0, 4.0, 6.0, 9.0])
y = array([4.0, 3.5, 2.9, 2.5, 2.75])
n = int((len(x)-1)/2)
newt2poly(x,y)
```

프로그램은 Newton 2차 다항식 보간을 수행하기 위한 것이다. Numpy에서 필요한 함수들을 가져오기 위해서 from numpy import array, zeros, copy 를 선언한다. 여기서 copy 는 프로그램 내부에서 연립방정식의 해를 계산하기 위해서 Cramer 방법을

쓰는 것과 관련이 있으므로 반드시 알아야 하는 것은 아니지만 꼭 필요한 내용이다.[1)]

Newton 다항식에 관련된 연립방정식의 해를 구하기 위해서 Cramer 방법을 사용하였으며 cramer(a,b) 에서 정의하였다. 함수 newt2print(a,xi) 는 계산된 보간 방정식의 계수 a_0, a_1, a_2 를 보기 좋게 출력하는 내용이다. 연립방정식을 구성하기 위해서는 약간의 연산이 필요하게 되는데 이를 위하여 coeffs(xi) 함수에서 그 내용을 담당하도록 하였다. 최종적으로 실제로 2차 보간식을 계산하는 내용이 newt2poly(xt,fxt) 함수에 들어있다. 마지막으로 데이터는 x, y 에 각각 저장한다. 프로그램을 수행하여 얻은 2차 보간식을 그린 내용이 그림 29.2에 도시되어 있다.

```
f(x)= 4.0000 + -0.2500(x - 1.0000) + -0.1167(x - 1.0000)(x - 3.0000)
f(x)= 2.9000 + -0.2000(x - 4.0000) +  0.0567(x - 4.0000)(x - 6.0000)
```

29.4 Newton의 다항식 보간법: 함수

다양한 수치연산을 하는데 있어서 다루기가 복잡한 함수를 보다 간단한 형식으로 고쳐서 표시할 수 있다면 매우 편리할 것이다. 다음에 주어진 함수는 미분하거나 적분할 때 복잡한 형태가 될 것이며 적절한 오차범위를 고려하여 다항식 형태로 표시하는 것이 바람직하다. 함수를 보다 다루기 편리한 보간 다항식으로 나타내는 방법을 알아보기로 한다.

$$y = \frac{x^2 e^{-x}}{\sqrt{1+x^2}} \tag{29.12}$$

예를 들어, 식 (29.12)에서 $x = 0.3$ 일때의 값을 알고 싶다고 하면 직접적으로 답을

---

1) 여기서 사용한 copy 는 Python 입문자들에게는 조금 이해하기 어려운 내용이므로 설명 없이 사용하기로 한다. 관심이 있는 독자는 Python 매뉴얼을 참고하기 바란다.

구하기 쉬운 보간 함수로 변환시키는 것이 편리할 것이다. 주어진 함수에 대하여 Newton 다항식 보간법을 수행하는 과정을 설명하기로 한다. 먼저 구간을 $0 \le x \le 2$로 정하고 각 구간 사이의 간격을 1로 놓는다($h = 1$). 이를 위해서 각 점에서의 함숫값을 구해서 다음과 같이 표로 작성하면 편리하다.

x	0	1	2
y	0.0000	0.2601	0.2420

여기서 $f(0) = 0.0000$, $f(1) = 0.2601$, $f(2) = 0.2420$. 식 (29.3)에서 다음과 같은 식을 얻는다.

$$\begin{aligned} 0.0000 &= a_0 \\ 0.2601 &= a_0 + a_1(1-0) = a_0 + a_1 \\ 0.2420 &= a_0 + a_1(2-0) + a_2(2-0)(2-1) = a_0 + 2a_1 + 2a_2 \end{aligned} \tag{29.13}$$

또는 행렬로 표시하면 다음과 같다.

$$\begin{bmatrix} 1 & 0 & 0 \\ 1 & 1 & 0 \\ 1 & 2 & 2 \end{bmatrix} \begin{pmatrix} a_0 \\ a_1 \\ a_2 \end{pmatrix} = \begin{pmatrix} 0.0000 \\ 0.2601 \\ 0.2420 \end{pmatrix} \tag{29.14}$$

이 방정식을 풀면 $a_0 = 0$, $a_1 = 0.2601$, $a_2 = -0.1390$ 가 얻어진다. 따라서 Newton의 2차 다항식 보간함수는 다음과 같이 결정된다.

$$\begin{aligned} f(x) &= a_0 + a_1(x-x_0) + a_2(x-x_0)(x-x_1) \\ &= 0.2601x - 0.1390x(x-1) \end{aligned} \tag{29.15}$$

데이터와 Newton 2차 보간식을 비교한 결과를 그림 29.3에서 나타내었으며 복잡한 함수를 비교적 잘 근사하고 있음을 알 수 있다.

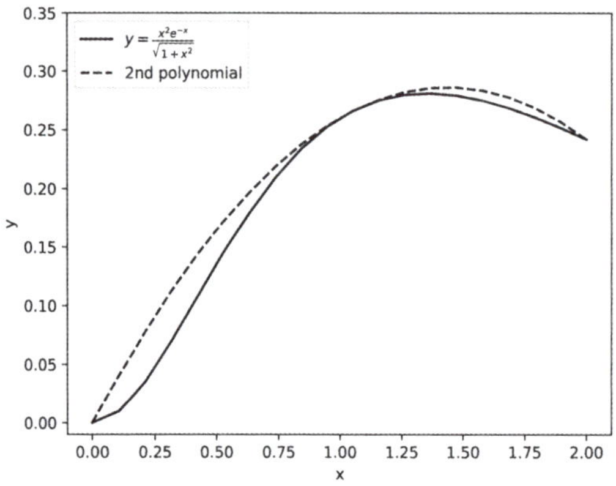

그림 29.3 복잡한 함수에 대하여 Newton 2차 다항식 보간법을 적용한 결과

29.5 요약

- Newton 다항식은 원하는 차수의 보간 다항식을 얻기 위한 체계적인 방법이다.
- 본 서에서는 소개하지 않았으나 Newton 보간식 유도공식을 사용하면 쉽게 보간식을 구할 수 있다.

29.6 과제

1. Newton 2차 보간식을 사용하여 다음의 데이터에 대한 보간 함수를 구하시오.

x	0	1	2	3	4
y	2.9	3.3	5.2	4.3	6.1

2. Newton 2차 보간식을 사용하여 다음의 데이터에 대한 보간 함수를 구하시오.

x	0.3	1.4	2.7	4.3	5.1
y	9.1	5.3	7.2	7.7	4.3

3. Newton 2차 보간식을 사용하여 다음의 데이터에 대한 보간 함수를 구하시오.

x	1	2	3	4	5
y	3.1	2.2	6.3	5.2	0.7

4. Newton 2차 보간식을 사용하여 다음의 데이터에 대한 보간 함수를 구하시오..

x	0.4	2.4	3.7	5.7	8.1
y	2.2	4.5	8.3	3.2	6.7

5. Newton 2차 보간식을 사용하여 다음의 데이터에 대한 보간 함수를 구하시오.

x	1	2	3	4	5	6	7	8	9
y	1.1	3.2	2.5	3.9	1.0	5.1	4.7	3.6	2.1

30장

Lagrange 보간법

30.1 Lagrange 보간법: 해설

Lagrange 보간법은 다항식 보간법의 한 종류로서 Newton 보간법에서는 보간 함수의 계수를 매번 구해야 하는 문제가 있었으나 Lagrange 보간법에서는 보간 함수의 계수를 사전에 제공하고 있다. 그러나 Lagrange 보간법은 많은 데이터를 사용하여 보간하는 경우에는 보간 함수의 차수가 증가하여 실제로 사용하기는 불가하다. 현실적으로 볼 때 Lagrange 보간 함수는 다량의 데이터를 보간하는 데 쓰이는 것 보다는 유한요소법 등의 특별한 분야에 적용되고 있다. 예를 들어, 유한요소법 (finite element methods)의 근간을 이루고 있는 각 요소간의 관계를 Lagrange 보간 함수로 사용하는 경우가 많다. 예를 들어, 보간법을 적용하고자 하는 데이터가 $(x_{0,}\, y), (x_{1,}\, y_1), (x_2, y_2)...$ 로 주어진 경우를 고려해보자. Largange 다항식 $L(x)$ 를 사용한 보간식은 다음과 같이 쓸 수 있다.

$$f(x) \approx L_0(x)y_0 + L_1(x)y_1 + L_2(x)y_2 + \cdots \tag{30.1}$$

여기서 Largange 보간다항식은 다음과 같이 정의된다.

$$L_j(x) = \frac{(x - x_0)}{(x_j - x_0)} \frac{(x - x_1)}{(x_j - x_1)} \frac{(x - x_2)}{(x_j - x_2)} \cdots \tag{30.2}$$

Lagrange 보간 함수를 사용한 두 점을 사용하는 선형보간식은 다음과 같이 주어진다.

$$\begin{aligned} f(x) &\approx L_0(x)y_0 + L_1(x)y_1 \\ &= \frac{x - x_1}{x_0 - x_1} f(x_0) + \frac{x - x_0}{x_1 - x_0} f(x_1) \end{aligned} \tag{30.3}$$

여기서

$$L_0(x) = \frac{x - x_1}{x_0 - x_1} \qquad L_1(x) = \frac{x - x_0}{x_1 - x_0} \tag{30.4}$$

이번에는 데이터가 $(x_0, f(x_0))$, $(x_1, f(x_1))$, $(x_2, f(x_2))$ 같이 3개의 쌍으로 주어진 경우를 고려해 보면 $j = 1,2,3$ 일때 Lagrange 다항식은 각각 다음과 같이 주어진다.

$$\begin{aligned} L_0(x) &= \frac{(x - x_1)}{(x_0 - x_1)} \frac{(x - x_2)}{(x_0 - x_2)} \\ L_1(x) &= \frac{(x - x_0)}{(x_1 - x_0)} \frac{(x - x_2)}{(x_1 - x_2)} \\ L_2(x) &= \frac{(x - x_0)}{(x_2 - x_0)} \frac{(x - x_1)}{(x_2 - x_1)} \end{aligned} \tag{30.5}$$

여기서 흥미로운 사실은 Lagrange 다항식은 $x = x_j$ 에서는 1이되고 다른 점에서는 0이 된다는 것이다. 예를 들어, $x = x_0$ 에서의 다항식은 $L_0(x_0) = 1$ 이 되고 $x = x_1$ 이나 $x = x_2$ 에서의 값은 0이 됨을 볼 수 있다.

30.2 Lagrange 보간법: 예제

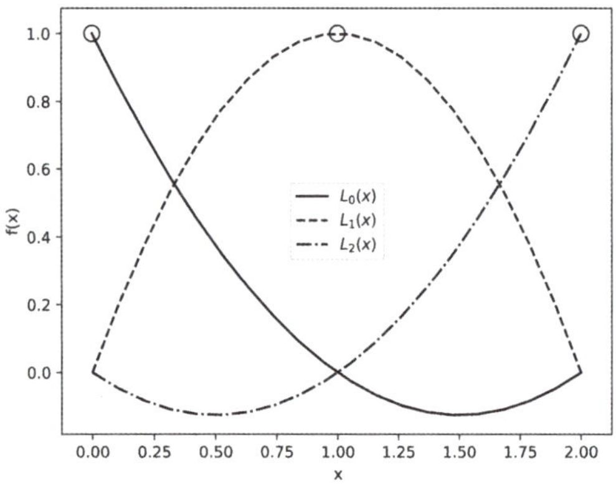

그림 30.1 2차 Lagrange 다항식 $L_{0(x)}$, $L_{1(x)}$, $L_{2(x)}$

다음과 같이 주어진 데이터를 Lagrange 2차 다항식을 사용하여 보간식을 만들어 보기로 한다.

x	0.0	1.0	2.0
y	1.0	3.0	2.0

먼저 주어진 데이터를 이용하여 Lagrange 2차 다항식을 계산하면 다음과 같다.

$$\begin{aligned} L_0(x) &= \frac{(x-1.0)}{(0.0-1.0)}\frac{(x-2.0)}{(0.0-2.0)} = \frac{1}{2}(x-1)(x-2) \\ L_1(x) &= \frac{(x-0.0)}{(1.0-0.0)}\frac{(x-2.0)}{(1.0-2.0)} = x(x-2) \\ L_2(x) &= \frac{(x-0.0)}{(2.0-0.0)}\frac{(x-1.0)}{(2.0-1.0)} = \frac{1}{2}x(x-1) \end{aligned} \tag{30.6}$$

그림 30.1에서는 2차 Lagrange 다항식에서 각각의 요소함수를 그려서 보여주고 있

다. 그림에서 보면 $L_0(x)$ 는 $x=0$ 에서 1이 되며 $L_1(x)$ 는 $x=1$ 에서 그리고 $L_2(x)$ 는 $x=2$ 에서 1이 됨을 볼 수 있으며 이는 Lagrange 다항식의 특성이다.

주어진 데이터에 대한 2차 Lagrange 보간식은 다음과 같이 구할 수 있다.

$$f(x) = L_0(x)y_0 + L_1(x)y_1 + L_2(x)y_2$$
$$= \frac{1}{2}(x-1)(x-2) - 3x(x-2) + x(x-1) \tag{30.7}$$

그림 30.2에서는 데이터와 Lagrange 다항식이 함께 가는 모습을 보여주고 있다.

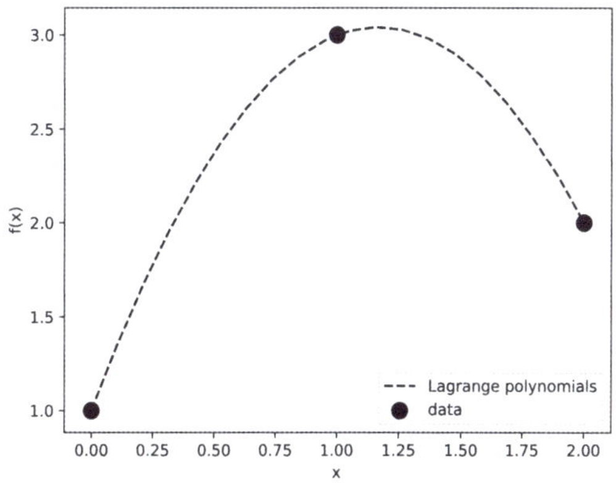

그림 30.2 2차 Lagrange 보간다항식과 데이터

30.3 요약

- Lagrange 다항식은 일반적으로 다량의 데이터보다는 특별한 경우에 국한되어 사용되는 경우가 많다.
- Lagrange 다항식은 Newton-Cotes 적분공식을 유도할 때 유용하게 사용된다.
- Lagrange 다항식은 유한요소법의 형상함수 등을 정의할 때 사용된다.

제Ⅶ편

적분과 미분

(Calculus)

31장

사다리꼴 적분공식

31.1 수치적분

수치적분 (Numerical Integration)은 함수에 대한 적분을 해석적 방법이 아닌 수치해석적인 방법으로 수행하는 것을 의미하며 본서에서는 적분구간이 정해져 있는 정적분에 대해서만 설명하기로 한다. 본격적인 수치해석에 대한 언급은 1915년 David Gibb의 저서[1] "A Course in Interpolation and Numeric Integration for the Mathematical Laboratory" 에서 비롯되었다. 수치적분이 사용되는 형태는 두 가지로 나누어 질 수 있다. 첫 번째는 함수에 대한 적분이며 다른 하나는 적분할 대상이 데이터로 주어지는 경우이다.

$$I = \int_a^b f(x)dx \tag{31.1}$$

이 식에서 적분을 수행하기 위해서는 적분항을 수치해석 알고리즘을 사용하여 근사화시켜야 한다. 대부분의 수치적분 공식은 앞에서 살펴보았던 보간 함수를 사용하여 유도될 수 있으며 Newton-Cotes 공식은 이러한 다양한 형태의 적분공식을 도출하는데 있어서 중추적인 역할을 한다. 이번 장에서 수치적분에 대한 내용은 다음과 같이 두 가지 종류로 나누어 설명하기로 한다.

1) https://en.wikipedia.org/wiki/Numerical_integration

- **Newton–Cotes 적분공식** Lagrange 보간 다항식을 사용하여 근사 공식을 구하는 방법.
- **Gauss 적분공식** 적분점과 그에 대응하는 가중치의 곱에 대한 합으로 근사 공식을 구하는 방법.

수치적분 편에서는 사다리꼴 공식, Simpson 공식과 Gauss 구적법 (Gaussian Quadrature)을 차례로 소개하기로 한다. Newton–Cotes 적분공식을 사용하여 사다리꼴 공식과 Simpson 공식을 도출하였으며 Gauss 구적법은 적분점과 가중치의 관계식으로 정의된다.

31.2 사다리꼴 적분공식: 해설

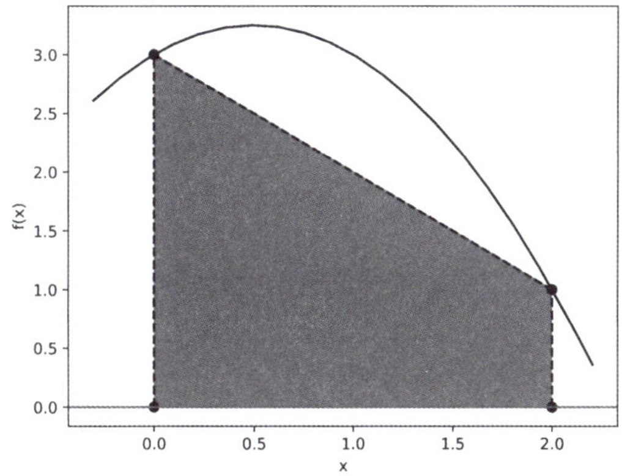

그림 31.1 적분대상 함수 $f(x)$ 와 사다리꼴 적분공식 $(n = 1)$ 에 의해 표시된 적분영역

수치적분을 사용하는 실제적인 이유 중의 하나는 복잡한 함수를 적분하는 과정을 근사 공식을 사용해서 수행하고자 하는 것이다. Newton–Cotes 적분공식은 피적분 함수 $f(x)$ 를 Lagrange 보간 함수로 다음과 같이 대체하는 것으로 부터 시작된다.

$$\begin{aligned} T \equiv \int_a^b f(x)dx &\approx \int_a^b \left[L_0(x)f(x_0) + L_1(x)f(x_1)\right]dx \\ &= \int_a^b \left[\frac{x-x_1}{x_0-x_1}f(x_0) + \frac{x-x_0}{x_1-x_0}f(x_1)\right]dx \\ &= \frac{h}{2}\left[f(x_0)+f(x_1)\right] \end{aligned} \tag{31.2}$$

여기서 $a = x_0$, $b = x_1$, $h = b - a$ 으로 놓았으며 T 는 함수에 대한 적분의 근사값을 의미한다. 위 식은 그림 31.1에서 보는 바와 같이 구간 사이에 있는 직선의 아래 부분이 만드는 면적, 즉, 사다리꼴의 면적을 구하는 개념으로 진행되므로 사다리꼴 적분공식 (trapezoidal rule)이라고 한다. 그러므로 사다리꼴 적분공식은 Lagrange 선형보간식을 사용하여 유도된 식으로 볼 수 있다.

이번에는 다음에 주어진 함수에 대하여 사다리꼴 적분공식을 사용하여 적분을 수행하는 내용을 설명하기로 한다.

$$I = \int_{-1}^{1} \frac{x^2 e^{-x}}{\sqrt{1+x^2}}dx \tag{31.3}$$

여기서 $x_0 = -1$, $x_1 = 1$ 로 놓고 사다리꼴 적분공식에 필요한 데이터를 다음과 같이 정리한다.

x	-1	1
$f(x)$	1.9221	0.2601

여기서 $f(-1) = 1.9221$, $f(1) = 0.2601$ 이다. 주어진 데이터를 식 (31.2)에 대입하면 다음과 같은 결과를 얻게된다.

$$T = \frac{2}{2}\left[f(-1)+f(1)\right] = 2.1822 \tag{31.4}$$

그런데 실제 적분값은 0.6958 이므로 수치적분의 결과는 너무 큰 오차를 갖는데 그 이유는 이 식에서는 단 하나의 구간만 고려하였으므로 구간의 크기가 $h=1-(-1)=2$ 이다. 따라서 보다 정확한 적분값을 얻기 위해서 구간의 크기를 줄여서 더 많은 수의 구간을 적용하는 방법을 사용하며 필요한 과정을 다음 절에서 설명하기로 한다.

31.3 조합 사다리꼴 적분공식: 해설

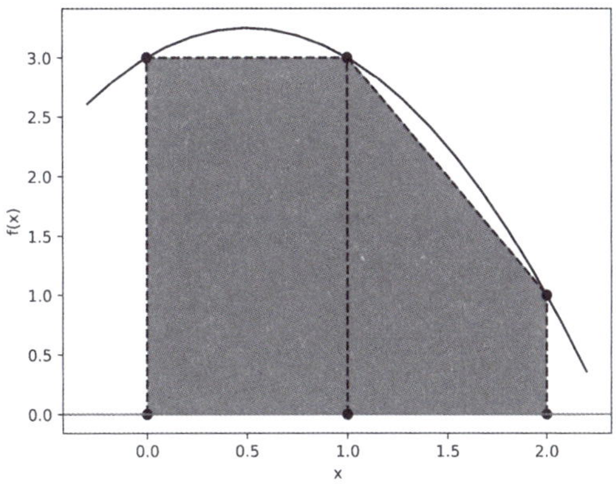

그림 31.2 적분대상 함수 $f(x)$ 와 사다리꼴 적분공식 $(n=2)$ 에 의해 표시된 적분영역

사다리꼴 적분공식: 해설절에서 살펴본 바와 같이 전체 적분의 영역에 대하여 하나의 구간으로만 수치적분을 수행하면 큰 오차가 발생되었다. 그림 31.2을 보면 그림 31.1 에서 보다 구간을 하나 더 추가하여 구간의 크기를 1/2로 줄이고 구간의 개수는 2개로 증가 시켰을 때 원래 곡선아래의 면적과 2개의 사다리꼴이 만드는 면적이 더 비슷해져 있음을 볼 수 있다. 그러므로 가능하다면 다수의 구간으로 나누어 수치적분을 수행하는 것이 바람직하다. 적분영역 $a \le x \le b$ 을 n 개의 구간으로 나누면 구간의 크기는 $h=(b-a)/n$ 이 된다. 다수의 구간에 대한 적분은 다음과 같이 쓸 수 있다.

$$I=\int_a^b f(x)dx=\int_{x_0}^{x_1} f(x)dx+\int_{x_1}^{x_2} f(x)dx+\cdots \tag{31.5}$$

이 식에 식 (31.2)의 사다리꼴 적분공식을 대입하면 다음과 같은 결과를 얻게 되며 이를 조합 사다리꼴 적분공식(composite trapezoid rule)이라고 한다.

$$
\begin{aligned}
T \equiv \int_a^b f(x)dx &= \frac{h}{2}\left[f(x_0) + f(x_1)\right] + \frac{h}{2}\left[f(x_1) + f(x_2)\right] + \cdots \\
&= \frac{h}{2}\left[f(x_0) + 2f(x_1) + 2f(x_2) + \cdots + f(x_n)\right] \\
&= \frac{h}{2}\left[f_(x_0) + 2\sum_{i=1}^{n-1} f(x_i) + f(x_n)\right] \qquad (31.6)
\end{aligned}
$$

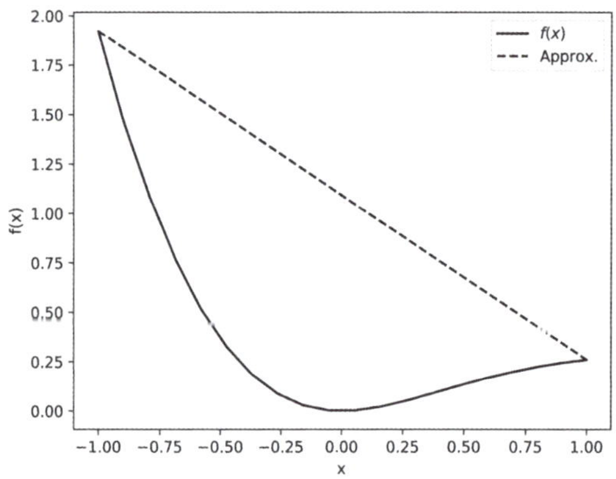

그림 31.3 적분대상 함수 $f(x)$ 와 사다리꼴 적분공식 $n = 1$ 에 의해 표시된

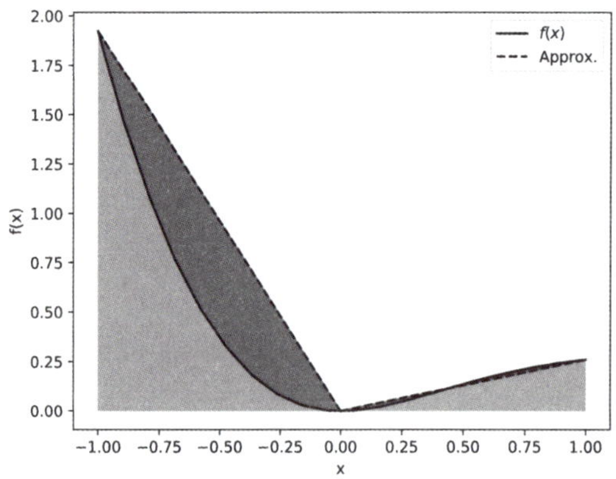

그림 31.4 적분대상 함수 $f(x)$ 와 사다리꼴 적분공식 $n = 2$ 에 의해 표시된 적분영역

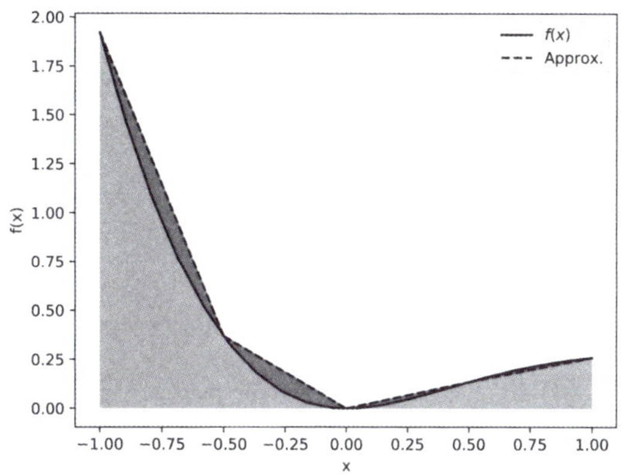

그림 31.5 적분대상 함수 $f(x)$ 와 사다리꼴 적분공식 $n=4$ 에 의해 표시된 적분영역

사다리꼴 적분공식을 사용해서 수치적분을 수행함에 있어서 식 (31.6)에서 보는 바와 같이 구간의 간격을 조절함으로써 보다 높은 정확도를 가진 결과를 얻을 수 있다. 예를 들어, 다음의 적분을 수행하고자 할 때 구간의 크기를 $b-a=1-(-1)=2$ 로 하면 전체 적분 영역을 하나의 구간으로 하여 계산을 수행하는 것이다.

$$I=\int_{-1}^{1}\frac{x^2e^{-x}}{\sqrt{1+x^2}}dx \tag{31.7}$$

식 (31.6)에서 사다리꼴 적분공식을 T 로 표시하면 수치적분에서의 오차 ϵ 는 다음과 같이 정의된다.

$$\mathcal{E}=\int_a^b f(x)dx-\frac{h}{2}\left[f(x_0)+2\sum_{i=1}^{n-1}f(x_i)+f(x_n)\right]=I-T \tag{31.8}$$

이 식에서 오차를 줄이기 위해서 조절할 수 있는 부분은 얼마나 많은 구간을 사용하는가에 달려있다. 수치적분에서 사용한 구간의 수가 적분결과의 정확도에 미치는 영향을 알아보기 위해서 $n=1,2,4$ 일 때 결과를 그림 31.3부터 31.5까지에서 도시하였다.

그림 31.3은 $n=1$ 일 때의 적분대상 함수 $f(x)$ 와 사다리꼴 적분공식 T 에 의해서

각각 형성된 곡선 아래 면적을 비교하여 그린 것이다. 짙은 색으로 되어있는 공간은 함수 $f(x)$ 와 적분공식 T 의 사이에서 발생되는 면적의 차이가 되며 이는 수치적분에서의 오차로 간주된다. 만일 단 하나의 구간만으로 수치적분을 수행하면 큰 오차가 나타남을 그림 31.3에서 명확하게 확인할 수 있다. 그림 31.4에서는 적분 구간을 2개 ($n=2$)로 나누어 조합 적분공식을 사용하여 적분을 수행하는 과정을 보였으며 $n=1$ 일 때 결과보다 오차면적이 대폭적으로 줄어든 것을 볼 수 있다. 마지막으로 적분 구간을 4개 ($n=4$) 로 하여 (31.6) 의 조합 적분공식을 사용하여 적분을 수행하는 과정을 그림 31.5에서 보였으며 $n=4$ 일 때가 $n=1,2$ 일 때의 결과보다 실제값과 훨씬 근접하게 되었음을 확인 할 수 있다.

31.4 조합 사다리꼴 적분공식: 코딩

프로그램은 조합 사다리꼴 적분공식을 구현한 것이다. 계산수행에 필요한 수학함수들을 Numpy 라이브러리에서 from numpy import exp,sqrt 로 불러오고 있다. 예제로는 식 (31.7)를 사용하였으며 프로그램 내에서 함수 $f(x)$ 로 정의하였다. 사다리꼴 적분공식에 대한 알고리즘은 함수 trapezoidal(f,a,b,n) 이다. 여기서 필요한 입력사항은 적분할 함수 f, 적분구간 a, b, 그리고 구간의 개수 $n=512$ 이다. trapezoidal 함수는 사다리꼴 적분공식에서 정하는 계산을 수행한 후 결과를 trap 에 저장하여 반환한다.

```
from numpy import exp,sqrt

def trapezoidal(f,a,b,n):
    h = (b-a)/n
    trap = 0.0
    for i in range(1,n):
        x = a + i*h
        trap = trap + 2.0 * f(x)
```

```
        trap = h * (f(a) + trap + f(b)) / 2.0
        return trap

    def f(x):
        return x**2 * exp(-x)/sqrt(1.0 + x**2)
    a = -1.0
    b = 1.0
    n = 512
    T = trapezoidal(f,a,b,n)
    print('T = %8.4f' % T)
```

프로그램의 실행 결과는 다음과 같다.

```
T =    0.6958
```

31.5 조합 사다리꼴 적분공식: 오차

표 31.1 의 예제를 대상으로 한 사다리꼴 적분공식으로 얻은 결과(T)와 적분구간의 수(n)의 관계

n	T	ε
1	2.1822	213.6416
2	1.0911	56.8208
4	0.7977	14.6497
8	0.7214	3.6864
16	0.7022	0.9231
32	0.6974	0.2309
64	0.6962	0.0577
128	0.6959	0.0144
256	0.6958	0.0036
512	0.6958	0.0009

사다리꼴 적분공식에서 오차를 줄이기 위해서는 적분영역을 보다 잘게 나누어 구간의 개수를 증가 시키는 방법을 사용하게 된다. 즉, $h=(b-a)/n$ 에서 구간의 개수

n 이 클수록 구간의 크기는 작아짐을 알 수 있다. 사다리꼴 적분공식은 선형보간식을 근간으로 하여 유도된 공식이므로 복잡한 형상을 가지는 함수에 대해서는 수렴속도가 느릴 수밖에 없다. 표 31.1에서는 구간의 개수를 1 부터 512개까지로 2의 지수형태로 증가시켰을 때 사다리꼴 적분공식의 오차의 감소에 대한 기록을 제공하고 있다. $n=1$ 일 때의 각 구간의 크기는 $h=(b-a)/n=2$ 이며 $n=512$ 일 때는 $h=0.0039$ 이며 구간 수의 증가에 따라 오차가 점진적으로 줄어드는 경향을 명확하게 확인 할 수 있다. 표 31.1에서 상대오차는 다음과 같이 계산되었다.

$$\varepsilon = \left| \frac{I-T}{I} \right| \times 100 \tag{31.9}$$

한편, 사다리꼴 적분공식에서의 수학적인 절단오차는 다음과 같이 주어진다.

$$\mathcal{E} = I - T = -\frac{(b-a)}{12} h^2 f''(\xi) = -\frac{(b-a)^3}{12n^2} f''(\xi) \tag{31.10}$$

사다리꼴 적분공식에서의 오차를 가늠하는 위 식에서 구간의 개수를 2배로 늘이면 대략적으로 1/4 정도로 오차가 줄어드는 것으로 이해할 수 있다.

31.6 요약

- 사다리꼴 적분공식은 수치적분 중에서 가장 간단한 형태의 방식이며 1차 Lagrange 다항식을 사용한 적분공식에 해당한다.
- 사다리꼴 적분공식에서의 오차를 줄이는 방법은 구간의 수를 증가시키는 것이다.
- 사다리꼴 적분공식에서는 선형보간법을 근간으로 하고 있으므로 복잡한 형상을 가지는 함수에 대하여는 상대적으로 오차가 크게 나올 수 있다.

31.7 과제

1. 조합 사다리꼴 적분공식을 이용하여 다음의 적분을 수행하시오.

$$\int_0^1 x^4 dx$$

2. 조합 사다리꼴 적분공식을 이용하여 다음의 적분을 수행하시오. .

$$\int_0^1 2x^3 dx$$

3. 조합 사다리꼴 적분공식을 이용하여 다음의 적분을 수행하시오.

$$\int_1^2 \frac{1}{x} dx$$

4. 조합 사다리꼴 적분공식을 이용하여 다음의 적분을 수행하시오.

$$\int_0^1 e^{-2x} dx$$

5. 조합 사다리꼴 적분공식을 이용하여 다음의 적분을 수행하시오.

$$\int_0^6 \sin(x^3) dx$$

6. 조합 사다리꼴 적분공식을 이용하여 다음의 적분을 수행하시오.

$$\int_1^2 \sqrt{1+x^2} dx$$

7. 조합 사다리꼴 적분공식을 이용하여 다음의 적분을 수행하시오.

$$\int_0^3 e^{-x}\cos(x)dx$$

8. 조합 사다리꼴 적분공식을 이용하여 다음의 적분을 수행하시오.

$$\int_0^6 x\sin(x)dx$$

9. 조합 사다리꼴 적분공식을 이용하여 다음의 적분을 수행하시오.

$$\int_1^2 \frac{\sin(x)}{x}dx$$

10. 조합 사다리꼴 적분공식을 이용하여 다음의 적분을 수행하시오.

$$\int_1^3 \left(x+\frac{1}{x}\right)^2 dx$$

32장

Simpson 적분공식

32.1 Simpson 적분공식: 해설

앞에서 사다리꼴 적분방식에서는 적분값의 정확도를 높이기 위해서 적분영역을 많은 구간으로 나누어 수행하였다. 다른 방법은 적분의 근사공식을 유도할 때 높은 차수의 보간 함수를 사용하는 것이다. Simpson 적분공식은 2차 Lagrange 보간 다항식을 사용하여 적분을 근사화시키는 방법으로 유도된다. 2차 Lagrange 보간식을 사용하여 적분을 수행하면 다음과 같다.

$$\begin{aligned} I &= \int_a^b f(x)dx \\ &\approx \int_a^b \left[\frac{(x-x_1)(x-x_2)}{(x_0-x_1)(x_0-x_2)} f(x_0) + \frac{(x-x_0)(x-x_2)}{(x_1-x_0)(x_1-x_2)} f(x_1) + \frac{(x-x_0)(x_2-x_0)}{(x_1-x_0)(x_2-x_1)} f(x_1) \right] dx \end{aligned} \tag{32.1}$$

이 식에서 적분을 수행하고 정리하면 다음과 같은 근사적분 공식을 얻게 되며 이를 Simpson 적분공식 (Simpson's rule)이라고 한다.

$$T = \frac{h}{3}\left[f(x_0) + 4f(x_1) + f(x_2)\right] \tag{32.2}$$

여기서 T 는 Simpson 적분공식을 의미한다. 즉, Simpson 적분공식은 Newton-Cotes 적분공식의 일종이며 2차 Lagrange 보간 다항식을 사용하여 유도한 것이다.

한 번의 적분을 수행하기 위해서 사다리꼴 적분공식에서는 두 개의 데이터가 필요하나 식 (32.2)에서 볼 수 있듯이 Simpson 적분공식에서는 3개의 데이터가 필요함을 유의한다. Simpson 적분공식에서의 오차 $\mathcal{E}$ 는 다음과 같이 정의된다.

$$\mathcal{E} = I - T \tag{32.3}$$

Simpson 적분공식에서의 수학적인 절단오차는 다음과 같이 주어진다.

$$\mathcal{E} = -\frac{(b-a)^5}{2880} f^{(4)}(\xi) = -\frac{h^5}{90} f^{(4)}(\xi) \tag{32.4}$$

여기서 ξ 는 a 와b 사이에 있는 값이다.

Simpson 적분공식을 사용하여 다음의 적분에 대한 값을 구하는 내용을 설명하기로 한다.

$$I = \int_{-1}^{1} \frac{x^2 e^{-x}}{\sqrt{1+x^2}} dx \tag{32.5}$$

여기서 $x_0 = -1$, $x_1 = 0$, $x_2 = 1$ 로 놓고 Simpson 적분공식에 필요한 데이터를 다음과 같이 정리한다.

x	-1	0	1
$f(x)$	1.9221	0.0000	0.2601

주어진 데이터를 Simpson 적분식 (32.2)에 대입하면 다음과 같은 결과를 얻게된다.

$$\begin{aligned}\int_{-1}^{1} f(x)dx &= \frac{h}{3}[f(-1)+4f(0)+f(1)] \\ &= \frac{1}{3}[1.9221+4\times 0+0.2601] \\ &= 0.7274\end{aligned} \tag{32.6}$$

여기서 $h=(b-a)/n=1$ 이다. 실제 적분값은 $I=0.6958$ 이며 사다리꼴 적분공식에서의 결과 2.1822와 비교해 볼 때 현저한 개선을 보이고 있다. Simpson 적분공식에서도 구간의 크기를 줄여서 적용하면 더욱 정확한 적분값을 얻을 수 있다. 다음 절에서는 조합 Simpson 적분공식에 대한 설명을 하기로 한다.

32.2 조합 Simpson 적분공식: 해설

적분영역 $a \le x \le b$ 을 n 개의 구간으로 나누면 구간의 크기는 $h=(b-a)/n$ 이 된다. 다수의 구간에 대한 적분은 세 점씩 묶어서 표현하면 다음과 같이 쓸 수 있다.

$$I=\int_{a}^{b} f(x)dx=\int_{x_0}^{x_2} f(x)dx+\int_{x_2}^{x_4} f(x)dx+\cdots \tag{32.7}$$

이 식에 식 (32.2)의 Simpson 적분공식을 대입하면 다음과 같은 결과를 얻게 되며 이를 조합 Simpson 적분공식(Composite Simpson's rule)이라고 한다.

$$\begin{aligned}T &= \frac{h}{3}[f(x_0)+4f(x_1)+f(x_2)]+\frac{h}{3}[f(x_2)+4f(x_3)+f(x_4)]+\cdots \\ &= \frac{h}{3}[f(x_0)+4f(x_1)+2f(x_2)+4f(x_3)+f(x_4)]+\cdots\end{aligned} \tag{32.8}$$

이 식을 일반화 시키면 다음과 같은 결과를 얻게 된다.

$$T = \frac{h}{3}\left[f(x_0) + 4\sum_{i=1,3,5}^{n-1} f(x_i) + 2\sum_{j=2,4,6}^{n-2} f(x_j) + f(x_n)\right] \tag{32.9}$$

이 식에서 유의해야 할점은 구간의 시작과 끝점에서의 값을 제외하고 중간에 들어오는 값들은 홀수인 경우에는 4를 곱하고 짝수인 경우는 2를 곱하여 처리한다는 것이다.

32.3 조합 Simpson 적분공식: 코딩

```
from numpy import exp,sqrt

def simpson(f,a,b,n):
    h = (b-a)/n
    simp = 0.0
    for i in range(1,n):
        x = a + i*h
        if (i%2 == 1):
            simp = simp + 4.0*f(x)
        else:
            simp = simp + 2.0*f(x)
    simp = h*(f(a) + simp + f(b))/3.0
    return simp

def f(x):
    return x**2*exp(-x)/sqrt(1.0 + x**2)

a = -1.0
b = 1.0
n = 128
T = simpson(f,a,b,n)
print('T = %8.4f' % T)
```

프로그램은 조합 Simpson 적분공식을 구현한 것이다. 계산수행에 필요한 Numpy 라이브러리를 from numpy import exp,sqrt 로 불러오고 있다. 예제로는 식 (32.5)를 사용하였으며 프로그램 내에서 함수 $f(x)$ 로 정의하였다. Simpson 적분공식 알고리즘은 함수 simpson(f,a,b,n) 로 만들어 놓았다. 여기서 필요한 입력사항은 적분할 함수 $f(x)$, 적분구간 a, b, 그리고 구간의 개수 n 이다. 식 (32.9)에서 표현하는 홀수와 짝수의 순서에 해당하는 값들을 구분하기 위해서 프로그램에서는 i%2 == 1 이라는 기법을 사용하였다. 즉, i%2 에서는 i 가 홀수일 때는 1, 짝수일 때는 0의 값을 갖게 되므로 if ~ else 조건을 걸어서 홀짝구분을 할 수 있게 한 것이다. simpson 함수는 계산을 수행한 후 결과를 simp 에 저장하여 반환한다. 한 가지 유의할 점은 Simpson 적분공식에서는 구간의 개수를 반드시 짝수로 하여 입력해야 한다는 것이다. 프로그램의 실행 결과는 다음과 같다.

```
T =    0.6958
```

32.4 조합 Simpson 적분공식: 오차

Simpson 적분공식에서도 오차를 줄이기 위해서는 적분영역을 보다 잘게 나누어 구간의 갯수를 증가시키는 방법을 사용하게 된다. 즉, $h=(b-a)/n$ 에서 구간의 개수 n 이 클수록 구간의 크기는 작아짐을 알 수 있다. Simpson 적분공식은 2차 보간식으로 유도된 공식이므로 1차 보간식을 사용한 사다리꼴 적분공식에 비하여 더 좋은 결과를 기대할 수 있다. 표 32.1에서는 구간의 개수를 2 부터 512개까지로 2의 지수형태로 증가 시켰을 때의 Simpson 적분공식의 성능을 보여주고 있다. $n=2$ 일 때의 각 구간의 크기는 $h=(b-a)/n=1$ 이며 $n=512$일 때는 h=0.0039 이다. 구간의 개수의 증가에 따라 사다리꼴 적분공식의 결과에 비하여 오차가 매우 빠른 속도로 줄어드는 경향을 명확하게 확인 할 수 있다. 표 32.1에서의 상대오차는 사다리꼴 적분공식의 예와 같은 방법으로 계산되었다.

표 32.1 식 (32.5)의 예제를 대상으로 한 Simpson 적분공식으로 얻은 결과 (T) 와 적분구간의 수 (n) 의 관계

n	T	ε
1	-	-
2	0.7274	4.5472
4	0.6999	0.5927
8	0.6960	0.0320
16	0.6958	0.0020
32	0.6958	0.0001
64	0.6958	0.0000
128	0.6958	0.0000
256	0.6960	0.0000
512	0.6960	0.0000

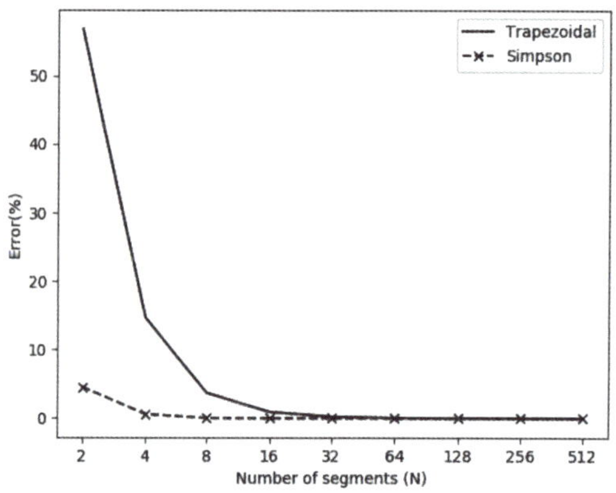

그림 32.1 식 (32.5)에 적용한 사다리꼴 적분 공식과 Simpson 공식의 적분 결과 오차 비교

32.5 요약

- Simpson 적분공식은 2차 Lagrange 다항식을 사용하여 적분식을 근사시킨 Newton–Cotes 적분공식에 속한다.
- 사다리꼴 공식에 비해서 더 정확한 적분값을 제공한다.
- 기본적으로 짝수 개수의 구간에서만 작용하므로 구간의 개수가 맞지 않을 때에는 사다리꼴 공식으로 보충하여야 한다.

32.6 과제

1. 조합 Simpson 적분공식을 이용하여 다음의 적분을 수행하시오.

$$\int_0^1 x^4 dx$$

2. 조합 Simpson 적분공식을 이용하여 다음의 적분을 수행하시오.

$$\int_0^1 2x^3 dx$$

3. 조합 Simpson 적분공식을 이용하여 다음의 적분을 수행하시오.

$$\int_1^2 \frac{1}{x} dx$$

4. 조합 Simpson 적분공식을 이용하여 다음의 적분을 수행하시오.

$$\int_0^1 e^{-2x} dx$$

5. 조합 Simpson 적분공식을 이용하여 다음의 적분을 수행하시오.

$$\int_0^6 \sin(x^3) dx$$

6. 조합 Simpson 적분공식을 이용하여 다음의 적분을 수행하시오.

$$\int_1^2 \sqrt{1+x^2} dx$$

7. 조합 Simpson 적분공식을 이용하여 다음의 적분을 수행하시오.

$$\int_0^3 e^{-x}\cos(x)dx$$

8. 조합 Simpson 적분공식을 이용하여 다음의 적분을 수행하시오.

$$\int_0^6 x\sin(x)dx$$

9. 조합 Simpson 적분공식을 이용하여 다음의 적분을 수행하시오.

$$\int_1^2 \frac{\sin(x)}{x}dx$$

10. 조합 Simpson 적분공식을 이용하여 다음의 적분을 수행하시오.

$$\int_1^3 \left(x+\frac{1}{x}\right)^2 dx$$

33장

데이터에 대한 수치적분

33.1 데이터와 수치적분

앞에서 함수에 대한 수치적분을 수행하는 내용을 학습하였으나 실제로는 데이터를 대상으로 하는 적분이 필요할 때가 종종 있다. 실험실이나 연구실에서 나오는 자료는 데이터 형태로 나오기 때문에 이를 적절하게 처리하며 필요한 정보를 얻고 현상에 대한 모델을 세우는 것이 일반적인 과정이기 때문이다. 그러므로 데이터에 대한 적분을 수행하는 과정에 대한 내용을 언급하는 것이 필요하다고 생각된다. 손으로 계산하는 부분은 앞에서 충분하게 학습하였으므로 여기서는 코딩 중심으로 필요한 프로그램에서의 수정사항을 설명하기로 하며 다음과 같은 세 가지의 주제를 다루고자 한다.

- 데이터에 대한 사다리꼴 수치적분
- 데이터에 대한 Simpson 수치적분
- 등 간격이 아닌 데이터에 대한 수치적분 방법

33.2 데이터에 대한 사다리꼴 수치적분: 코딩

데이터에 대한 수치적분은 함수에 대한 적분과 동일하나 프로그램으로 실행하기 위해서는 약간의 수정이 필요하다. 데이터가 다음과 같이 주어진 경우의 수치적분에 대해서 알아보기로 한다.

x	1	2	3	4	5
$f(x)$	1	4	9	16	25

여기서 자료가 함수로 주어진 것은 아니나 개념상의 편의를 위해서 자료의 값을 $f(x)$ 로 표시하였다. 구간의 크기는 $h=1$ 이며 데이터의 개수는 5개이므로 전체 영역에서 사다리꼴 적분공식을 4번 수행해야 함을 알 수 있다. 식으로 표시하면 다음과 같다.

$$I = \int_a^b f(x)dx = \int_1^2 f(x)dx + \int_2^3 f(x)dx + \cdots \tag{33.1}$$

이 식에 식 (31.6)의 사다리꼴 적분공식을 대입하여 정리하면 다음과 같다.

$$\begin{aligned} T &= \frac{h}{2}[f(1) + 2 \times (f(2) + f(3) + f(4)) + f(5)] \\ &= \frac{1}{2}[1 + 2 \times (4 + 9 + 16) + 25] = 42 \end{aligned} \tag{33.2}$$

이 과정을 코딩한 결과가 다음의 수치적분 프로그램이다.

```
from numpy import array

def trapezoidal_data(x,y):
    nm = len(x) - 1
    h = (x[nm]-x[0])/(nm)
    trap = 0.0
    for i in range(1,nm):
        trap = trap + y[i]
    trap = h * (y[0] + 2.0 * trap + y[nm])/2.0
    return trap

x = array([1,2,3,4,5])
```

```
y = array([1,4,9,16,25])
T = trapezoidal_data(x,y)
print('T = %8.4f' % T)
```

표에서 주어진 데이터를 배열형태로 사용할 것이므로 from numpy import array 와 같이 선언하여 Numpy에서 array 함수를 불러온다. 프로그램을 실행하면 결과는 다음과 같다.

```
T =  42.0000
```

33.3 데이터에 대한 Simpson 수치적분: 코딩

이번에는 앞절에서의 표에서 주어진 데이터를 사용하여 Simpson 적분공식으로 수치적분 하는 방법을 알아보기로 한다. Simpson 적분공식에서는 한 번에 데이터를 3개씩 사용하여 계산하게 된다. 따라서 구간의 크기는 $h = 1$ 이며 데이터의 개수는 5개이므로 전체영역에서 Simpson 적분공식을 2번 수행해야 함을 알 수 있으며 다음과 같이 표시된다.

$$I = \int_a^b f(x)dx = \int_1^3 f(x)dx + \int_3^5 f(x)dx + \cdots \tag{33.3}$$

이 식에 식 (31.6)의 Simpson 적분공식을 대입하여 정리하면 다음과 같다.

$$\begin{aligned} T &= \frac{h}{3}[f(1) + 2 \times (f(2) + f(4)) + 4 \times f(3) + f(5)] \\ &= \frac{1}{3}[1 + 4 \times (4 + 16) + 2 \times 9 + 25] = 41.3333 \end{aligned} \tag{33.4}$$

이 과정을 코딩한 결과가 다음의 수치적분 프로그램이다.

```
from numpy import array

def simpson_data(x,y):
    nm = len(x) -1
    h = (x[nm] - x[0])/nm
    simp = 0.0
    for i in range(1,nm):
        if (i % 2) == 1:
            simp = simp + 4.0 * y[i]
        else:
            simp = simp + 2.0 * y[i]
    simp = h * (y[0] + simp + y[nm])/3.0
    return simp

x = array([1,2,3,4,5])
y = array([1,4,9,16,25])
T = simpson_data(x,y)
print('T = %8.4f' % T)
```

프로그램에서 데이터를 배열형태로 사용할 것이므로 from numpy import array와 같이 선언하여 Numpy에서 array 함수를 불러온다. Simpson 적분공식에서는 짝수와 홀수에 따라 다른 식이 적용되는 데 이를 구분하기 위해서 i₩%2 기법을 사용하였으며 그 결과가 1이면 홀수, 0이면 짝수로 된다. 프로그램을 실행하면 결과는 다음과 같다.

```
T =  41.3333
```

33.4 등 간격이 아닌 데이터에 대한 수치적분: 코딩

지금까지 살펴보았던 수치적분은 기본적으로 구간의 간격이 모두 같다는 사실에 기반을 둔 것이다. 그러나 실제 실험이나 관측 자료에서는 데이터가 등 간격으로 주어지지 않는 경우가 더 많다. 만일 다음의 표에서 보는 것처럼 데이터의 간격이 동일하게 주어지지 않는다면 수치적분 공식을 그대로 적용할 수는 없다. 그러므로 구간이 달라지는 것을 반영하여 수치적분 공식을 수정하여 사용하여야 한다. 데이터에 대한 적분은 다음과 같이 구간별로 나누어 표시할 수 있다.

x	1	2	4	7	8
$f(x)$	1	4	16	49	64

$$I = \int_1^8 f(x)dx = \int_1^2 f(x)dx + \int_2^4 f(x)dx + \int_4^7 f(x)dx + \cdots \tag{33.5}$$

등간격이 아닌 데이터에 대한 사다리꼴 적분공식은 다음과 같다.

$$T = \frac{h_1}{2}[f(1) + f(2)] + \frac{h_2}{2}[f(2) + f(4)] + \frac{h_3}{2}[f(4) + f(7)] + \cdots \tag{33.6}$$

여기서

$$\begin{aligned} h_1 &= x_1 - x_0 = 2 - 1 = 1 \\ h_2 &= x_2 - x_1 = 4 - 2 = 2 \\ h_3 &= x_3 - x_2 = 7 - 4 = 3 \\ h_4 &= x_4 - x_3 = 8 - 7 = 1 \end{aligned} \tag{33.7}$$

따라서 식 (33.6)으로부터 적분결과는 다음과 같이 주어진다.

$$\begin{aligned} T &= \frac{1}{2}(1+4) + \frac{2}{2}(4+16) + \frac{3}{2}(16+49) + \frac{1}{2}(49+64) \\ &= 176.5 \end{aligned} \tag{33.8}$$

```
from numpy import array

def trapezoidal_non(x,y):
    nm = len(x)-1
    trap = 0.0
    for i in range(nm):
        h = x[i+1] - x[i]
        trap = trap + h * (y[i+1] + y[i])/2.0
    return trap

x = array([1,2,4,7,8])
y = array([1,4,16,49,64])

T = trapezoidal_non(x,y)
print('T = %8.4f' % T)
```

등 간격이 아닌 데이터로 주어지는 경우는 구간의 간격을 매번 따로 계산해서 반영해야 한다. 프로그램에서는 h = x[i+1] − x[i] 로 구간 간격을 계산하도록 하였고, 전체 공식에서도 trap = trap + h*(fx[i+1]+fx[i])/2.0 로 수정하여 매번 변하는 구간의 크기가 반영되도록 하였다. 프로그램을 실행시킨 결과는 다음과 같다.

```
T = 176.5000
```

33.5 요약

- 수치해석의 문헌에서는 주로 함수에 대한 적분이 다루어지는 데 비해서 실제로는 데이터에 대한 적분을 수행해야 할 경우가 많다.
- 데이터에 대한 적분도 함수의 경우와 마찬가지로 다양한 적분공식을 사용해서 적분값을 얻을 수 있다.
- 구간에서 함수값이 연속적으로 주어지는 함수의 경우와 달리 데이터는 이산적인

값을 얻을 수밖에 없으므로 적분값에 대한 정확도를 개선하기가 어려운 점이 있다.

33.6 과제

1. 사다리꼴 적분공식을 이용하여 다음에 주어진 데이터에 대한 적분을 수행하시오.

x	1	2	3	4	5
$f(x)$	1.1	3.2	2.5	3.9	1.0

2. 사다리꼴 적분공식을 이용하여 다음에 주어진 데이터에 대한 적분을 수행하시오.

x	1	2	3	4	5	6	7	8	9
$f(x)$	1.1	3.2	2.5	3.9	1.0	5.1	4.7	3.6	2.1

3. Simpson 적분공식을 이용하여 다음에 주어진 데이터에 대한 적분을 수행하시오.

x	1	2	3	4	5
$f(x)$	1.1	3.2	2.5	3.9	1.0

4. Simpson 적분공식을 이용하여 다음에 주어진 데이터에 대한 적분을 수행하시오.

x	1	2	3	4	5	6	7	8	9
$f(x)$	1.1	3.2	2.5	3.9	1.0	5.1	4.7	3.6	2.1

5. 사다리꼴 적분공식을 이용하여 다음에 주어진 데이터에 대한 적분을 수행하시오.

x	0.3	1.4	2.7	4.3	5.1
$f(x)$	3.1	2.2	6.3	5.2	0.7

6. 사다리꼴 적분공식을 이용하여 다음에 주어진 데이터에 대한 적분을 수행하시오.

x	1.2	2.3	3.0	4.7	6.2
$f(x)$	2.8	3.7	3.6	2.5	1.7

34장

Gauss 적분법

34.1 Gauss 적분법: 해설

Gauss 적분법 (Gaussian quadrature)은 Newton–Cotes 공식을 사용한 적분과는 다른 개념을 사용하여 적분공식을 유도한다. Gauss 적분법은 다음과 같이 정의되며 기본적인 개념은 함수에 대한 적분값을 구하는데 있어서 적분점 x_i 와 가중치 w_i 의 적절한 값을 찾을 수 있다면 정확한 적분값을 구할 수 있다고 가정하는 것이다.

$$\int_{-1}^{1} f(x)dx \approx \sum_{i}^{n} w_i f(x_i) \tag{34.1}$$

식 (34.1)을 사용하여 추가되는 항의 수를 늘여가면서 Gauss 적분 공식을 유도해 보기로 한다. 먼저 $i=1$ 인 경우는 다음과 같이 쓸 수 있다.

$$\int_{-1}^{1} f(x)dx \approx w_1 f(x_1) \tag{34.2}$$

적분값이 실제값과 가장 가까울 수 있도록 미지수인 가중치 w_1 과 적분점 x_1 을 정하는 문제를 풀어야 한다. 이를 위해 $f(x)$ 의 값을 각각 $f(x)=1$ 과 $f(x)=x$ 라고 하자. 먼저 $f(x)=1$ 을 식 (34.2)에 대입하면 결과는 다음과 같다.

$$w_1 \times 1 = \int_{-1}^{1} 1 dx = 2 \tag{34.3}$$

따라서 $w_1 = 2$ 라는 결과를 얻을 수 있다. 이번에는 $f(x) = x$ 를 식 (34.2)에 대입하여 수행하면 다음과 같은 결과를 얻는다.

$$w_1 \times x_1 = \int_{-1}^{1} x dx = 0 \tag{34.4}$$

그러므로 $x_1 = 0$ 이다. 따라서 계산한 값들을 식에 대입하면 다음과 같이 1점 Gauss 적분공식 (one point Gaussian quadrature)을 얻게 된다.

$$\int_{-1}^{1} x dx = w_1 f(x_1) = 2f(0) \tag{34.5}$$

이번에는 2점 Gauss 적분 공식을 유도하기로 하며 다음과 같이 쓸 수 있다.

$$\int_{-1}^{1} f(x) dx \approx w_1 f(x_1) + w_2 f(x_2) \tag{34.6}$$

앞에서와 마찬가지로 정확한 적분값을 얻을 수 있도록 가중치 w_1, w_2 와 적분점 x_1, x_2 를 정해야 한다. 이를 위해서 $f(x) = 1, x, x^2, x^3$ 의 4개의 함수를 사용하기로 한다. 식 (34.6) 에 $f(x)$ 를 각각 대입하여 적분을 수행하면 다음과 같다.

$$\begin{aligned} w_1 + w_2 &= \int_{-1}^{1} 1 dx = 2 \\ w_1 x_1 + w_2 x_2 &= \int_{-1}^{1} x dx = 0 \\ w_1 x_1^2 + w_2 x_2^2 &= \int_{-1}^{1} x^2 dx = \frac{2}{3} \\ w_1 x_1^3 + w_2 x_2^3 &= \int_{-1}^{1} x^3 dx = 0 \end{aligned} \tag{34.7}$$

연립방정식을 풀면 $w_1 = w_2 = 1$, $x_1 = -1/\sqrt{3}$, $x_2 = 1/\sqrt{3}$ 을 구할 수 있다. 따라서 식 (34.6)의 2점 Gauss 공식을 적용하면 다음과 같다.

$$\int_{-1}^{1} f(x)dx \approx 1 \times f(-\frac{1}{\sqrt{3}}) + 1 \times f(\frac{1}{\sqrt{3}}) \tag{34.8}$$

표 34.1에서 2,3,4 점 Gauss 적분법에 사용하는 적분점과 가중치를 정리하여 보였다.

표 34.1 Gauss 적분을 위한 적분점과 가중치 ($n = 2,3,4$)

n	x_i	w_i
2	$\pm\frac{1}{\sqrt{3}}$	1
3	0	$\frac{8}{9}$
	$\pm\frac{1}{5}\sqrt{15}$	$\frac{5}{9}$
4	$\pm\frac{1}{35}\sqrt{525-70\sqrt{30}}$	$\frac{1}{36}(18+\sqrt{30})$
	$\pm\frac{1}{35}\sqrt{525+70\sqrt{30}}$	$\frac{1}{36}(18-\sqrt{30})$

다음에 주어진 적분을 2점 Gauss 적분공식으로 구하는 과정을 설명하기로 한다.

$$I = \int_{-1}^{1} \frac{x^2 e^{-x}}{\sqrt{1+x^2}} dx \tag{34.9}$$

식 (34.6)에서 2점 Gauss 적분공식에 의한 적분결과는 다음과 같이 주어진다.

$$\begin{aligned} \int_{-1}^{1} f(x)dx &\approx w_1 f(x_1) + w_2 f(x_2) \\ &= 0.6762 \end{aligned} \tag{34.10}$$

여기서 2점 Gauss 적분공식에 대한 자료는 표 34.1를 참조하면 다음과 같다.

$$
\begin{aligned}
w_1 &= 1 \\
w_2 &= 1 \\
f(x_1) &= f(-\frac{1}{\sqrt{3}}) = 0.5142 \\
f(x_2) &= f(\frac{1}{\sqrt{3}}) = 0.1620
\end{aligned} \tag{34.11}
$$

34.2 Gauss 적분: 코딩

```
from numpy import array,exp,sqrt

def gaussquad(f,n):
    if (n==4):
        # n = 4 Guassian quadrature
        wi = array([0.6521451548625461,0.6521451548625461,
                    0.3478548451374538,0.3478548451374538])
        xi = array([-0.3399810435848563,0.3399810435848563,
                    -0.8611363115940526,0.8611363115940526])
    elif (n==3):
        # n = 3 Guassian quadrature
        wi = array([0.8888888888888888, 0.5555555555555556,
                    0.5555555555555556])
        xi = array([0.0000000000000000, -0.7745966692414834,
                    0.7745966692414834])
    else:
        # n = 2 Guassian quadrature
        wi = array([1.0,1.0])
        xi = array([-0.5773502691896257,0.5773502691896257])
    gauss = 0.0
    for i in range(n):
        gauss = gauss + wi[i]*f(xi[i])
    return gauss
```

```
def f(x):
    return x**2*exp(-x)/sqrt(1.0 + x**2)

n = 2
gquad = gaussquad(f,n)
print('Gauss Quadrature = %8.4f' % gquad)
```

Gauss 적분공식은 간단한 식의 합으로 표시할 수 있으므로 프로그램으로 구현하기가 수월하다. 프로그램은 식 (34.9)의 함수에 대한 적분을 2,3,4점 Gauss 적분공식으로 구현한 것이며 gquad = gaussquad(f,n)}에서 n 값을 2,3,4로 바꾸어 가면서 결과를 살펴볼 수 있다. 또한, 2점 Gauss 적분의 결과는 다음과 같다. 한편, 표 34.2에서는 2,3,4점 Gauss 적분공식을 사용한 결과를 비교하고 있으며 적분공식의 자체의 단순함에도 불구하고 좋은 결과를 보여주고 있음을 볼 수 있다.

```
Gauss Quadrature =    0.6763
```

표 34.2 적분 (34.9)에 대하여 2,3,4점 Gauss 적분공식의 수행결과

n	$Gauss$	ε
2	0.6762	2.8024
3	0.6932	0.3667
4	0.6961	0.0507

34.3 요약

- Gauss 적분법은 간단한 형식에도 불구하고 적분값을 계산하는데 매우 높은 정확도를 보여준다.
- Gauss 적분법은 더해지는 항의 수를 조절함으로 쉽게 정확도를 조절할 수 있다.
- Gauss 적분법은 계산의 간결함으로 인해서 유한요소법 등 수치해석 관련 영역에서 널리 사용되고 있다.

34.4 과제

1. Gauss 적분법을 이용하여 다음의 적분을 수행하시오.

$$\int_{-1}^{1} x^4 dx$$

2. Gauss 적분법을 이용하여 다음의 적분을 수행하시오.

$$\int_{-1}^{1} 2x^3 dx$$

3. Gauss 적분법을 이용하여 다음의 적분을 수행하시오.

$$\int_{-1}^{1} \frac{1}{x+3} dx$$

4. Gauss 적분법을 이용하여 다음의 적분을 수행하시오.

$$\int_{-1}^{1} e^{-2x} dx$$

5. Gauss 적분법을 이용하여 다음의 적분을 수행하시오.

$$\int_{-1}^{1} \sin(x^2) dx$$

6. Gauss 적분법을 이용하여 다음의 적분을 수행하시오.

$$\int_{-1}^{1} \sqrt{1+x^2} dx$$

7. Gauss 적분법을 이용하여 다음의 적분을 수행하시오.

$$\int_{-1}^{1} e^{-x}\cos(x)dx$$

8. Gauss 적분법을 이용하여 다음의 적분을 수행하시오.

$$\int_{-1}^{1} x\sin(x)dx$$

9. Gauss 적분법을 이용하여 다음의 적분을 수행하시오.

$$\int_{-1}^{1} \frac{\sin(x)}{x}dx$$

10. Gauss 적분법을 이용하여 다음의 적분을 수행하시오.

$$\int_{-1}^{1} \frac{e^{-x}}{\sqrt{1+x^2}}dx$$

35장

수치미분 (numerical differentiation)

35.1 수치미분: 해설

수치미분 (numerical differentiation)을 수행해야 할 경우는 크게 두 가지로 볼 수 있다. 하나는 주어진 함수가 매우 복잡하여 미분을 얻기가 어려운 경우이며 다른 하나는 데이터에 대한 미분을 구해야 하는 경우이다.

함수에 대한 수치미분식을 다음에서 유도해보기로 한다. 함수 $f(x)$ 에 대한 Taylor 급수는 다음과 같이 주어진다.

$$f(x+h) = f(x) + hf'(x) + \frac{1}{2!}h^2 f''(x) + \cdots \tag{35.1}$$

이 식을 미분 $f'(x)$ 에 대하여 다시 쓰면 다음과 같다.

$$f'(x) = \frac{f(x+h) - f(x)}{h} + O(h) \tag{35.2}$$

위 식에서 $O(h)$ 의 1차 이상의 항을 모두 무시하면 다음과 같은 전방차분 공식 (forward differnce scheme)을 얻게 된다.

$$f'(x) = \frac{f(x+h) - f(x)}{h} \tag{35.3}$$

한편, $f(x)$ 에 대하여 다음과 같이 후방 Taylor 급수로 전개할 수 있다.

$$f(x-h) = f(x) - hf'(x) + \frac{1}{2!}h^2 f''(x) - \cdots \tag{35.4}$$

전방차분 공식의 유도때와 마찬가지로 h 의 1차 이상의 항을 무시하고 미분항에 대하여 쓰면 다음과 같이 후방차분 공식 (backward difference formula)을 얻게 된다.

$$f'(x) = \frac{f(x) - f(x-h)}{h} \tag{35.5}$$

전방차분 공식과 후방차분 공식은 오차는 $O(h)$ 로 주어진다. 보다 정확한 미분값을 구할 필요가 있을 때에는 중앙차분 공식을 다음과 같이 유도한다. 식 (35.1)에서 식 (35.4)을 빼면 다음과 같은 결과를 얻는다.

$$f(x+h) - f(x-h) = 2hf'(x) + O(h^2) \tag{35.6}$$

결과에서 보는 바와 같이 이렇게 함으로써 수치미분의 정확도를 $O(h^2)$ 로 올릴 수 있었다. 위 식에서 미분 $f'(x)$ 에 대하여 정리하면 다음과 같이 1차 미분에 대한 중앙차분 공식 (central difference scheme)을 얻게 된다.

$$f'(x) = \frac{f(x+h) - f(x-h)}{2h} \tag{35.7}$$

1차 미분 공식은 기본적으로 전방차분, 후방차분, 그리고 중앙차분으로 구분되며 정리하면 다음과 같다.

$$f'(x) = \frac{f(x+h) - f(x)}{h} \qquad \text{forward difference}$$
$$f'(x) = \frac{f(x) - f(x-h)}{h} \qquad \text{backward difference}$$
$$f'(x) = \frac{f(x+h) - f(x-h)}{2h} \qquad \text{central difference} \qquad (35.8)$$

이번에는 2차 미분공식을 구하는 과정을 알아보기로 한다. 식 (35.1)에 식 (35.4)을 더하면 다음과 같다.

$$f(x+h) + f(x-h) = 2f(x) + h^2 f''(x) + O(h^2) \qquad (15.9)$$

2차 미분항에 대하여 정리하면 다음과 같이 2차 미분에 대한 중앙차분 공식을 얻게 된다.

$$f''(x) = \frac{f(x+h) - 2f(x) + f(x-h)}{h^2} \qquad (15.10)$$

유의할 점은 수치미분의 형식은 유일하지 않으며 많은 변종이 존재한다는 점이다. 본서에서는 가장 기본적인 수치해석의 방정식을 중심으로 소개하였으며 더 관심이 있는 독자들은 관련 문헌을 참고할 것을 권한다.

35.2 수치미분: 함수에 대한 1차 미분

다음에 주어진 함수들에 대한 수치미분을 수행해 보기로 한다.

- $f(x) = x^3 - 2x^2 + 3x - 1$
- $f'(x) = 3x^2 + 4x + 3$
- $f''(x) = 6x - 4$

주어진 함수에 대하여 $x = 0.5$ 에서의 1차 미분값과 2차 미분값을 수치미분으로 구하는 방법을 살펴보기로 한다. 그리고 1차 미분값은 식 (35.8)에서 전방, 후방 그리고 중앙차분 공식을 사용하여 계산하기로 한다. $h = 0.25$ 하여 계산에 필요한 자료를 정리하면 다음과 같다.

x	f
$x - 2h = 0$	$f(x-2h) = -1.0$
$x - h = 0.25$	$f(x-h) = -0.3593$
$x = 0.5$	$f(x) = 0.125$
$x + h = 0.75$	$f(x+h) = 0.5468$
$x + 2h = 1$	$f(x-2h) = 1.0$

식 (35.8)에서 전방차분, 후방차분, 그리고 중앙차분 공식을 사용해서 1차 미분값을 계산해보면 결과는 다음과 같다.

전방차분 공식에 의한 수치미분

$$f'(x) = \frac{f(x+h) - f(x)}{h} = \frac{0.5468 - 0.125}{0.25} = 1.6875$$

후방차분 공식에 의한 수치미분

$$f'(x) = \frac{f(x) - f(x-h)}{h} = \frac{0.125 - (-0.3593)}{0.25} = 1.9375$$

중앙차분 공식에 의한 수치미분

$$f'(x) = \frac{f(x+h) - f(x-h)}{2h} = \frac{0.5468 - (-0.3593)}{2 \times 0.25} = 1.8125$$

여기서 $x=0.5$ 에서의 실제 미분값은 $f'(0.5)=1.75$ 이다. 결과에서 알 수 있듯이 세 가지 방법은 모두 나름대로의 오차를 보여주고 있으며 오차를 줄이기 위한 가장 간편한 방법은 구간 h 의 크기를 줄이는 것이다.

35.3 수치미분: 함수에 대한 2차 미분

2차 미분값에 대하여는 식 (35.10)을 사용하여 다음과 같이 계산된다.

$$f''(x) = \frac{f(x+h) - 2f(x) + f(x-h)}{h^2} = \frac{0.5468 - 2 \times 0.125 + 0.5468}{0.25^2} = -1.0000 \tag{35.11}$$

실제값은 $f''(0.5)=-1$ 이며 따라서 중앙차분 공식으로 계산한 2차 미분값이 더 정확함을 알 수 있다. 만일 $h-0.1$ 을 사용하여 미분값들을 계산한다면 더욱 정확한 결과를 얻을 수 있으며 이는 독자들에게 과제로 남긴다.

35.4 수치미분: 코딩

```
def fordiff(f,x,h):
    diff = (f(x+h) - f(x)) / h
    return diff

def backdiff(f,x,h):
    diff = (f(x) - f(x-h)) / h
    return diff

def centdiff(f,x,h):
    diff = (f(x+h) - f(x-h)) / (2.0*h)
```

```
    return diff

def f(x):
    return x**3 -2.0*x**2 + 3*x -1.0

x = 0.5
h = 0.25
fdiff = fordiff(f,x,h)
bdiff = backdiff(f,x,h)
cdiff = centdiff(f,x,h)
print('1st differentiation')
print('Forward difference = %8.4f' % fdiff)
print('Backward difference = %8.4f' % bdiff)
print('Central difference = %8.4f' % cdiff)
```

프로그램은 방정식 $f(x) = x^3 - 2x^2 + 3x - 1$ 에 대한 1차 수치미분을 계산하는 공식을 구현한 것이다. 주어진 방정식을 def f(x) 으로 함수로 정의한다. 다음은 식 (35.8)에서의 전방차분, 후방차분, 그리고 중앙차분 공식을 fordiff(f,x,h), backdiff(f,x,h), 그리고 centdiff(f,x,h) 함수로 각각 정의하였다. 각 함수에서는 미분대상 함수 f, 미분을 계산할 지점 x, 그리고 간격 h 을 입력 인자들로 받는다. 위 프로그램에서는 $x = 0.5$, $h = 0.25$ 로 하여 실제 결과와 비교하였으며 다음은 프로그램을 수행한 결과이다.

```
1st differentiation
Forward difference =   1.6875
Backward difference =   1.9375
Central difference =   1.8125
```

프로그램은 방정식 $f(x) = x^3 - 2x^2 + 3x - 1$ 에 대한 2차 수치미분을 계산하는 공식을 구현한 것이다. 주어진 방정식을 $f(x)$ 으로 함수로 정의한다.

다음은 식 (35.10)에서의 2차 수치미분 공식을 ddiff(f,x,h) 함수로 각각 정의하였다. 함수에서는 미분대상 함수 f, 미분을 계산할 지점 x, 그리고 간격 h 을 입력으로 받는다. 프로그램에서는 $x=0.5$, $h=0.25$ 로 하여 실제 결과와 비교하였다.

```
def ddiff(f,x,h):
    diff = (f(x+h) - 2.0*f(x) + f(x-h))/h**2
    return diff
def f(x):
    return x**3 -2.0*x**2 + 3*x -1.0

x = 0.5
h = 0.25
diff = ddiff(f,x,h)
print('dfdx2 = %8.4f' % diff)
```

다음은 프로그램을 수행한 결과이다.

```
dfdx2 =  -1.0000
```

35.5 수치미분: 데이터에 대한 미분

함수에 대한 미분이 아닌 데이터에 대한 미분이 필요할 경우도 많이 있다. 예를 들어, 골프공의 위치를 매 초마다 알 수 있다면 수치미분을 사용하여 골프공의 속도와 가속도를 계산할 수 있다. 이러한 정보는 함수형태로 주어지지 않으므로 데이터 자체를 가지고 미분을 수행해야 한다. 이번에는 다음과 같이 주어진 자료에 대한 수치미분을 설명하고자 한다.

x	1	2	3	4	5
$f(x)$	0.3333	2.6667	9.0000	21.3333	41.6667

표에서 $x=2$ 에서의 시간에 대한 1차 미분 df/dx 를 계산하고자 한다.

1차 수치미분은 식 (35.8)으로 부터 전방차분, 후방차분, 그리고 중앙차분 공식을 사용하여 각각 다음과 같이 구할 수 있다.

$$
\begin{aligned}
f'(2) &= \frac{f(3)-f(2)}{1} = 6.3333 \\
f'(2) &= \frac{f(2)-f(1)}{1} = 2.3333 \\
f'(2) &= \frac{f(3)-f(1)}{2\times 1} = 4.3333
\end{aligned} \tag{35.12}
$$

여기서 $x=2$ 이며 $h=1$ 이다. 데이터로 주어진 경우는 함수의 경우와는 달리 원하는대로 간격을 조절할 수 없으므로 가능하면 고차항을 포함한 미분공식을 사용하는 것이 좋다. 그러나 여기서는 앞에서 소개한 미분공식 만을 사용하여 계산하였다. 표에서의 데이터는 실제로는 $f(x)=1/3x^3$ 을 이용한 결과이므로 1차와 2차 미분은 각각 $f'(x)=x^2$ 과 $f''(x)=2x$ 이다. 따라서 $f'(2)=4$ 가 되어 위의 결과에서 중앙차분 공식이 예상대로 가장 실제값과 근접한 결과를 보여주고 있다. 한편, 2차 미분에 대해서는 식 (35.10)을 사용하여 다음과 같은 결과를 얻는다.

$$
f''(2) = \frac{f(3)-2\times f(2)+f(1)}{1^2} = 4.0 \tag{35.13}
$$

$f''(2)=4$ 이므로 2차 수치미분은 실제값과 동일한 결과를 보여주고 있다.

35.6 요약

- 수치미분은 함수와 데이터에 대해서 각각 적용할 수 있다. 데이터에 대한 미분에서는 함수와 달리 간격을 임의로 조절할 수 없으므로 오차를 줄이는 데 제한이 있다.
- 수치미분 공식은 오차의 크기에 따라 다양한 종류의 변형식이 존재하므로 필요에 맞는 공식을 사용하여야 한다.

35.7 과제

1. 다음에 주어진 데이터에서 전방차분, 후방차분, 그리고 중앙차분 공식을 각각 사용하여 $f'(2)$ 의 값을 구하시오.

x	0	1	2	3	4
$f(x)$	1.1	3.8	5.5	7.9	3.0

2. 다음에 주어진 데이터에서 전방차분, 후방차분, 그리고 중앙차분 공식을 각각 사용하여 $f'(5.3)$ 의 값을 구하시오.

x	0.2	1.7	3.6	5.3	9.1
$f(x)$	3.3	2.9	2.1	2.4	1.7

3. 다음에 주어진 데이터에서 전방차분, 후방차분, 그리고 중앙차분 공식을 각각 사용하여 $f'(1)$ 의 값을 구하시오.

x	0	1	2	3	4
$f(x)$	11.1	12.3	6.5	4.2	9.8

4. 다음에 주어진 데이터에서 전방차분, 후방차분, 그리고 중앙차분 공식을 각각 사용하여 $f'(5)$ 의 값을 구하시오.

x	1	3	5	7	9
$f(x)$	2.1	2.6	3.2	7.9	6.5

5. 다음에 주어진 데이터에서 2차 미분 $f''(12)$ 의 값을 구하시오.

x	0	3	8	12	22
$f(x)$	6	7	8	11	12

6. 다음에 주어진 데이터에서 2차 미분 $f''(10)$ 의 값을 구하시오.

x	6	8	10	12	14
$f(x)$	2	4	6	9	12

제Ⅷ편

상미분 방정식

(Ordinary Differential Equations)

36장

Euler 방법

36.1 상미분방정식

이공학 분야에서는 자연현상을 수학적인 모델을 사용하여 설명하고자 하는 과정이 매우 중요한 부분을 차지하고 있다. 복잡한 현상에 대한 수학적인 모델은 주로 미분방정식의 형태로 귀착된다. 그러므로 고급수준의 해석을 위해서는 미분방정식의 해를 구하는 것이 큰 의미를 지닌다. 일반적으로 미분방정식의 종류는 상미분방정식 (ordinary differential equations, ODE)과 편미분방정식 (partial differential equations, PDE)으로 나눌 수 있다. 상미분방정식은 하나의 독립변수로 표시된 미분방정식을 의미한다.

예를 들어, 골프공의 위치를 매 순간마다 알 수 있다면 시간과 위치에 대한 내용을 상미분방정식의 형태로 표시할 수 있다. 이러한 방식으로 실제 현상을 미분방정식의 형태로 모델링해 놓으면 다양한 조건을 고려한 수치 시뮬레이션 (numerical simulation)이 가능해진다. 그러므로 반복적인 실험을 하지 않더라도 조건을 다양하게 변화시키면서 일어날 수 있는 가능성을 모두 점검해 볼 수 있다. 만일, 다수의 독립변수가 영향을 미치는 현상에 관한 것이라면 편미분 방정식의 형태를 갖게 되며 예를 들어 온도, 기압, 습도, 풍속, 시간 등의 독립변수를 조합하여 결과를 예측하는 경우는 매우 복잡한 편미분 방정식으로 모델링 할 수 있수 있는 대표적인 사례이다.

미분방정식은 주어지는 조건에 따라 초기값 문제 (initial value problems, IVP)와 경곗값 문제 (boundary value problems, BVP)로 나누어진다. 초기값 문제는 초기값이 주어지는 경우이며 예를 들어, 커피 잔에 담긴 커피의 초기 온도가 60도 일 때 5분이

지난 후의 커피 온도를 계산해내는 문제를 생각해 볼 수 있다. 반면에 경곗값 문제는 막대기 양끝의 온도가 각각 100도와 0도 일 때 임의의 위치에서의 온도를 구하는 문제라고 볼 수 있다. 이 책에서는 상미분 방정식 중 초기값 문제만을 다루고 있으며 경곗값 문제에 관심이 있는 독자는 관련 문헌을 참고하기 바란다.

36.2 초기값 문제

초기값과 관련된 미분방정식을 사용하는 목적은 예를 들어, 처음에 주어진 정보를 바탕으로 하여 시간이 지남에 따라 변하는 값을 예측하고자 하는 것이다. 예를 들어, 초기 속도가 3 m/sec 로 공을 던졌다면 5초 후에 도달할 거리를 계산하거나, 스프링-질량 시스템 (spring-mass system)에서 시간의 변화에 따른 질량의 속도와 위치 계산, 또는 두 종류의 화학 재료를 섞었을 때 10분 후의 혼합물의 농도 계산 등등의 문제는 모두 미분방정식 모델로 예측이 가능하다. 초기값 문제를 수치적으로 해석하기 위해서 가장 기본적인 알고리즘은 Euler (Leonhard Euler, 1707-1783)방법이며 다음 절에서 상세히 설명하기로 한다.

36.3 Euler 방법: 해설

일반적인 1차 상미분 방정식 (first-order ODE)은 다음과 같이 주어진다.

$$\frac{dy}{dt} = f(t, y) \qquad y(0) = y_0 \tag{36.1}$$

여기서 $y(0) = 0$ 은 초기값 (initial value)이며 위 식을 차분방정식으로 변환시키면 다음과 같다.

$$\frac{y(t_{i+1})-y(t_i)}{h}=f(t_i,y(t_i)) \tag{36.2}$$

또는

$$\frac{y_{i+1}-y_i}{h}=f(t_i,y_i) \tag{36.3}$$

여기서 $h=x_{i+1}-x_i$, $y_i \equiv y(t_i)$ 이다. 주어진 미분방정식에 대한 근사식(차분방정식, difference equation)은 다음과 같이 쓸 수 있으며 이러한 방식으로 해석하는 방식을 Euler 방법이라고 한다.

$$y_{i+1}=y_i+hf(t_i,y_i) \tag{36.4}$$

한편, 함수 $y(t)$ 에 대한 Taylor 급수를 통해서도 아래와 같이 동일한 결과를 얻을 수 있나.

$$y(t_i+h)=y(t_i)+hy'(t_i)=y(x_i)+hf(t_i,y_i) \tag{36.5}$$

다음에 주어진 미분방정식을 Euler 방법으로 해석해 보기로 한다.

$$\frac{dy}{dt}=t-y \qquad y(0)=1 \tag{36.6}$$

Euler 방법은 다음과 같이 표시되며 가장 첫 번째 행에서는 현재의 값 y_0 을 가지고 다음 단계의 값 y_1 을 계산하는 과정을 보여주고 있다.

$$y_1=y_0+hf(t_0,y_0)=y_0+h(t_0-y_0) \tag{36.7}$$

식 (36.6)에서 초기값은 $t_0 = 0$, $y_0 = 1$ 이므로 $f(t_0, y_0) = 0 - 1$ 이 되며 이를 Euler 식에 대입하면 다음과 같은 결과를 얻는다.

$$y_1 = y_0 + hf(t_0, y_0) = 1 - 0.2(0 - 1) = 0.8 \tag{36.8}$$

같은 방식으로 $t_1 = t_0 + h = 1$ 일 때의 값을 다음과 같이 계산한다.

$$y_2 = y_1 + hf(t_1, y_1) = 0.8 + 0.2(0.2 - 0.8) = 0.68 \tag{36.9}$$

이 과정을 반복하면 각 단계 별로 원하는 y_i 값을 구할 수 있게 된다.

$$\begin{aligned} y_3 &= 0.6240 \\ y_4 &= 0.6192 \\ y_5 &= 0.6554 \end{aligned} \tag{36.10}$$

Euler 방법에서는 현재의 근삿값 y_i 와 현재의 기울기 $f(t_i, y_i)$ 를 사용하여 다음 단계의 값 y_{i+1} 을 예측하게 되므로 정확한 기울기 값을 확보하는 것이 매우 중요하다. Euler 방법에서는 단 하나의 기울기를 이용하기 때문에 간격이 크거나 기울기 $f(t, y)$ 가 복잡한 형태를 가지고 있는 경우는 큰 오차가 발생하는 단점이 있다. Euler 방법에서의 오차감소 방법에 대해서는 뒤에서 좀 더 상세하게 다루도록 한다.

36.4 Euler 방법: 코딩

```
from numpy import zeros

# Define euler function
```

```
def euler(f,t0,tf,y0,n):
    h = (tf - t0)/n
    t = zeros(n+1)
    y = zeros(n+1)
    t[0] = t0
    y[0] = y0
    for i in range(n):
        y[i+1] = y[i] + h * f(t[i],y[i])
        t[i+1] = t[i] + h
    return t,y

# Define functions
def f(t,y):
    return  t - y

# Set initial conditions
t0 = 0.0
tf = 1.0
y0 = 1.0
n = 5

# Execute the function and print
t, yel = euler(f,t0,tf,y0,n)
print('%9s %9s' % ('t','y'))
for i in range(n+1):
    print('%9.4f %9.4f' % (t[i],yel[i]))
```

Euler 방법을 사용하여 다음에 주어진 미분방정식에 대한 근삿값을 구하는 방법을 설명하고자 한다.

$$\frac{dy}{dt} = t - y, \qquad y(0) = 1, \qquad 0 < t < 1 \tag{36.11}$$

Euler 알고리즘을 구현한 프로그램에서 Numpy 라이브러리를 불러오기 위해서

from numpy import zeros 로 선언해서 필요로 하는 zeros 등의 함수를 불러온다. 다음은 $f(t, y)$ 함수를 정의하며 예제에서는 $y' = t - y$ 이므로 그에 따라 정의하였다. $t0$, tf 은 초기단계와 마지막 단계를 의미한다. 다음은 Euler 방법의 알고리즘을 euler(f,t0,tf,y0,n) 함수로 만든 것이다. 해석을 수행하기 위해서 euler 함수를 불러와서 그 결과를 yel 에 저장하는 것으로 끝난다. 끝으로 결과를 출력하기 위해서 print 명령을 수행하면 결과는 다음과 같이 주어진다.

```
     t          y
0.0000     1.0000
0.2000     0.8000
0.4000     0.6800
0.6000     0.6240
0.8000     0.6192
1.0000     0.6554
```

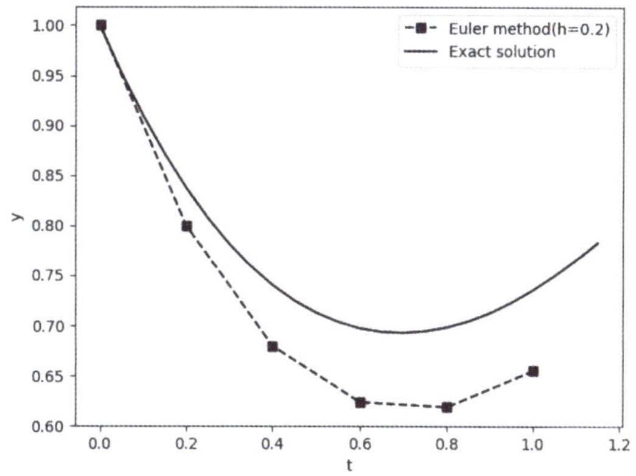

그림 36.1 $y' = t - y$ 에 대한 Euler 방법에서의 근사해와 엄밀해의 비교

36.5 Euler 방법에서의 오차

Euler 방법은 매우 간단하게 미분방정식의 근사해를 구할 수 있다는 장점이 있는

반면, 앞으로 소개할 다른 방법들에 비해서 오차가 크다는 단점이 있다. 그리고 Euler 방법에서는 구간 $t_i < t < t_{i+1}$ 에서의 기울기(근사해의 미분) $f(t_i, y_i)$ 를 사용하여 다음 단계의 값을 구하는 방식을 쓴다. 따라서 만일 실제로 기울기가 $t_i < t < t_{i+1}$ 구간에서 상수가 아니라면 Euler 방법은 오차를 낼 수밖에 없다. 예를 들어, 미분방정식 $y' = t - y$ 의 엄밀해는 $y = t - 1.0 + 2.0e^{-t}$ 이다. 이를 사용하여 실제 미분값과 Euler 방법에서 사용하는 미분값을 비교한 결과를 그림 36.1에서 나타내었다. 계산 과정에서는 간격의 크기 h 의 값에 따라서 수행 과정이 불안정해져서 발산하는 경우도 발생한다.

Euler 방법에서 오차를 줄이는 방법으로서는 첫 번째로 간격을 더 작게 하는 방법이 있다. 즉, h 값을 더 작게 가져감으로써 보다 정확한 근삿값을 얻을 수 있다. 위의 예에서 만일 $h = 0.1$ 로 한다면 더욱 정확한 결과를 얻을 수 있게 된다. 두 개의 다른 간격을 사용한 결과를 그림 36.2에서 나타내었다.

표 36.1 $y' = t - y$ **에서의 Euler 방법 (h=0.2) 의 오차**

t_i	ε_{Euler}
0.0	0.00
0.2	4.47
0.4	8.18
0.6	10.55
0.8	11.37
1.0	10.92

오차를 줄이는 다른 한 가지 가능한 방법은 Euler 방법에서 사용되는 기울기 $f(t, y)$ 를 수정하는 방법이다. 방정식 $dy/dt = f(t, y)$ 와 같이 $f(t, y)$ 는 실제로 y에 대한 미분의 의미를 가지고 있다. 표 36.1에서의 오차는 다음과 같이 정의되어 계산되었다.

$$\varepsilon = \left| \frac{y_{euler} - y_{exact}}{y_{exact}} \right| \tag{36.1}$$

여기서 y_{euler} 는 Euler 방법에서 얻은 결과이며 y_{exact} 는 주어진 미분방정식의 엄밀해 (exact solution)를 의미한다. Euler 방법에서 더 나은 근삿값이 필요한 경우에 가장 직관적인 방법은 구간을 더 잘게 나누는 것이다. 표 36.1에서는 $0 \leq t \leq 1$ 의 구간을 5개로 하여 각 구간의 크기를 $h = 0.2$ 으로 하였을 때의 결과를 보여주고 있다. 만일 구간의 수를 2배로 늘여서 10개의 구간으로 한다면 각 구간의 크기는 $h = 0.1$ 이 된다. 그림 36.2에서는 각각 $h = 0.2$ 일 때와 $h = 0.1$ 를 사용하였을 때의 결과를 보여주고 있으며 더 많은 구간 또는 더 작은 구간의 크기는 근삿값의 정확도에 직접적인 영향을 미치는 것을 알 수 있다. 반면에 계산량은 2배로 늘어나게 되며 실제 상황에서는 계산량의 증가는 경제적인 문제와도 직결되므로 계산량과 정확도의 사이에서 적절한 타협점을 찾아야 한다.

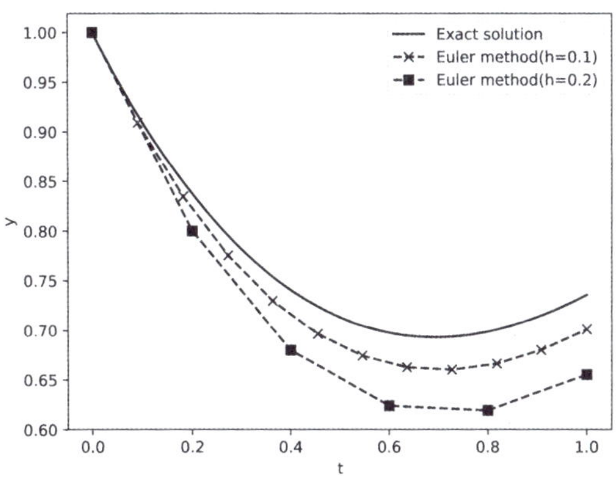

그림 36.2 $y' = t - 1$ **에 대한 2개의 다른 간격을 사용한 Euler 방법에서의 근사해 비교**

Euler 방법에서의 오차는 기본적으로 식을 유도할 때 사용한 Taylor 급수에 대한 절단오차로 부터 시작된다고 볼 수 있다. 즉, 미분방정식의 수치해 y 에 대한 Taylor 급수가 다음과 같다고 하면 $O(h^2)$ 이하는 모두 무시하게 되므로 오차는 $O(h)$ 의 크기로 결정됨을 알 수 있다.

$$y_{i+1} = y_i + hf(t_i, y_i) + \frac{1}{2!}h^2 f'(t_i, y_i) + \cdots \tag{36.13}$$

즉, Euler 방법에서 h 의 값을 1/2로 줄이면 전반적으로 오차의 크기도 1/2 정도로 줄어들 것으로 예상할 수 있다.[1)]

36.6 요약

- Euler 방법은 미분방정식(초기값 문제)를 해석하기 위한 가장 간단하고 직관적인 알고리즘을 제공한다.
- Euler 방법에서의 오차는 $O(h^2)$ 이다. 그러므로 보다 작은 값의 h 를 사용하면 근사해의 정확도를 더 높일 수 있다. 반면에 계산해야 될 양은 구간의 수에 비례하여 늘어난다.

36.7 과제

1. Euler 방법을 사용하여 $y' = t - y,\ y(0) = 1$ 의 해를 $0 \le t \le 1$에서 구하시오. 단, $n = 10$ 로 하고 엄밀해는 $y = t - 1 + 2e^{-t}$ 이다.
2. Euler 방법을 사용하여 $y' = t + 2y,\ y(0) = 0,\ 0 \le t \le 1$에서 구하시오. 단, $n = 10$ 로 하고 엄밀해는 $y = 1/4(-1 + e^{2t} - 2t)$ 이다.
3. Euler 방법을 사용하여 $y' = y^2,\ y(0) = 1$ 의 해를 $0 \le t \le 0.5$에서 구하시오. 단, $n = 10$ 로 하고 엄밀해는 $y = 1/(1-t)$ 이다.
4. Euler 방법을 사용하여 $y' = ty - 3t,\ y(0) = 0,\ 0 \le t \le 1$에서 구하시오. 단, $n = 10$ 로 하고 엄밀해는 $y = 3 - 3e^{t^2/2}$ 이다.
5. Euler 방법을 사용하여 $y' = ty^2 - 5y,\ y(0) = 1$ 의 해를 $0 \le t \le 1$에서 구하시

1) 실제 상황에서는 주어진 미분방정식의 엄밀해를 구할 수 없을 정도로 복잡한 경우가 대부분이므로 예제에서 보는 것과 같이 결과에 대한 오차의 크기를 정확하게 알 수는 없다. 오차에 대한 수학적인 접근방법이 있으나 엄밀해를 모르는 상태에서는 대략적인 오차의 범위만을 제공할 수 있는 한계가 있다.

오. 단, $n=10$ 로 하고 엄밀해는 $y=25/(1+24e^{5t}+5t)$ 이다.

6. Euler 방법을 사용하여 $y'=-10y$, $y(0)=1$, $0 \le t \le 0.5$에서 구하시오. 단, $n=10$ 로 하고 엄밀해는 $y=e^{-10t}$ 이다.

7. Euler 방법을 사용하여 $y'=-0.1y$, $y(0)=1$ 의 해를 $0 \le t \le 1$에서 구하시오. 단, $n=10$ 로 하고 엄밀해는 $y=e^{-0.1t}$ 이다.

8. Euler 방법을 사용하여 $y'=ty$, $y(0)=1$, $0 \le t \le 1$에서 구하시오. 단, $n=10$ 로 하고 엄밀해는 $y=e^{t^2/2}$ 이다.

9. Euler 방법을 사용하여 $y'=0.01y$, $y(0)=1$, $0 \le t \le 1$에서 구하시오. 단, $n=10$ 로 하고 엄밀해는 $y=e^{0.01t}$ 이다.

10. Euler 방법을 사용하여 $y'=-2ty^2$, $y(0)=1$ 의 해를 $0 \le t \le 1$에서 구하시오. 단, $n=10$ 로 하고 엄밀해는 $y=1/(1+t^2)$ 이다.

37장

Runge–Kutta 방법

37.1 Runge–Kutta 방법: 해설

앞에서 Euler 방법을 통하여 살펴본 대로 초기값 문제는 현재의 값과 기울기를 사용하여 다음 단계의 값을 계산해 나가는 다음과 같은 방식을 사용한다. 다음에 보이는 Euler 방법은 알고리즘이 간단한 장점이 있는 반면에 상대적으로 큰 오차가 발생하고 단계를 진행함에 따라 오차가 누적되어 신속히 증가하는 단점이 있다. 이를 극복하기 위해서 개발된 Runge–Kutta 방법 (Carl Runge, 1856–1927 ; Martin Kutta, 1867–1944)은 기울기에 관련된 부분을 다음과 같이 수정해서 Euler 방법에서의 오차를 줄이기 위한 방법 중의 하나이다.

$$y_{i+1} = y_i + \alpha K_0 + \beta K_1 + \gamma K_2 + \delta K_3 + \cdots \tag{37.1}$$

여기서 미지상수 α, β, γ, δ 와 K_0, K_1, K_2, K_3 등은 Taylor 급수와의 비교에서 구해지는데 유도과정은 생략하고 결과만 쓰기로 한다. Runge–Kutta 방법은 차수에 따라 분류되는데 가장 많이 사용되는 것은 4차 Runge–Kutta 방법이며 여기서는 알고리즘을 설명하기 위해서 먼저 2차 Runge–Kutta 방법을 소개한다.

37.2 2차 Runge–Kutta 방법: 해설

2차 Runge–Kutta 방법에는 Heun 방법, Ralston 방법, 수정 Euler 방법 등의 여러 가지 종류가 있으며 그중에서도 Ralston 방법은 다음과 같이 정의된다.

$$y_{i+1} = y_i + \frac{1}{3}(K_0 + 2K_1) \tag{37.2}$$

여기서

$$\begin{aligned} K_0 &= hf(t_i, y_i) \\ K_1 &= hf\left(t_i + \frac{3}{4}h, y_i + \frac{3}{4}K_0\right) \end{aligned} \tag{37.3}$$

Ralston 방법을 사용하여 다음에 주어진 미분방정식을 2차 Runge–Kutta 방법으로 해를 구하는 과정을 설명하기로 한다.

$$\frac{dy}{dt} = t - y, \qquad y(0) = 1, \qquad 0 \le t \le 1 \tag{37.4}$$

먼저 식 (37.3)에서 K_0 와 K_1 을 다음과 같이 계산한다.

$$\begin{aligned} K_0 &= h(t_i - y_i) \\ K_1 &= h\left(t_i + \frac{3}{4}h\right) - h\left(y_i + \frac{3}{4}K_0\right) \end{aligned} \tag{37.5}$$

이 식을 식 (37.2)에 대입하여 단계별로 근사해를 구하게 된다.

$$y_{i+1} = y_i + \frac{1}{3}(K_0 + 2K_1) \tag{37.6}$$

이 식에서 $t_0 = 0$, $h = 0.2$ 로 놓고 $i = 0$ 으로부터 시작하면 다음과 같다.

$$\begin{aligned} K_0 &= h(t_0 - y_0) = 0.2(0-1) = -0.2 \\ K_1 &= h\left(t_0 + \frac{3}{4}h\right) - h\left(y_0 + \frac{3}{4}K_0\right) \\ &= 0.2\left(0 + \frac{3}{4} \times 0.2\right) - 0.2\left(1 + \frac{3}{4} \times (-0.2)\right) \\ &= -0.1399 \end{aligned} \tag{37.7}$$

따라서 y_1 은 식 (37.2)에서 다음과 같이 결정된다.

$$\begin{aligned} y_1 &= y_0 + \frac{1}{3}(K_0 + 2K_1) \\ &= 1 + \frac{1}{3}(-0.2 + 2 \times (-0.1399)) \\ &= 0.84 \end{aligned} \tag{37.8}$$

계속해서 $i = 1$ 에서의 값 $t_1 = t_0 + h = 0.2$ 에서의 필요한 값들을 구해보면 다음과 같다.

$$\begin{aligned} K_0 &= -0.1280 \\ K_1 &= -0.0788 \\ y_2 &= 0.7448 \end{aligned} \tag{37.9}$$

나머지 값들을 포함해서 정리하면 표 37.1에서 보는 것과 같은 결과를 얻는다.

표 37.1 2차 Runge-Kutta 방법에 의한 $y' = t - y$ 의 해

i	t	K_0	K_1	y_i
0	0.0	-	-	1.0000
1	0.2	-0.2000	-0.1399	0.8400
2	0.4	-0.1280	-0.0788	0.7448
3	0.6	-0.0689	-0.0286	0.7027
4	0.8	-0.0205	0.0125	0.7042
5	1.0	0.0191	0.0462	0.7415

37.3 2차 Runge-Kutta 방법: 코딩

```
from numpy import zeros

# Define RK2 funcion
def rk2(f,t0,tf,y0,n):
    h = (tf - t0)/n
    t = zeros(n+1)
    y = zeros(n+1)
    t[0] = t0
    y[0] = y0
    for i in range(n):
        K0 = h * f(t[i], y[i])
        K1 = h * f(t[i] + 3.0/4.0 * h, y[i] + 3.0/4.0 * K0)
        y[i+1] = y[i] + 1.0/3.0 * (K0 + 2.0 * K1)
        t[i+1] = t[i] + h
    return t,y

# Define functions
def f(t,y):
    return  t-y

# Set initial conditions
t0 = 0
tf = 1.0
```

```
y0 = 1.0
n = 5

# Execute RK2
t, yrk2 = rk2(f,t0,tf,y0,n)

# Print results
print('%9s %9s' % ('t', 'y'))
for i in range(n+1):
    print('%8.4f %8.4f' % (t[i],yrk2[i]))
```

프로그램에서 from numpy import zeros 로 선언해서 필요로 하는 함수를 불러온다. 다음은 기울기에 대한 $f(t,y)$ 함수를 정의한다. 예제에서는 $y'=t-y$ 이므로 그에 따라 정의하였다. t0, tf 은 초기 단계와 마지막 단계를 의미한다. 다음은 프로그램의 핵심인 2차 Runge-Kutta 알고리즘을 rk2(f, t0, tf, y0, n) 함수로 구현한 것이다. 마지막으로 해석을 수행하기 위해서 rk2 함수를 불러와서 그 결과를 yrk2 에 저장하는 하고 결과를 출력하면 다음과 같다.

```
    t         y
0.0000    1.0000
0.2000    0.8400
0.4000    0.7448
0.6000    0.7027
0.8000    0.7042
1.0000    0.7415
```

37.4 2차 Runge-Kutta 방법: 오차의 감소

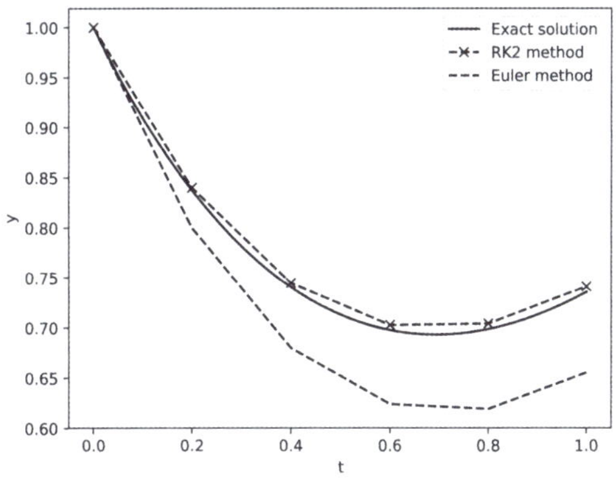

그림 37.1 $y' = t - y$ **에 대한 2차 Runge-Kutta 방법, Euler 방법, 엄밀해의 비교**

그림 37.1에서 보는 바와 같이 2차 RK 방법은 Euler 방법과 동일한 간격 ($h = 0.2$)를 사용하였음에도 불구하고 현격한 정확도의 개선을 보여주고 있다. 2차 RK 방법에서는 식 (37.2)에서 보는 바와 같이 각 구간에서 기울기를 상수로 놓고 계산하는 Euler 방법과 달리 3/4 되는 지점에서의 기울기를 추가로 도입하고 y_{i+1} 값을 계산할 때 기울기의 가중치를 주어 조절한 것이 이와 같이 큰 차이를 만들어냈다. 물론 구간의 크기를 작게 할수록 기본적으로 오차는 줄어들 것이나 Euler 방법에서는 알고리즘의 한계로 인해서 요구되는 정확성을 얻기 위해서는 훨씬 더 많은 양의 계산을 수행해야 한다. 표 37.2에서는 RK2 방법과 Euler 방법에서 구한 근사해의 오차를 비교하였으며 Euler 방법에서는 계산의 단계가 진행될수록 오차가 크게 증가하는 것을 볼 수 있다.

표 37.2 $y' = t - y$ **에서의 2차 Runge-Kutta 방법과 Euler 방법의 오차(%) 비교**

t	ε_{RK2}	ε_{Euler}
0.0	0.00	0.00
0.2	0.30	4.47
0.4	0.56	8.18
0.6	0.73	10.55
0.8	0.79	11.37
1.0	0.77	10.92

37.5 요약

- Runge–Kutta 방법은 하나의 기울기만을 사용하는 Euler 방법과 달리 다수의 기울기 값을 사용하여 해의 정확도를 높이고자 하는 것이 목적이다.
- 다른 방법에 비해서 Runge–Kutta 방법은 직관적이며 간단하면서도 정확도가 높아서 널리 사용된다.

37.6 과제

1. 2차 Runge–Kutta 방법을 사용하여 $y' = t - y$, $y(0) = 1$ 의 해를 $0 \le t \le 1$ 에서 구하시오. 단, $n = 10$로 하고 엄밀해는 $y = t - 1 + 2e^{-t}$ 이다.
2. 2차 Runge–Kutta 방법을 사용하여 $y' = t + 2y, y(0) = 0$, $0 \le t \le 1$에서 구하시오. 단, $n = 10$ 로 하고 엄밀해는 $y - 1/4(-1 + e^{2t} - 2t)$ 이다.
3. 2차 Runge–Kutta 방법을 사용하여 $y' = y^2$,$y(0) = 1$의 해를 $0 \le t \le 0.5$에서 구하시오. 단, $n = 10$ 로 하고 엄밀해는 $y = 1/(1 - t)$ 이다.
4. 2차 Runge–Kutta 방법을 사용하여 $y' = ty - 3t$, $y(0) = 0, 0 \le t \le 1$에서 구하시오. 단, $n = 10$ 로 하고 엄밀해는 $y = 3 - 3e^{t^2/2}$ 이다.
5. 2차 Runge–Kutta 방법을 사용하여 $y' = ty^2 - 5y$,$y(0) = 1$,의 해를 $0 \le t \le 1$ 에서 구하시오. 단, $n = 10$ 로 하고 엄밀해는 $y = 25/(1 + 24e^{5t} + 5t)$ 이다.
6. 2차 Runge–Kutta 방법을 사용하여 $y' = -10y, y(0) = 1$, $0 \le t \le 0.5$에서 구하시오. 단, $n = 10$ 로 하고 엄밀해는 $y = e^{-10t}$ 이다.
7. 2차 Runge–Kutta 방법을 사용하여 $y' = -0.1y$, $y(0) = 1$,의 해를 $0 \le t \le 1$ 에서 구하시오. 단, $n = 10$ 로 하고 엄밀해는 $y = e^{-0.1t}$ 이다.
8. 2차 Runge–Kutta 방법을 사용하여 $y' = ty, y(0) = 1$, $0 \le t \le 1$ 에서 구하시오. 단, $n = 10$ 로 하고 엄밀해는 $y = e^{t^2/2}$ 이다.

9. 2차 Runge-Kutta 방법을 사용하여 $y' = 0.01y, y(0) = 1$, $0 \le t \le 1$에서 구하시오. 단, $n = 10$ 로 하고 엄밀해는 $y = e^{0.01t}$ 이다.

10. 2차 Runge-Kutta 방법을 사용하여 $y' = -2ty^2$, $y(0) = 1$ 의 해를 $0 \le t \le 1$ 에서 구하시오. 단, $n = 10$ 로 하고 엄밀해는 $y = 1/(1+t^2)$ 이다.

38장

4차 Runge-Kutta 방법

38.1 4차 Runge-Kutta 방법: 해설

4차 Runge-Kutta 방법은 기울기에 대한 조건을 4개로 하여 계산을 수행하는 방법이다. 2차 RK 방법은 근사해를 구할 때 기울기 조건을 추가로 채택하여 정확도를 올리는 방법을 사용하였고 Euler 방법과 비교해서 정확도가 현저하게 개선되었음을 볼 수 있었다. 따라서 기울기에 대한 더 많은 조건을 도입한다면 더 좋은 근사해를 구할 수 있을 것으로 기대할 수 있다. 4차 Runge-Kutta 방식은 다음과 같이 정의된다.

$$y_{i+1} = y_i + \frac{1}{6}\left(K_0 + 2K_1 + 2K_2 + K_3\right) \tag{38.1}$$

여기서

$$\begin{aligned}
K_0 &= hf(t_i, y_i) \\
K_1 &= hf\left(t_i + \frac{h}{2}, y_i + \frac{K_0}{2}\right) \\
K_2 &= hf\left(t_i + \frac{h}{2}, y_i + \frac{K_1}{2}\right) \\
K_3 &= hf(t_{i+1}, y_i + K_2)
\end{aligned} \tag{38.2}$$

위에서 보는 바와 같이 4차 RK 방법에서는 K_0, K_1, K_2, K_3 의 4개의 기울기 관련

항을 추가하여 사용한다. K_0 는 t_i 에서의 기울기이며 K_1 는 t_i에서 반구간$(h/2)$만큼 전진한 상태에서의 기울기, 또한 K_2 은 $t_i + h/2$ 로 K_1 과 기울기를 정의한 지점은 같으나 K_1 의 값을 이용하는 것이며 마지막으로 K_3 는 $t_i + 1$ 에서의 기울기를 예측하여 사용하고 있다. 따라서 방정식의 근사해는 식 (38.1)에서 보는 바와 같이 기울기에 적절한 가중치를 주어서 최종 결과를 얻는 방식이 된다.

38.2 4차 Runge-Kutta 방법: 예제

식 (37.4)에서 주어진 미분방정식 $y' = t - y$ 을 4차 RK 방법으로 수치해석하는 방법을 알아보기로 한다. 먼저 식 (38.2)에서 기울기에 관한 4개의 항을 다음과 같이 쓸 수 있다.

$$\begin{aligned}
K_0 &= h(t_i - y_i) \\
K_1 &= h\left(t_i + \frac{h}{2}\right) - h\left(y_i + \frac{K_0}{2}\right) \\
K_2 &= h\left(t_i + \frac{h}{2}\right) - h\left(y_i + \frac{K_1}{2}K_1\right) \\
K_3 &= h(t_{i+1} - (y_i + K_2))
\end{aligned} \tag{38.3}$$

이 식을 사용하여 시작점을 $t_0 = 0$ 으로 하고 구간간격을 $h = 0.2$ 로 놓고 $i = 0$ 일 때의 계산을 수행하면 다음과 같다.

$$
\begin{aligned}
K_0 &= 0.2(0-1) = -0.2 \\
K_1 &= 0.2\left(0+\frac{0.2}{2}\right) - 0.2\left(1+\frac{0.2}{2}(-1.0)\right) = -0.1600 \\
K_2 &= 0.2\left(0+\frac{0.2}{2}\right) - 0.2\left(1+\frac{0.2}{2}(-0.8)\right) = -0.1640 \\
K_3 &= 0.2(0.2-(1+0.2\times(-0.82))) = -0.1271
\end{aligned} \tag{38.4}
$$

이 결과를 이용하여 식 (38.1)에서 y_1 은 다음과 같이 계산된다.

$$
y_1 = y_0 + \frac{1}{6}(-0.2+2\times(-0.1600)+2\times(-0.164)+(-0.1271)) = 0.8375 \tag{38.5}
$$

같은 방식으로 $i=1$ 일 때의 값을 계산해보면 다음과 같다.

$$
\begin{aligned}
K_0 &= -0.1274 \\
K_1 &= -0.0947 \\
K_2 &= -0.0980 \\
K_3 &= -0.0678
\end{aligned} \tag{38.6}
$$

이 결과를 이용하여 식 (38.1)에서 y_2 은 다음과 같이 계산된다.

$$
\begin{aligned}
y_2 &= 0.8374 + \frac{1}{6}(-0.1274+2\times(-0.0947)+2\times(-0.0980)-0.0678) \\
&= 0.7406
\end{aligned} \tag{38.7}
$$

$0 \le t \le 1$ 구간에서의 인자 K_0, K_1, K_2, K_3 와 결과값들을 계산한 결과를 표 38.1에서 보였다.

표 38.1 4차 Runge-Kutta 방법에 의한 $y' = t - y$ 의 근사해

i	t	K_0	K_1	K_2	K_3	y_i
0	0.0					1.0000
1	0.2	-0.2000	-0.1600	-0.1640	-0.1271	0.8375
2	0.4	-0.1274	-0.0947	-0.0980	-0.0678	0.7406
3	0.6	-0.0681	-0.0413	-0.0439	-0.0193	0.6976
4	0.8	-0.0195	0.0024	0.0002	0.0204	0.6987
5	1.0	0.0202	0.0382	0.0364	0.0529	0.7358

38.3 4차 Runge-Kutta 방법: 코딩

```
from numpy import zeros

# Define RK4 function
def rk4(f,t0,tf,y0,n):
    h = (tf - t0)/n
    t = zeros(n+1)
    y = zeros(n+1)
    t[0] = t0
    y[0] = y0
    for i in range(n):
        K0 = h * f(t[i], y[i])
        K1 = h * f(t[i] + h/2.0, y[i] + K0/2.0)
        K2 = h * f(t[i] + h/2.0, y[i] + K1/2.0)
        K3 = h * f(t[i] + h, y[i] + K2)
        y[i+1] = y[i] + 1.0/6.0 * (K0 + 2.0 * K1 + 2.0 * K2 + K3)
        t[i+1] = t[i] + h
    return t,y

# Define functions
def f(t,y):
    return  t-y

# Set initial conditions
```

```
t0 = 0
tf = 1.0
y0 = 1.0
n = 5

# Execute RK4
t, yrk4 = rk4(f,t0,tf,y0,n)

# Print results
print('%9s %9s' % ('t', 'y'))
for i in range(n+1):
    print('%8.4f %8.4f' % (t[i],yrk4[i]))
```

프로그램에서 from numpy import zeros 로 선언해서 필요로 하는 zeros 를 불러온다. 다음은 f(t,y) 에서 f(t,y) 함수를 정의한다. 예제에서는 $y' = t - y$ 이므로 그에 따라 정의하였다. t0, tf 은 초기 단계와 마지막 단계를 의미하며 각각 0과 1이다. 다음 과정은 4차 Runge-Kutta 알고리즘을 rk4(f,t0,tf,y0,n) 함수로 만드는 섯이다. 마지막으로 해석을 수행하기 위해서 rk4 함수를 불러와서 그 결과를 yrk4 에 저장한 후 결과를 출력하면 다음과 같다.

```
        t         y
   0.0000    1.0000
   0.2000    0.8375
   0.4000    0.7406
   0.6000    0.6976
   0.8000    0.6987
   1.0000    0.7358
```

38.4 4차 Runge–Kutta 방법: 오차

4차 RK 방법을 사용하면 2차 RK 방법을 사용하였을 때보다 훨씬 정확한 결과를 얻을 수 있음을 표 38.2에서 확인할 수 있다. 또한, 그림 38.1에서는 4차 RK, 2차 RK, 그리고 Euler 방법으로 얻은 결과를 비교하고 있다. 즉, 4차 RK 방법에서는 Euler 방법이나 2차 RK 방법과 비교하여 보았을 때 현저하게 정확도가 개선된 결과를 보여주고 있다. 그러므로 이공학 분야에서 미분방정식의 근사해를 구하는 데 4차 RK 방법이 널리 사용되고 있다.

표 38.2 $y' = t - y$ **에서의 4차 및 2차 Runge-Kutta 방법과 Euler 방법의 오차(%) 비교**

t	ε_{RK4}	ε_{RK2}	ε_{Euler}
0.0	0.0000	0.00	0.00
0.2	0.0006	0.30	4.47
0.4	0.0011	0.56	8.18
0.6	0.0014	0.73	10.55
0.8	0.0016	0.79	11.37
1.0	0.0015	0.77	10.92

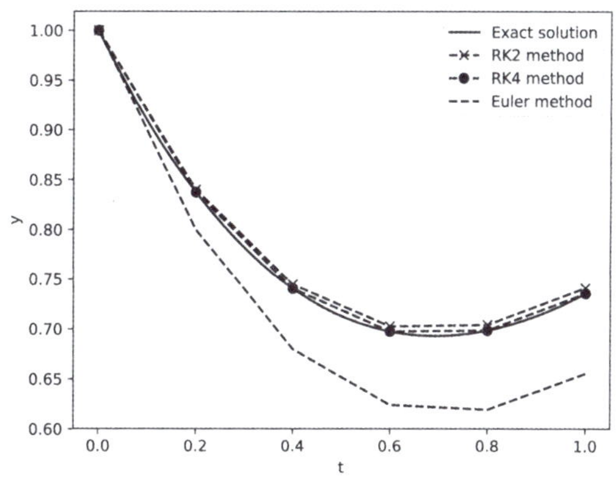

그림 38.1 $y' = t - y$ **에 대한 4차 및 2차 Runge-Kutta 방법, Euler 방법과 엄밀해의 비교**

38.5 요약

- 4차 Runge-Kutta 방법은 다른 방법과 비교하였을 때 상대적인 계산량의 증가에도 불구하고 정확도의 개선이 상당히 뛰어남으로 널리 사용되고 있다.

38.6 과제

1. 4차 Runge-Kutta 방법을 사용하여 $y' = t - y$, $y(0) = 1$ 의 해를 $0 \le t \le 1$ 에서 구하시오. 단, $n = 10$ 로 하고 엄밀해는 $y = t - 1 + 2e^{-t}$ 이다.
2. 4차 Runge-Kutta 방법을 사용하여 $y' = t + 2y$, $y(0) = 0$, $0 \le t \le 1$에서 구하시오. 단, $n = 10$ 로 하고 엄밀해는 $y = 1/4(-1 + e^{2t} - 2t)$ 이다.
3. 4차 Runge-Kutta 방법을 사용하여 $y' = y^2$, $y(0) = 1$ 의 해를 $0 \le t \le 0.5$에서 구하시오. 단, $n = 10$ 로 하고 엄밀해는 $y = 1/(1-t)$ 이다.
4. 4차 Runge-Kutta 방법을 사용하여 $y' = ty - 3t$, $y(0) = 0$, $0 \le t \le 1$에서 구하시오. 단, $n = 10$ 로 하고 엄밀해는 $y = 3 - 3e^{t^2/2}$ 이다.
5. 4차 Runge-Kutta 방법을 사용하여 $y' = ty^2 - 5y$, $y(0) = 1$ 의 해를 $0 \le t \le 1$ 에서 구하시오. 단, $n = 10$ 로 하고 엄밀해는 $y = 25/(1 + 24e^{5t} + 5t)$ 이다.
6. 4차 Runge-Kutta 방법을 사용하여 $y' = 10y$, $y(0) = 1$, $0 \le t \le 0.5$에서 구하시오. 단, $n = 10$ 로 하고 엄밀해는 $y = e^{-10t}$ 이다.
7. 4차 Runge-Kutta 방법을 사용하여 $y' = -0.1y$, $y(0) = 1$ 의 해를 $0 \le t \le 1$ 에서 구하시오. 단, $n = 10$ 로 하고 엄밀해는 $y = e^{-0.1t}$ 이다.
8. 4차 Runge-Kutta 방법을 사용하여 $y' = ty$, $y(0) = 1$, $0 \le t \le 1$에서 구하시오. 단, $n = 10$ 로 하고 엄밀해는 $y = e^{t^2/2}$ 이다.
9. 4차 Runge-Kutta 방법을 사용하여 $y' = 0.01y$, $y(0) = 1$, $0 \le t \le 1$에서 구하시오. 단, $n = 10$ 로 하고 엄밀해는 $y = e^{0.01t}$ 이다.
10. 4차 Runge-Kutta 방법을 사용하여 $y' = -2ty^2$, $y(0) = 1$ 의 해를 $0 \le t \le 1$ 에서 구하시오. 단, $n = 10$ 로 하고 엄밀해는 $y = 1/(1 + t^2)$ 이다.

39장

예측자-수정자 방법

39.1 예측자와 수정자

앞에서 학습하였던 미분방정식에 대한 수치해석 방법인 Euler 방법과 Runge-Kutta 방법은 기울기를 사용하여 다음 단계의 근사해를 구하는 방법이며 특별히 Runge-Kutta 방법은 다수의 기울기를 결정하고 가중치를 부여하여 보다 정확한 해를 구하는 방식을 취하는 방법이었다. 그러나 또 다른 형태의 방법에는 예측자-수정자 방법 (predictor-corrector methods)이 있다. 예측자-수정자 방법의 기본 원리는 먼저 미분방정식의 해를 예측하고 (Predict) 그것을 사용하여 (Evaluate) 예측값을 수정하여 보다 정확하다고 생각되는 값으로 수정 (Correct)하는 방식이다. 예측자-수정자 방법은 다양한 알고리즘을 예측자와 수정자로 각각 선택하여 계산을 위한 조합을 만들어 수행할 수 있으므로 사용자 입장에서 매우 편리한 측면이 있다.

39.2 Heun 방법: 해설

앞에서 살펴본 대로 Euler 방법에 의한 결과는 상당한 오차를 동반하는 것으로 귀착되었다. 그러므로 Euler 방법에서의 오차를 줄이기 위하여 다양한 기법이 시도되었으며, 그 중 하나는 먼저 예측값 y^*_{i+1} 을 구하고 그 값을 사용하여 보다 정교한 값으로 수정하는 방법을 사용하는 것이다. 이러한 기법을 예측자-수정자 방법이라고 하며 가장 간단한 예 중의 하나가 Heun 방법이며 다음과 같은 과정을 거치게 된다.

$$y_{i+1}^* = y_i + hf(t_i, y_i)$$
$$y_{i+1} = y_i + \frac{h}{2}\left[f(t_i, y_i) + f(t_{i+1}, y_{i+1}^*)\right] \qquad (39.1)$$

이 식에서 첫 번째 방정식은 Euler 방법과 동일하며 Heun 방법에서는 예측자로 사용되며 여기서 t_{i+1} 에서의 예측값 y_{i+1}^* 을 결정한다. 그러나 예측값은 실제값과는 차이가 날 것이므로 두 번째 방정식에서 수정하는 과정을 거친다. 식 (39.1)에서는 2개의 기울기 값, $f(t_i, y_i)$ 와 $f(t_{i+1}, y_{i+1}^*)$ 을 구하고 그 둘의 평균값을 기울기로 간주하여 수정하는 방식을 쓰게 된다. 예측자–수정자 방법의 일종인 Heun 방법을 요약하면 다음과 같다.

예측 (predictor) 시작점에서 알고 있는 y_i 과 기울기 $f(t_i, y_i)$ 을 사용하여 다음 단계에서의 y_{i+1} 에 대한 예측값 y_{i+1}^* 을 구한다.

계산 (evaluator) 예측값 y_{i+1}^* 을 사용하여 다음 단계에서의 기울기 $f(t_{i+1}, y_{i+1}^*)$ 을 계산한다.

수정 (corrector) y_{i+1}^* 과 기울기 $f(t_{i+1}, y_{i+1}^*)$ 을 사용하여 수정된 값 y_{i+1}을 구한다.

Heun 방법을 사용하여 식 (37.4)에서 주어진 미분방정식 $y' = t - y$ 을 해석하는 과정을 알아보기로 한다. 식 (39.1)에서 예측자와 수정자를 다음과 같이 쓸 수 있다.

$$y_{i+1}^* = y_i + h(t_i - y_i)$$
$$y_{i+1} = y_i + \frac{h}{2}\left[(t_i - y_i) + (t_{i+1} - y_{i+1}^*)\right] \qquad (39.2)$$

이 식에서 $i = 0$ 으로 하고 $h = 0.2$ 로 놓고 예측값 y_1^* 과 수정된 값 y_1 을 계산하면 각각 다음과 같다.

$$y_1^* = 1 + 0.2(0 - 1) = 0.8$$

$$y_1 = 1 + \frac{0.2}{2}[(0-1) + (0.2 - 0.8)] = 0.84 \tag{39.3}$$

계속해서 $i=1$ 로 하여 과정을 진행하면 다음과 같은 결과를 얻게된다.

$$y_2^* = 0.84 + 0.2(0.2 - 0.84) = 0.712$$

$$y_2 = 0.84 + \frac{0.2}{2}[(0.2 - 0.84) + (0.4 - 0.712)] = 0.7448 \tag{39.4}$$

같은 과정을 반복하면 다음 단계에서의 근삿값을 구할 수 있으며 표 39.1에 결과를 정리하여 보였다.

표 39.1 Heun 방법에 의한 $y' = t - y$ 의 근사해

i	t	y_i^*	y_i
0	0.0		1.0000
1	0.2	0.8000	0.8400
2	0.4	0.7120	0.7448
3	0.6	0.6758	0.7027
4	0.8	0.6821	0.7042
5	1.0	0.7233	0.7414

39.3 Heun 방법: 코딩

```
from numpy import zeros

def heun(f,t0,tf,y0,n):
    h = (tf - t0)/n
    t = zeros(n+1)
    y = zeros(n+1)
    t[0] = t0
    y[0] = y0
```

```
    for i in range(n):
        yp = y[i] + h * f(t[i],y[i])
        t[i+1] = t[i] + h
        y[i+1] = y[i] + h/2.0 * (f(t[i],y[i]) + f(t[i+1],yp))
    return t,y

# Define functions
def f(t,y):
    return  t - y

# Set initial conditions
t0 = 0.0
tf = 1.0
y0 = 1.0
n = 5

# Execute HEUN
t, yhe = heun(f,t0,tf,y0,n)

# Print results
print('%7s %7s' % ('t','y'))
for i in range(n+1):
    print('%9.4f %9.4f' % (t[i],yhe[i]))
```

프로그램에서 from numpy import zeros 로 선언해서 필요로 하는 zeros 등의 함수를 불러온다. 다음은 f(t,y) 에서 f(t,y) 함수를 정의한다. 예제에서는 $y' = t - y$ 이므로 그에 따라 정의하였다. t0, tf 은 초기 단계와 마지막 단계를 의미하며 각각 0과 1이다. 다음은 Heun 알고리즘을 heun(f,t0,tf,y0,n) 함수로 만드는 것이다. 또한 yp 는 y_{i+1}^{*} 을 의미한다.

마지막으로 해석을 수행하기 위해서 heun 함수를 불러와서 그 결과를 yhe 에 저장한 후 결과를 출력하면 다음과 같다.

```
   t          y
0.0000     1.0000
0.2000     0.8400
0.4000     0.7448
0.6000     0.7027
0.8000     0.7042
1.0000     0.7415
```

39.4 Heun 방법: 오차

Heun 방법은 표 39.2에서 보는 바와 같이 Euler 방법과 동일한 크기의 구간을 사용하였음에도 불구하고 비교적 높은 정확도를 보이고 있다. 또한 2차 RK 방법과 비교해도 거의 동일한 결과를 보여주고 있다. 그림 39.1에서는 Heun 방법과 Euler 방법에서 얻은 근사해를 엄밀해와 각각 비교한 결과를 보여주고 있으며 Heun 방법으로 얻은 근사해는 엄밀해에 상당히 근접해 있음을 알 수 있다.

표 39.2 $y' = t - y$ 에서의 Heun 방법, 2차 Runge-Kutta 방법과 Euler 방법의 오차(%) 비교

t	ε_{Heun}	ε_{RK2}	ε_{Euler}
0.0	0.00	0.00	0.00
0.2	0.30	0.30	4.47
0.4	0.56	0.56	8.18
0.6	0.73	0.73	10.55
0.8	0.79	0.79	11.37
1.0	0.77	0.77	10.92

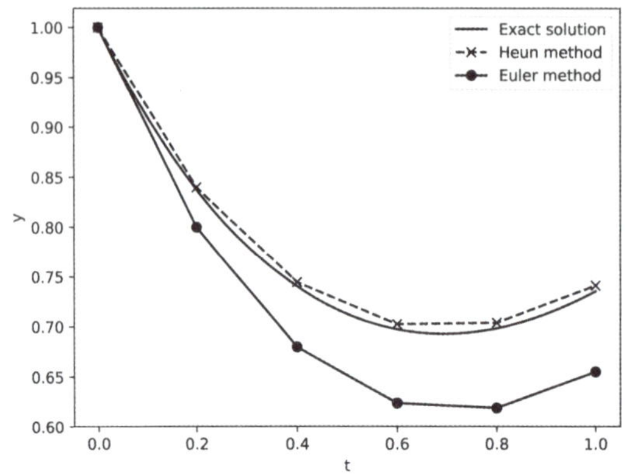

그림 39.1 $y' = t - y$ 에 대한 Heun 방법, Euler 방법과 엄밀해의 비교

39.5 요약

- Euler 방법이나 Runge–Kutta 방법에서는 구간 내에서 아는 값을 사용하여 기울기를 결정하여 다음 단계의 근삿값을 구하는 방법을 사용한다.
- 예측자–수정자 방법에서는 예측자로 다음 단계의 값을 예측한 후 수정자를 사용하여 기울기를 수정하여 보다 정확한 근삿값을 얻고자 하는 것이다.

39.6 과제

1. Heun 방법을 사용하여 $y' = t - y$, $y(0) = 1$ 의 해를 $0 \le t \le 1$에서 구하시오. 단, $n = 10$ 로 하고 엄밀해는 $y = t - 1 + 2e^{-t}$ 이다.
2. Heun 방법을 사용하여 $y' = t + 2y$, $y(0) = 1$, $0 \le t \le 1$에서 구하시오. 단, $n = 10$ 로 하고 엄밀해는 $y = 1/4(-1 + e^{2t} - 2t)$ 이다.
3. Heun 방법을 사용하여 $y' = y^2$, $y(0) = 1$ 의 해를 $0 \le t \le 0.5$에서 구하시오. $n = 10$ 로 하고 엄밀해는 $y = 1/(1-t)$ 이다.

4. Heun 방법을 사용하여 $y' = ty - 3t$, $y(0) = 0$, $0 \le t \le 1$에서 구하시오. 단, $n = 10$ 로 하고 엄밀해는 $y = 3 - 3e^{t^2/2}$ 이다.
5. Heun 방법을 사용하여 $y' = ty^2 - 5y$, $y(0) = 1$ 의 해를 $0 \le t \le 1$에서 구하시오. 단, $n = 10$ 로 하고 엄밀해는 $y = 25/(1 + 24e^{5t} + 5t)$이다.
6. Heun 방법을 사용하여 $y' = -10y$, $y(0) = 1$, $0 \le t \le 0.5$에서 구하시오. 단, $n = 10$ 로 하고 엄밀해는 $y = e^{-10t}$ 이다.
7. Heun 방법을 사용하여 $y' = -0.1y$, $y(0) = 1$ 의 해를 $0 \le t \le 1$에서 구하시오. 단, $n = 10$ 로 하고 엄밀해는 $y = e^{-0.1t}$ 이다.
8. Heun 방법을 사용하여 $y' = ty$, $y(0) = 1$, $0 \le t \le 1$에서 구하시오. 단, $n = 10$ 로 하고 엄밀해는 $y = e^{t^2/2}$ 이다.
9. Heun 방법을 사용하여 $y' = 0.01y$, $y(0) = 1$, $0 \le t \le 1$에서 구하시오. 단, $n = 10$ 로 하고 엄밀해는 $y = e^{0.01t}$ 이다.
10. Heun 방법을 사용하여 $y' = -2ty^2$, $y(0) = 1$ 의 해를 $0 \le t \le 1$에서 구하시오. 단, $n = 10$ 로 하고 엄밀해는 $y = 1/(1 + t^2)$ 이다.

40장

Adams-Bashforth 방법

40.1 다단계 방법 (multi-step methods)

앞에서는 미분방정식 근사해의 정확도를 높이기 위해서 사용하는 방법에 대하여 크게 두 가지 주제로 분류해서 설명하였다. 하나는 다수의 기울기를 사용함으로 하나의 기울기만을 사용하는 Euler 방법에서의 오차를 감소시키는 방향이었으며 대표적으로 Runge-Kutta 방법이 있다. 다른 하나는 예측자와 수정자의 알고리즘을 통해서 먼저 근사해의 값을 예측한 후 적절한 공식을 사용하여 수정해서 보다 정확한 미분방정식의 해를 구하는 방법으로서 Heun 방법을 소개하였다. 이러한 접근방식은 기존에 알고 있는 값을 가지고 다음 단계의 값을 계산하는데 사용된다는 점이 두 방식의 공통점이라고 볼 수 있다. 즉, 현재의 알려진 값만으로 다음 단계의 값을 계산하는 방식을 단 단계 방법 (single-step methods)이라고 한다. 반면에, 현재는 물론 과거, 미래의 값까지 사용하여 다음 단계의 값을 구하고자 하는 방식을 다단계 방법 (multi-step methods)이라고 한다. 따라서, 다단계 방법은 미분방정식의 근사해를 구할 때 현재의 값만을 사용하지 않고 과거와 미래의 값들까지 사용하여 정확도를 높이고자 하는 방법으로 볼 수 있으며 이 책에서는 Adams (1819-1892) 방법과 연관된 다음과 같은 두 가지 방법을 다루기로 한다.

Adams-Bashforth 방법 Lagrange 보간 다항식을 적용하는 방법으로서 다단계 방법에서 가장 보편적으로 사용되는 알고리즘

Adams-Bashforth-Moulton 방법 다단계 방법의 하나로서 Adams-Bashfort 방

법을 예측자로 하고 Adams-Moulton 방법을 수정자로 하여 진행하는 알고리즘

40.2 Adams-Bashforth 방법: 해설

대표적인 다단계 방법으로는 Adams-Bashforth 방법이 있으며 차수에 따라 해당되는 공식을 유도할 수 있다. 다음은 Adams-Bashforth 2단계 공식을 유도하는 과정이다.

$$\frac{dy}{dt} = f(t,y) \qquad 0 < t < T \tag{40.1}$$

구간 $t_i < t < t_{i+1}$ 에서 미분 방정식을 적분하면 다음과 같이 쓸 수 있다.

$$y_{i+1} = y_i + \int_{t_i}^{t_{i+1}} f(t,y)dt \tag{40.2}$$

우변의 적분을 수행하기 위해서는 $f(t,y)$ 를 수치적으로 근사시켜야 하는데 여기서는 앞에서 학습하였던 선형 Lagrange 다항식을 사용하기로 한다. Lagrange 다항식을 위 식에 대입하여 우변의 적분항만 따로 보면 다음과 같다.

$$\int_{t_i}^{t_{i+1}} f(t,y)dt \approx \int_{t_i}^{t_{i+1}} \left[\frac{(t-t_{i-i})}{(t_i-t_{i-1})}f(t_i,y_i) + \frac{(t-t_i)}{(t_{i-1}-t_i)}f(t_{i-1},y_{i-1})\right]dt \tag{40.3}$$

$$= \frac{1}{2}(t_i+t_{i+1}-2t_{i-1})f(t_i,y_i) + \frac{1}{2}(2t_i-t_{i+1}-t_i)f(t_{i-1},y_{i-1}) \tag{40.4}$$

또한 $t_i - t_{i-1} = t_{i+1} - t_i = h$ 을 해당되는 항들에 적용하여 정리하면 최종적으로 Adams-Bashforth 2단계 공식 (AB2)은 다음과 같이 주어진다.

$$y_{i+1} = y_i + \frac{3}{2}hf(t_i, y_i) - \frac{1}{2}hf(t_{i-1}, y_{i-1}) \tag{40.5}$$

여기서 유의해야 할 점은 Adams-Bashforth 공식은 자체적으로 실행될 수 없다는 것이다. 예를 들어, 지수는 보통 사용하는 $i=0$ 부터가 아니라 다음과 같이 $i=1$ 부터 적용되어야 한다.

$$y_2 = y_1 + \frac{3}{2}hf(t_1, y_1) - \frac{1}{2}hf(t_0, y_0) \tag{40.6}$$

여기서 좌변은 y_2 가 되었고 우변은 현재인 t_1 에서의 값과 과거인 t_0 으로 구성되어 있다. 그런데 초기 조건에서는 y_0 만이 제공되므로 y_1 값은 미지수이다. 따라서 이 식에서는 양변에 두 개의 미지수 y_2 와 y_1 이 동시에 존재하는 문제가 생긴다. 이를 해결하기 위해서는 y_1 의 값을 먼저 구해서 Adams-Bashforth 2단계 공식에 공급해 주어야 한다. 그러므로 앞에서 학습하였던 Euler 방법이나 Runge-Kutta 방법으로 y_1 의 값을 계산하는 과정이 선행되어야 하며 이러한 과정은 다단계 방법의 특징이다. 여기서 설명한 다단계 알고리즘을 요약해 보면 다음과 같다.

개시 (starter) 초기값 y_0 을 가지고 다음 단계의 근사값 y_1 을 계산한다. 계산하기 위한 방법은 Euler 방법이나 Runge-Kutta 방법 등을 사용하면 된다.

다단계 계산 $i=1$ 에서 y_1 을 Adams-Bashforth 공식에 대입하여 다음 단계의 근사값 y_2 를 계산한다.

이와 같이 **개시 – 다단계 계산 – 다단계 계산** 의 과정을 반복하면 원하는 단계에서의 근사값을 계산할 수 있다.

다음에 주어진 미분방정식을 Adams-Bashfort 2단계 방법으로 해석하는 방법을 설명하고자 한다.

$$\frac{dy}{dt} = t - y \qquad y(0) = 1, \qquad 0 \le t \le 1 \tag{40.7}$$

식 (40.5)에서 Adams-Bashforth 차분식은 다음과 같이 쓸 수 있다.

$$y_{i+1} = y_i + \frac{3}{2}h(t_i - y_i) - \frac{1}{2}h(t_{i-1} - y_{i-1}) \tag{40.8}$$

그리고 y_1 을 계산하기 위해서 Euler 방법을 쓰기로 하면 식 (36.4)로부터 다음과 같이 쓸 수 있다.

$$y_{i+1} = y_i + h(t_i - y_i) \tag{40.9}$$

구간 $0 \le t \le 1$ 을 5개로 나누면 $h = 0.2$ 가 되며 Adams-Bashforth 2단계 공식에서는 $i = 1$ 부터 시작하게 되므로 먼저 식 (40.9)을 사용하여 다음과 같이 y_1 을 계산한다.

$$y_1 = y_0 + h(t_0 - y_0) = 1.0 + 0.2(0.0 - 1.0) = 0.8 \tag{40.10}$$

다음은 식 (40.8)에서 y_2 를 다음과 같이 계산한다.

$$\begin{aligned} y_2 &= y_1 + \frac{3}{2}h(t_1 - y_1) - \frac{1}{2}h(t_0 - y_0) \\ &= 1.0 + \frac{3}{2} \times 0.2(0.2 - 0.8) - \frac{1}{2} \times 0.2(0.0 - 1.0) \\ &= 0.72 \end{aligned} \tag{40.11}$$

이번에는 $i = 2$ 로 놓고 역시 식 (40.8)에서 y_3 를 다음과 같이 계산한다.

$$
\begin{aligned}
y_3 &= y_2 + \frac{3}{2}h(t_2 - y_2) - \frac{1}{2}h(t_1 - y_1) \\
&= 0.684
\end{aligned}
\tag{40.12}
$$

이 과정을 반복하면 원하는 단계에서의 근사해를 구할 수 있으며 나머지 항들에 대한 자료는 다음 절에서 보였다.

40.3 Adams-Bashforth 방법: 코딩

```
from numpy import zeros

# Define ab2 function
def ab2(f,t0,tf,y0,n):
    h = (tf - t0)/n
    t = zeros(n+1)
    y = zeros(n+1)
    t[0] = t0
    y[0] = y0
    y[1] = y[0] + h * f(t[0],y[0])
    t[1] = t[0] + h
    for i in range(1,n):
        y[i+1] = y[i] + (3.0/2.0) * h * f(t[i],y[i])

                -1.0/2.0 * h * f(t[i-1],y[i-1])
        t[i+1] = t[i] + h
    return t,y

# Define functions
def f(t,y):
    return  t - y

# Set initial conditions
```

```
t0 = 0.0
tf = 1.0
y0 = 1.0
n = 5

# Execute AB2
t, yab2 = ab2(f,t0,tf,y0,n)

# Print results
print("%5s %8s" % ('t','y'))
for i in range(n+1):
    print("%8.4f %8.4f" % (t[i],yab2[i]))
```

프로그램에서 from numpy import zeros 로 선언해서 필요로 하는 zeros 등의 함수를 불러온다. 다음은 f(t,y) 에서 f(t,y) 함수를 정의한다. 예제에서는 $y' = t - y$ 이므로 그에 따라 정의하였다. t0 와 tf 은 초기 단계와 마지막 단계를 의미하며 각각 0과 1이다. 다음은 Adams-Bashforth 2단계 알고리즘을 ab2(f,t0,tf,y0,n) 함수로 만드는 것이다. 유의할 점은 ab2 함수 내에서 y_1 을 계산하기 위한 Euler 방법이 y[1] = y[0] + h * f(t[0],y[0])와 같이 추가되었다는 점이다. 해석을 수행하기 위해서 ab2 함수를 불러와서 그 결과를 yab2 에 저장한 후 출력하면 결과는 다음과 같다.

```
  t       y
0.0   1.0000
0.2   0.8000
0.4   0.7200
0.6   0.6840
0.8   0.6908
1.0   0.7320
```

40.4 Adams-Bashforth 방법: 오차

표 40.1에서 보는 바와 같이 Adams-Bashforth 2단계 방법은 상대적으로 좋은 결과를 보여주고 있다. 그러나 앞 절에서의 Heun 방법에는 못 미치는 결과를 얻었는데 대체적으로 볼 때 예측자-수정자 방법이 더 좋은 성능을 보여줌을 알 수 있다. 또한 그림 40.1에서는 AB2 방법과 Euler 방법을 엄밀해와 비교한 결과를 보여주고 있다. AB2 방법은 초반에 상대적으로 큰 오차를 발생 시켰으나 단계를 진행할수록 엄밀해로 근접해 가는 것을 볼 수 있다. 반면에 Euler 방법의 결과는 갈수록 오차가 커지며 축소되지 않음을 알 수 있다. 그러므로 모든 경우에 최적한 알고리즘은 존재하지 않으므로 문제의 특성에 따라 적절한 알고리즘을 시험해보고 사용하는 수밖에 없다. 유의해야 할 점은 실제로 사용되는 수치해석에서는 최적의 방법이란 정확성만이 아니라 경제성도 포함된다는 점이다. 즉, 가장 적은 수의 과정을 수행하고, 저장 공간도 가장 적게 차지하는 반면에 가장 정확한 근삿값을 주는 방법을 찾는 것이 이상적이라고 볼 수 있다.

표 40.1 $y' = t - y$ 에서의 Adams-Bashforth 2단계 방법과 Euler 방법의 오차(%) 비교

t	ε_{AB2}	ε_{Euler}
0.0	0.00	0.00
0.2	4.47	4.47
0.4	2.78	8.18
0.6	1.95	10.55
0.8	1.12	11.37
1.0	0.51	10.92

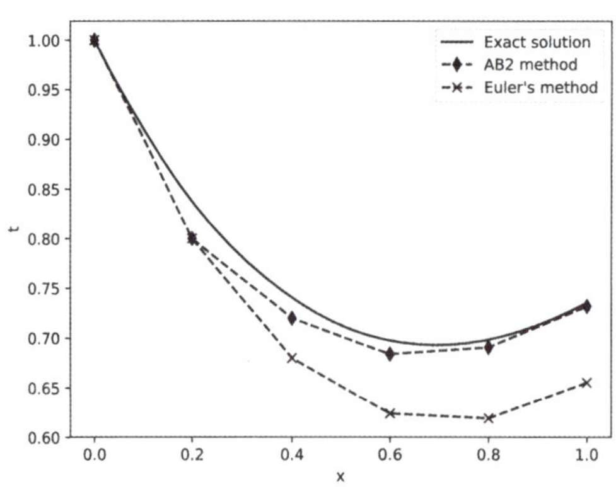

그림 40.1 $y' = t - y$ 에 대한 Adams-Bashforth 2단계 방법, Euler 방법과 엄밀해의 비교

40.5 요약

- 다단계 방법은 미분방정식의 근사해를 구할 때 현재의 값만을 사용하지 않고 과거와 미래의 값들까지 사용하여 정확도를 높이고자 하는 방법이다.
- Adams-Bashforth 방법은 Lagrange 보간 다항식을 적용하는 방법으로서 다단계 방법에서 가장 보편적으로 사용되는 알고리즘이다.
- Adams-Bashforth 방법은 자체적으로 시동이 불가능하므로 계산을 개시하게 하는 다른 알고리즘, 예를 들어, Euler 방법 또는 Runge-Kutta 방법 등이 필요하다.

40.6 과제

1. Adams-Bashforth 방법을 사용하여 $y' = t - y$, $y(0) = 1$ 의 해를 $0 \le t \le 1$ 에서 구하시오. 단, $n = 10$ 로 하고 엄밀해는 $y = t - 1 + 2e^{-t}$ 이다.
2. Adams-Bashforth 방법을 사용하여 $y' = t + 2y$, $y(0) = 0$, $0 \le t \le 1$ 에서 구하시오. 단, $n = 10$ 로 하고 엄밀해는 $y = 1/4(-1 + e^{2t} - 2t)$ 이다.
3. Adams-Bashforth 방법을 사용하여 $y' = y^2$, $y(0) = 1$ 의 해를 $0 \le t \le 0.5$ 에서 구하시오. 단, $n = 10$ 로 하고 엄밀해는 $y = 1/(1-t)$ 이다.
4. Adams-Bashforth 방법을 사용하여 $y' = ty - 3t$, $y(0) = 0$, $0 \le t \le 1$ 에서 구하시오. 단, $n = 10$ 로 하고 엄밀해는 $y = 3 - 3e^{t^2/2}$ 이다.
5. Adams-Bashforth 방법을 사용하여 $y' = ty^2 - 5y$, $y(0) = 1$ 의 해를 $0 \le t \le 1$ 에서 구하시오.
   단, $n = 10$ 로 하고 엄밀해는 $y = 25/(1 + 24e^{5t} + 5t)$ 이다.
6. Adams-Bashforth 방법을 사용하여 $y' = -10y$, $y(0) = 1$, $0 \le t \le 0.5$ 에서 구하시오. 단, $n = 10$ 로 하고 엄밀해는 $y = e^{-10t}$ 이다.
7. Adams-Bashforth 방법을 사용하여 $y' = -0.1y$, $y(0) = 1$ 의 해를 $0 \le t \le 1$

에서 구하시오. 단, $n=10$ 로 하고 엄밀해는 $y=e^{-0.1t}$ 이다.

8. Adams–Bashforth 방법을 사용하여 $y'=ty$, $y(0)=1$, $0 \le t \le 1$ 에서 구하시오. 단, $n=10$ 로 하고 엄밀해는 $y=e^{t^2/2}$ 이다.

9. Adams–Bashforth 방법을 사용하여 $y'=0.01y$, $y(0)=1$, $0 \le t \le 1$ 에서 구하시오. 단, $n=10$ 로 하고 엄밀해는 $y=e^{0.01t}$ 이다.

10. Adams–Bashforth 방법을 사용하여 $y'=-2ty^2$, $y(0)=1$ 의 해를 $0 \le t \le 1$ 에서 구하시오. 단, $n=10$ 로 하고 엄밀해는 $y=1/(1+t^2)$ 이다.

41장

Adams–Bashforth–Moulton 방법

41.1 Adams–Bashforth–Moulton 방법: 해설

Adams–Bashforth–Moulton 방법은 앞에서 학습하였던 예측자 – 수정자 방법의 한 형태이다. 예측자 – 수정자 방법은 다양한 알고리즘을 짝으로 하여 사용할 수 있으나 여기서는 예측자로 Adams–Bashforth 방법을 수정자로 Adams–Moulton 방법을 사용하는 형태로 하여 설명하고자 한다. 다음은 2단계 공식을 사용한 예측자–수정자 형식을 보여주고 있다.

$$
\begin{aligned}
y^*_{i+1} &= y_i + \frac{3}{2}hf(t_i, y_i) - \frac{1}{2}hf(t_{i-1}, y_{i-1}) && \text{Adams-Bashforth} \\
y_{i+1} &= y_i + \frac{1}{2}\left[f(t_i, y_i) + f(t_{i+1}, y^*_{i+1})\right] && \text{Adams-Moulton} \qquad (41.1)
\end{aligned}
$$

예측자–수정자 방법은 앞서 학습하였던 Heun 방법과 동일하게 작동하며 다음과 같은 과정을 거치게 된다.

준비 (preprocess) Euler 방법을 사용하여 미지수 y_{i-1} 를 계산한다.

예측 (predict) 시작점에서 알고 있는 y_1 와 계산한 y_{i-1} 을 사용하여 다음 단계에서의 y_{i+1} 에 대한 예측값 y^*_{i+1} 을 구한다.

계산 (evaluate) 예측값 y^*_{i+1} 을 사용하여 다음 단계에서의 기울기 $f(t_{i+1}, y^*_{i+1})$ 을 계산한다.

수정 (correct) y_{i+1}^* 과 기울기 $f(t_{i+1}, y_{i+1}^*)$ 을 사용하여 수정된 값 y_{i+1} 을 구한다.

미분방정식이 다음과 같이 주어질 때 Adams-Bashforth-Moulton 2단계 방법을 수행하는 과정을 설명하기로 한다.

$$\frac{dy}{dt} = t - y \qquad y(0) = 1, \qquad 0 \le t \le 1 \tag{41.2}$$

전체 구간을 5개로 나누면 $h = 0.2$ 가 되며 y_1 을 계산하기 위해서 Euler 방법을 쓰기로 하면 식 (36.4)로부터 다음과 같이 쓸 수 있다.

$$y_1 = y_0 + h(t_0 - y_0) = 1.0 + 0.2 \times (0.0 - 1.0) = 0.8 \tag{41.3}$$

한편, 식 (41.1)에서 예측자 y_{i+1}^* 와 수정자 y_{i+1} 는 다음과 같이 쓸 수 있다.

$$\begin{aligned} y_{i+1}^* &= y_i + \frac{3}{2}h(t_i - y_i) - \frac{1}{2}h(t_{i-1} - y_{i-1}) \\ y_{i+1} &= y_i + \frac{1}{2}\left[(t_i - y_i) + (t_{i+1} - y_{i+1}^*)\right] \end{aligned} \tag{41.4}$$

따라서 $i = 1$ 부터 시작하면 이 식에서 다음과 같이 y_2^* 와 y_2 를 계산할 수 있다.

$$\begin{aligned} y_2^* &= y_1 + \frac{3}{2}h(t_1 - y_1) - \frac{1}{2}h(t_0 - y_0) = 0.72 \\ y_2 &= y_1 + \frac{1}{2}\left[(t_1 - y_1) + (t_2 - y_2^*)\right] = 0.708 \end{aligned} \tag{41.5}$$

$i = 2$ 일 때도 같은 방법으로 계산하여 다음과 같이 y_3^* 와 y_3 을 구한다.

$$y_3^* = y_2 + \frac{3}{2}h(t_2 - y_2) - \frac{1}{2}h(t_1 - y_1) = 0.6756$$
$$y_3 = y_2 + \frac{1}{2}[(t_2 - y_2) + (t_3 - y_3^*)] = 0.6696 \quad (41.6)$$

나머지 항도 같은 방법으로 구할 수 있으며 결과는 다음 절에서 표시하였다.

41.2 2단계 Adams–Bashforth–Moulton 방법: 코딩

```
from numpy import zeros

# Define abm2 function
def abm2(f,t0,tf,y0,n):
    h = (tf - t0)/n
    t = zeros(n+1)
    y = zeros(n+1)
    t[0] = t0
    y[0] = y0
    y[1] = y[0] + h * f(t[0],y[0])
    t[1] = t[0] + h
    for i in range(1,n):
        yp = y[i] + (3.0/2.0) * h * f(t[i],y[i]) - 0.5 * h * f(t[i-1],y[i-1])
        t[i+1] = t[i] + h
        y[i+1] = y[i] + 0.5 * h * (f(t[i+1],yp) + f(t[i],y[i]))
    return y

# Define functions
def f(t,y):
    return  t - y

# Set initial conditions
t0 = 0.0
tf = 1.0
```

```
y0 = 1.0
n = 5

# Execute ABM2
yabm2 = abm2(f,t0,tf,y0,n)

# Print results
print("%5s %8s" % ('t','y'))
for i in range(n+1):
    print("%9.4f %9.4f" % (t[i],yabm2[i]))
```

프로그램에서 from numpy import zeros 로 선언해서 필요로 하는 zeros 등의 함수를 불러온다. 다음은 f(t,y) 에서 f(t,y) 함수를 정의한다. 예제에서는 $y' = t - y$ 이므로 그에 따라 정의하였다. t0 와 tf 은 초기단계와 마지막 단계를 의미하며 각각 0과 1이다. 2단계 Adams-Bashforth-Moulton 알고리즘은 abm2(f,t0,tf,y0,n) 함수로 만들었다. abm2 함수 내에서 y_1 을 계산하기 위한 Euler 방법이 y[1] = y[0] + h * f(t[0],y[0]) 와 같이 추가되었다. 해석을 수행하기 위해서 abm2 함수를 불러와서 그 결과를 yabm2 에 저장하고 결과를 출력하면 다음과 같다.

```
  t        y
0.0    1.0000
0.2    0.8000
0.4    0.7080
0.6    0.6696
0.8    0.6747
1.0    0.7153
```

41.3 4단계 Adams-Bashforth-Moulton 방법: 해설 및 코딩

실제로 다단계 방법을 응용하여 예측자-수정자 형식으로 가장 널리 쓰이는 것은 Adams-Bashforth-Moulton 4단계 공식이다. 즉, Adams-Bashforth 방법을 예측자로 Adams-Moulton 방법을 수정자로 정하며 다음과 같이 주어진다.

$$y_{i+1}^* = y_i + \frac{h}{24}\left[55f(t_i, y_i) - 59f(t_{i-1}, y_{i-1}) + 37f(t_{i-2}, y_{i-2}) - 9f(t_{i-3}, y_{i-3})\right]$$

$$y_{i+1} = y_i + \frac{h}{24}\left[9f(t_{i+1}, y_{i+1}^*) + 19f(t_i, y_i) - 5f(t_{i-1}, y_{i-1}) + f(t_{i-2}, y_{i-2})\right] \tag{41.7}$$

유의해야 할 점은 4단계 Adams-Bashforth-Moulton 방법애서는 $i = 3$ 으로 부터 시작하게 되므로 초기값 y_0 를 제외한 y_1, y_2, y_3이 모두 미지수인 상태가 된다는 점이다. 따라서, 자체적으로는 이러한 값들을 구할 수가 없으므로 다른 방법으로 먼저 이 값들을 계산하여 준비해야 한다. 일반적으로는 Runge-Kutta 방법이 사용되며 미지수 값들을 계산한 후 식 (41.7)에 대입하여 예측자-수정자 계산 과정을 시작하게 된다. 다음은 4단계 Adams-Bashforth-Moulton 알고리즘을 구현한 프로그램이다.

```
from numpy import zeros

# Define abm4 funciton
def abm4(f,t0,tf,y0,n):
    h = (tf - t0)/n
    t = zeros(n+1)
    y = zeros(n+1)
    t[0] = t0
    y[0] = y0
    # RK4
    for i in range(3):
        K0 = h * f(t[i], y[i])
        K1 = h * f(t[i] + h/2.0, y[i] + K0/2.0)
        K2 = h * f(t[i] + h/2.0, y[i] + K1/2.0)
        K3 = h * f(t[i] + h, y[i] + K2)
        y[i+1] = y[i] + 1.0 / 6.0 * (K0 + 2.0 * K1 + 2.0 * K2 + K3)
        t[i+1] = t[i] + h
```

```
    # Predictor and Corrector
    for i in range(3,n):
        a0 = f(t[i],y[i])
        a1 = f(t[i-1],y[i-1])
        a2 = f(t[i-2],y[i-2])
        a3 = f(t[i-3],y[i-3])
        yp = y[i] + h / 24.0 * (55.0 * a0 - 59.0 * a1 + 37.0 * a2 - 9.0 * a3)
        t[i+1] = t[i] + h
        b0 = f(t[i+1],yp)
        b1 = f(t[i],y[i])
        b2 = f(t[i-1],y[i-1])
        b3 = f(t[i-2],y[i-2])
        y[i+1] = y[i] + h / 24.0 * (9.0 * b0 + 19.0 * b1 - 5.0 * b2 + b3)
    return t,y

# Define functions
def f(t,y):
    return  t - y

# Set initial conditions
t0 = 0.0
tf = 1.0
y0 = 1.0
n = 5

# Execute ABM4
t, yabm4 = abm4(f,t0,tf,y0,n)

# Print results
print("%5s %8s" % ('t','y'))
for i in range(n+1):
    print("%9.4f %9.4f" % (t[i],yabm4[i]))
```

프로그램에서 from numpy import zeros 로 선언해서 필요로 하는 zeros 등의 함수를 불러오고 f(t,y) 에서 f(t,y) 함수를 정의한다. 예제에서는 $y' = t - y$ 이므로 그에 따라 정의하였다. t0 와 tf 은 초기단계와 마지막 단계를 의미하며 각각 0과 1이다. 다음은 4단계 Adams–Bashforth–Moulton 알고리즘을 abm4(f,t0,tf,y0,n) 함수로 만드는 것이다. 유의할 점은 abm4 함수 내에서 y_1, y_2, y_3 을 계산하기 위한 4차 Runge–Kutta 방법이 추가되는 점이다. 해석을 수행하기 위해서 abm4 함수를 불러와서 그 결과를 yabm4 에 저장한 후 출력하면 다음과 같다.

```
 t       y
0.0    1.0000
0.2    0.8375
0.4    0.7406
0.6    0.6976
0.8    0.6986
1.0    0.7357
```

41.4 Adams–Bashforth–Moulton 방법: 오차

상미분방정식의 근사해를 구하기 위해서 앞에서 다양한 알고리즘들을 살펴보았다. 대표적인 방법으로는 Runge–Kutta 방법이 있으며 Adams 계열의 다단계 방법도 존재한다. 표 41.1에서는 미분방정식 $y' = t - y$ 을 해석하는데 있어서 다양한 알고리즘을 사용한 결과를 동일한 조건에서 비교한 것이다. 즉, Euler 방법, 4차 Runge–Kutta 방법, 그리고 4단계 Adams–Bashforth–Moulton 방법에서 얻은 결과를 보였으며 결과적으로 Runge–Kutta 방법과 4단계 Adams–Bashforth–Moulton 방법은 성능이 거의 동일함을 보여주고 있다. 앞에서도 언급하였지만 모든 상황에서 최고의 성능을 보여주는 알고리즘은 존재하지 않는다. 그러나 많은 문제를 다루다 보면 특정한 문제와 조건에 맞는 가장 경제적이면서도 정확한 방법을 찾아낼 수 있을 것이다. 그림 41.1는 미분방정식 $y' = t - y$ 에 대한 4단계 Adams–Bashforth–Moulton 방법, 4차 Runge–Kutta 방법 그리고 Euler 방법에서의 결과를 비교한 것이다. 초반에서부터 Euler 방법은 상당한 오차를 보이고 있는 반면, 4단계 Adams–Bashforth–Moulton

방법과 4차 Runge-Kutta 방법은 매우 좋은 근사값을 주고 있음을 볼 수 있다.

표 41.1 미분방정식 $y' = t - y$ 에 대한 4단계 Adams-Bashforth-Moulton 방법 4차 Runge-Kutta 방법 그리고 Euler 방법에서의 오차 비교

t	ε_{ABM4}	ε_{RK4}	ε_{Euler}
0.0			
0.2	-0.0006	-0.0006	4.4732
0.4	-0.0011	-0.0011	8.1875
0.6	-0.0014	-0.0014	10.5534
0.8	0.0018	-0.0016	11.3729
1.0	0.0037	-0.0015	10.9273

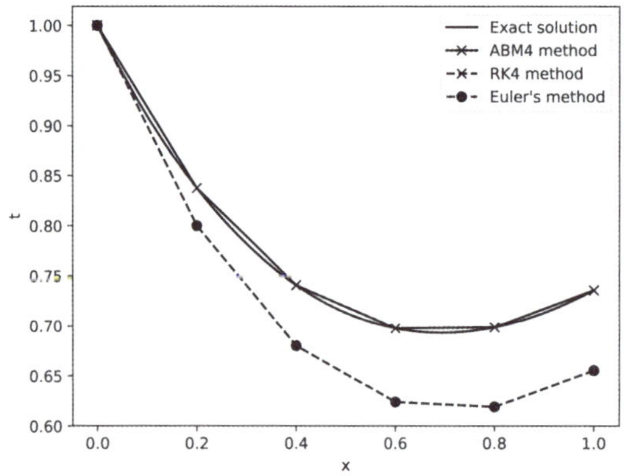

그림 41.1 $y' = t - y$ 에 대한 4단계 Adams-Bashforth-Moulton 방법, 4차 Runge-Kutta 방법, Euler 방법과 엄밀해의 비교

41.5 요약

- 4단계 Adams-Bashforth-Moulton 방법은 다단계 방법을 예측자-수정자 형태로 하여 미분방정식의 근사해를 구하는 방식을 갖는다.
- 4단계 Adams-Bashforth-Moulton 방법은 Adams-Bashforth 방법을 예측자로 Adams-Moulton 방법을 수정자로 사용한다. 단, 각 알고리즘의 형태와 조합

은 다양한 변형이 존재하며 유일하지 않다.

41.6 과제

1. 4단계 Adams-Bashforth-Moulton 방법을 사용하여 $y' = t - y$, $y(0) = 1$ 의 해를 $0 \le t \le 1$ 에서 구하시오. 단, $n = 10$ 로 하고 엄밀해는 $y = t - 1 + 2e^{-t}$ 이다.
2. 4단계 Adams-Bashforth-Moulton 방법을 사용하여 $y' = t + 2y$, $y(0) = 0$, $0 \le t \le 1$ 에서 구하시오. 단, $n = 10$ 로 하고 엄밀해는 $y = 1/4(-1 + e^{2t} - 2t)$ 이다.
3. 4단계 Adams-Bashforth-Moulton 방법을 사용하여 $y' = y^2$, $y(0) = 1$ 의 해를 $0 \le t \le 0.5$ 에서 구하시오. 단, $n = 10$ 로 하고 엄밀해는 $y = 1/(1 - t)$ 이다.
4. 4단계 Adams-Bashforth-Moulton 방법을 사용하여 $y' = ty - 3t$, $y(0) = 0$, $0 \le t \le 1$ 에서 구하시오. 단, $n = 10$ 로 하고 엄밀해는 $y = 3 - 3e^{t^2/2}$ 이다.
5. 4단계 Adams-Bashforth-Moulton 방법을 사용하여 $y' = ty^2 - 5y$, $y(0) = 1$ 의 해를 $0 \le t \le 1$ 에서 구하시오. 단, $n = 10$ 로 하고 엄밀해는 $y = 25/(1 + 24e^{5t} + 5t)$ 이다.
6. 4단계 Adams-Bashforth-Moulton 방법을 사용하여 $y' = -10y$, $y(0) = 1$, $0 \le t \le 0.5$ 에서 구하시오. 단, $n = 10$ 로 하고 엄밀해는 $y = e^{-10t}$ 이다.
7. 4단계 Adams-Bashforth-Moulton 방법을 사용하여 $y' = -0.1y$, $y(0) = 1$ 의 해를 $0 \le t \le 1$ 에서 구하시오. 단, $n = 10$ 로 하고 엄밀해는 $y = e^{-0.1t}$ 이다.
8. 4단계 Adams-Bashforth-Moulton 방법을 사용하여 $y' = ty$, $y(0) = 1$, $0 \le t \le 1$ 에서 구하시오. 단, $n = 10$ 로 하고 엄밀해는 $y = e^{t^2/2}$ 이다.
9. 4단계 Adams-Bashforth-Moulton 방법을 사용하여 $y' = 0.01y$, $y(0) = 1$, $0 \le t \le 1$ 에서 구하시오. 단, $n = 10$ 로 하고 엄밀해는 $y = e^{0.01t}$ 이다.

10. 4단계 Adams–Bashforth–Moulton 방법을 사용하여 $y' = -2ty^2$, $y(0) = 1$ 의 해를 $0 \le t \le 1$ 에서 구하시오. 단, $n = 10$ 로 하고 엄밀해는 $y = 1/(1 + t^2)$이다.

42장

연립미분방정식

42.1 연립미분방정식: 해설

연립미분방정식은 두개 이상의 미분방정식으로 구성되며 변수 상호간에 선형적 또는 비선형적 관계로 맺어진 방정식을 의미한다. 연립미분방정식에 대한 해석방법은 기존의 미분방정식 해법과 동일하나 구해야 할 변수가 다수의 방정식에 걸쳐 있으므로 차분방정식을 기술하여 코딩할 때 각각의 변수가 누락되지 않도록 유의해야 한다.

다음은 두 개의 변수 y 와 v 에 대한 1차 연립미분방정식이다.

$$\begin{aligned} y' &= g(t, y, v), & y(0) &= \alpha \\ v' &= f(t, y, v), & v(0) &= \beta \end{aligned} \tag{42.1}$$

이 방정식에 Euler 방법을 적용하여 차분식으로 만들면 다음과 같다.

$$\begin{aligned} y_{i+1} &= y_i + hg(t_i, y_i, v_i) \\ v_{i+1} &= v_i + hf(t_i, y_i, v_i) \end{aligned} \tag{42.2}$$

두번의 계산과정을 거친다는 것만 제외하고는 Euler 방법의 경우에는 해를 구하는 과정은 단수의 미분방정식과 동일하다.

두 변수 y 와 v 로 구성된 다음의 연립미분방정식에 대하여 $0 \leq t \leq 4$에서 $h = 0.8$로 하여 Euler 방법으로 해석하는 과정을 설명하고자 한다.

$$
\begin{aligned}
y' &= 1 + v - y^2 - v^2, \qquad y(0) = 0 \\
v' &= 1 - y - y^2 - v^2, \qquad v(0) = 1
\end{aligned}
\tag{42.3}
$$

이 식에 Euler 방법을 적용하여 차분방정식으로 쓰면 다음과 같다.

$$
\begin{aligned}
y_{i+1} &= y_i + h(1 + v_i - y_i^2 - v_i^2) \\
v_{i+1} &= v_i + h(1 - y_i - y_i^2 - v_i^2)
\end{aligned}
\tag{42.4}
$$

이 방정식에서 $i = 0$ 으로부터 계산을 시작하면 $y_0 = 0$ 와 $v_0 = 1$ 이며 주어진 구간을 5개로 나누면 $h = (4-0)/5 = 0.8$ 이 되고 y_1 과 v_1 은 다음과 같다.

$$
\begin{aligned}
y_1 &= y_i + h(1 + v_i - y_i^2 - v_i^2) = 0 + 0.8 \times (1 + 1 - 0 - 1^2) = 0.8 \\
v_1 &= v_i + h(1 - y_i - y_i^2 - v_i^2) = 1 + 0.8 \times (1 - 0 - 0 - 1^2) = 1
\end{aligned}
\tag{42.5}
$$

$i = 1$ 로 하여 y_2 와 v_2 를 다음과 같이 계산한다.

$$
\begin{aligned}
y_2 &= y_1 + 0.8(1 + v_1 - y_1^2 - v_1^2) = 1.0880 \\
v_2 &= v_1 + 0.8(1 - y_1 - y_1^2 - v_1^2) = -0.1520
\end{aligned}
\tag{42.6}
$$

계속해서 반복적인 계산과정을 진행하면 표 42.1에서와 같은 결과를 얻을 수 있다.

표 42.1 Euler 방법에 의한 연립미분방정식의 근사해

i	t	y_i	v_i
0	0.0	0.0000	1.0000
1	0.8	0.8000	1.0000
2	1.6	1.0880	-0.1520
3	2.4	0.8009	-1.1878
4	3.2	-0.9914	-2.6706
5	4.0	-8.8200	-7.5696

42.2 연립미분방정식: Euler 방법 코딩

```
from numpy import zeros

def euler_set(g,f,t0,tf,y0,v0,n):
    h = (tf - t0)/n
    t = zeros(n+1)
    y = zeros(n+1)
    v = zeros(n+1)
    t[0] = t0
    y[0] = y0
    v[0] = v0
    for i in range(n):
        y[i+1] = y[i] + h * g(t[i],y[i],v[i])
        v[i+1] = v[i] + h * f(t[i],y[i],v[i])
        t[i+1] = t[i] + h
    return t,y,v

def g(t,y,v):
    return 1.0 + v - y**2 - v**2

def f(t,y,v):
    return 1.0 - y - y**2 - v**2
t0 = 0.0
tf = 4.0
y0 = 0.0
v0 = 1.0
n = 5

t, y, v = euler_set(g,f,t0,tf,y0,v0,n)

print('%5s %8s %8s' % ('t','y','v'))
for i in range(n+1):
    print("%5.1f %9.4f %9.4f" % (t[i],y[i],v[i]))
```

t	y	v
0.0	0.0000	1.0000
0.8	0.8000	1.0000
1.6	1.0880	-0.1520
2.4	0.8009	-1.1879
3.2	-0.9914	-2.6706
4.0	-8.8201	-7.5697

프로그램에서는 from numpy import zeros 로 선언해서 필요로 하는 zeros 등의 함수를 불러온다. 다음은 g(t,y,v) 와 f(t,y,v) 에서 g(t,y,v) 와 f(t,y,v) 함수를 정의한다. t0 와 tf 은 초기단계와 마지막 단계를 의미하며 각각 0과 4이다. 다음은 연립미분방정식에 대한 Euler 알고리즘을 euler_set(g,f,t0,tf,y0,v0,n) 함수로 만드는 것이다. 해석을 수행하기 위해서 euler_set 함수를 불러와서 그 결과를 y 와 v 에 각각 저장한 후 출력하면 다음과 같다.

t	y	v
0.0	0.0000	1.0000
0.8	0.8000	1.0000
1.6	1.0880	-0.1520
2.4	0.8009	-1.1879
3.2	-0.9914	-2.6706
4.0	-8.8201	-7.5697

42.3 연립미분방정식: RK4 방법 해설

Euler 방법보다 정교한 알고리즘, 예를 들어, Runge-Kutta 방법을 적용하면 훨씬 높은 정확도를 갖는 결과를 얻을 수 있고, 또한, 같은 크기의 구간을 사용하면서도 계산과정에서의 발산을 방지할 수 있다. 두 변수 y 와 v 에 대한 연립미분방정식을 4차 Runge-Kutta 방법을 적용하여 차분식으로 쓰면 다음과 같다.

$$y_{i+1} = y_i + \frac{1}{6}(K_0 + 2K_1 + 2K_2 + K_3)$$
$$v_{i+1} = v_i + \frac{1}{6}(M_0 + 2M_1 + 2M_2 + M_3) \tag{42.7}$$

여기서 해당되는 인자 K 와 M 은 각각 다음과 같이 정의된다.

$$\begin{aligned}
K_0 &= hg(t_i, y_i, v_i) \\
M_0 &= hf(t_i, y_i, v_i) \\
K_1 &= hg(t_i + \frac{h}{2}, y_i + \frac{K_0}{2}, v_i + \frac{M_0}{2}) \\
M_1 &= hf(t_i + \frac{h}{2}, y_i + \frac{K_0}{2}, v_i + \frac{M_0}{2}) \\
K_2 &= hg(t_i + \frac{h}{2}, y_i + \frac{K_1}{2}, v_i + \frac{M_1}{2}) \\
M_2 &= hf(t_i + \frac{h}{2}, y_i + \frac{K_1}{2}, v_i + \frac{M_1}{2}) \\
K_3 &= hg(t_{i+1}, y_i + K_2, v_i + M_2) \\
M_3 &= hf(t_{i+1}, y_i + K_2, v_i + M_2)
\end{aligned} \tag{42.8}$$

식 (42.3)에서 주어진 연립방정식에 대하여 4차 Runge–Kutta 방법에서의 인자 K 와 M 을 계산한 결과를 표 42.2에서 보였다.

표 42.2 연립미분방정식 식 (42.3)에서 4차 Runge–Kutta 방법으로 계산한 K 와 M

t	K_0	M_0	K_1	M_1	K_2	M_2	K_3	M_3
0.0								
0.8	0.8000	0.0000	0.6719	-0.4480	0.8487	-0.0408	0.2550	-1.1912
1.6	0.6117	-0.4452	0.2124	-0.9111	0.4215	-0.3559	-0.0134	-1.1230
2.4	-0.0279	-0.7868	-0.4728	-0.9058	-0.2559	-0.4632	-0.2492	-0.4327
3.2	-0.5586	-0.5584	-0.9067	-0.4597	-0.6973	-0.1505	-0.4698	0.2087
4.0	-0.7207	0.0536	-0.7630	0.2781	-0.5271	0.4412	-0.0647	0.7785

42.4 연립미분방정식: RK4 방법 코딩

```
from numpy import zeros

# Define rk4_set function
def rk4_set(g,f,t0,tf,y0,v0,n):
    h = (tf - t0)/n
    t = zeros(n+1)
    y = zeros(n+1)
    v = zeros(n+1)
    t[0] = t0
    y[0] = y0
    v[0] = v0
    for i in range(n):
        K0 = h * g(t[i],y[i],v[i])
        M0 = h * f(t[i],y[i],v[i])
        K1 = h * g(t[i] + h/2.0, y[i] + K0/2.0, v[i] + M0/2.0)
        M1 = h * f(t[i] + h/2.0, y[i] + K0/2.0, v[i] + M0/2.0)
        K2 = h * g(t[i] + h/2.0, y[i] + K1/2.0, v[i] + M1/2.0)
        M2 = h * f(t[i] + h/2.0, y[i] + K1/2.0, v[i] + M1/2.0)
        K3 = h * g(t[i] + h, y[i] + K2, v[i] + M2)
        M3 = h * f(t[i] + h, y[i] + K2, v[i] + M2)
        y[i+1] = y[i] + 1.0/6.0 * (K0 + 2.0 * K1 + 2.0 * K2 + K3)
        v[i+1] = v[i] + 1.0/6.0 * (M0 + 2.0 * M1 + 2.0 * M2 + M3)
        t[i+1] = t[i] + h
    return t,y,v

# Define functions
def g(t,y,v):
    return 1.0 + v - y**2 - v**2
def f(t,y,v):
    return 1.0 - y - y**2 - v**2

# Set initial conditions
t0 = 0.0
```

```
tf = 4.0
y0 = 0.0
v0 = 1.0
n = 5

# Execute RK4_Set
t, y, v = rk4_set(g,f,t0,tf,y0,v0,n)

# Print results
print('%8s %8s %8s' % ('t','y','v'))
for i in range(n+1):
    print("%9.4f %9.4f %9.4f" % (t[i],y[i],v[i]))
```

프로그램에서 from numpy import zeros 로 선언해서 필요로 하는 zeros 등의 함수를 불러온다. 다음은 g(t,y,v) 와 f(t,y,v) 에서 g(t,y,v) 와 f(t,y,v) 함수를 정의한다. t0 와 tf 은 초기단계와 마지막 단계를 의미하며 각각 0과 4이다. 다음은 연립미분방정식에 대한 RK4 알고리즘을 rk4_set(g,f,t0,tf,y0,v0,n) 함수로 만드는 것이다. 마지막으로 해석을 수행하기 위해서 rk4_set 함수를 불러와서 그 결과를 y 와 v 에 각각 저장하며 출력하면 다음과 같다.

```
 t        y         v
0.0    0.0000    1.0000
0.8    0.6828    0.6385
1.6    0.9938   -0.0452
2.4    0.7047   -0.7049
3.2   -0.0015   -0.9666
4.0   -0.5625   -0.5881
```

42.5 연립미분방정식: 오차

Euler 방법과 4차 Runge-Kutta 방법으로 구한 연립방정식의 근사해가 독립변수

t의 증가에 따라 어떠한 경향을 보여주고 있는지 살펴보는 것은 흥미 있는 일이다. 그림42.1에서는 식 (42.3)에서 주어진 연립 미분방정식의 근사해와 엄밀해를 y 와 v 에 대하여 각각 비교하여 보여주고 있다. 구간의 초반에는 비교적 좋은 결과를 보여주고 있으나 t 가 증가할수록 오차가 급격하게 커지는 것을 볼 수 있다. 특히 $t=4$ 근처에서는 거의 발산이 되는 정도로 값으로 증가하고 있는 것을 볼 수 있다. 이 현상은 Euler 방법에서의 구조적 한계 때문이며 이는 단수의 미분방정식을 해석할 때도 이미 언급한 내용이다. 따라서 발산 문제를 피하기 위해서는 더 작은 크기의 구간을 사용하거나, 보다 정교한 알고리즘을 적용해야 한다. 그림 42.2에서는 동일한 방정식을 같은 조건하에서 4차 Runge–Kutta 방법으로 해석한 결과를 보여주고 있다. Euler 방법과 달리 근사해는 엄밀해와 상당히 가까운 양상을 보이고 있다.

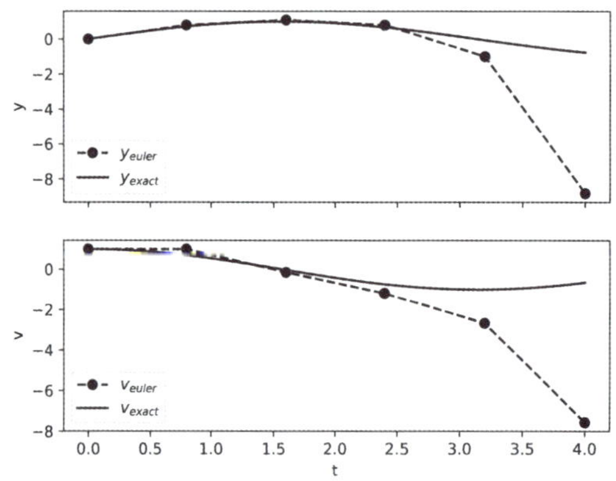

그림 42.1 연립미분방정식에 대한 Euler 방법의 근사해와 엄밀해의 비교

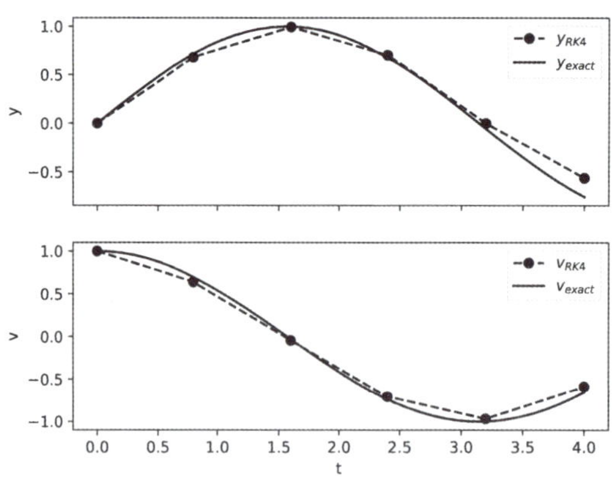

그림 42.2 연립미분방정식에 대한 4차 Runge–Kutta 방법의 근사해와 엄밀해의 비교

42.6 요약

- 연립미분방정식은 각각의 방정식에 알고리즘을 적용하여 복수의 차분방정식으로 만든 후에 근사해를 구한다. 각 방정식에는 변수가 공통적으로 포함되어 있는 것이 일반적이므로 연립방정식은 독립적이지 않다.
- 하나의 방정식에서 발생한 오차는 공통으로 포함하고 있는 변수 때문에 다른 방정식으로 쉽게 전이될 수 있게 되어 전체 시스템을 불안정하게 만들 요소가 있다.
- 따라서 다수의 미분방정식을 연립으로 하여 해석해야 하는 경우는 더욱 정교한 알고리즘을 사용해야 한다.

42.7 과제

1. Euler 방법 프로그램을 사용하여 연립미분방정식 $y' = 1 + v - y^2 - v^2$, $v' = 1 - y - y^2 - v^2$, $y(0) = 0$, $v(0) = 1$ 의 해를 $0 \le t \le 1$ 에서 구하시오. 단, $n = 10$ 로 하고 엄밀해는 $y = \sin(t)$, $v = \cos(t)$이다.
2. Euler 방법 프로그램을 사용하여 연립미분방정식 $y' = y + v + 1$, $v' = y + v - 1$ −1$, $y(0) = 0$, $v(0) = 0$ 의 해를 $0 \le t \le 1$ 에서 구하시오. 단, $n = 10$ 로 하고, 엄밀해는 $y = t$, $v = -t$ 이다.
3. 4차 Runge–Kutta 방법 프로그램을 사용하여 연립미분방정식 $y' = 1 + v - y^2 - v^2$, $v' = 1 - y - y^2 - v^2$, $y(0) = 0$, $v(0) = 1$ 의 해를 $0 \le t \le 1$ 에서 구하시오. 단, $n = 10$ 로 하고 엄밀해는 $y = \sin(t)$, $v = \cos(t)$ 이다.
4. 4차 Runge–Kutta 방법 프로그램을 사용하여 연립미분방정식 $y' = y + v + 1$, $v' = y + v - 1$, $y(0) = 0$, $v(0) = 0$ 의 해를 $0 \le t \le 1$ 에서 구하시오. 단, $n = 10$ 로 하고, 엄밀해는 $y = t$, $v = -t$ 이다.

43장

고차미분방정식 (Higher-order Differential Equations)

43.1 고차미분방정식과 Euler 방법: 해설

고차미분방정식은 이공학 분야에서 자주 사용되는 중요한 방정식의 형태이다. 앞에서 살펴보았던 1차 미분방정식과 달리 2차 이상의 고차미분방정식을 해석적으로 풀기에는 어려움이 많다. 고차미분방정식에 대한 수치해석적 기법을 사용하는 방식은 크게 두 가지로 분류될 수 있다. 첫 번째 방식은 고차의 수치미분 형태를 적용하여 해석하는 것이며 두 번째는 하나의 고차미분방정식을 다수의 저차미분방정식 형태로 변환하여 해를 구하는 것이다. 예를 들어, 2차 미분방정식을 두개의 1차 미분방정식으로 변환시켜서 해석하는 것이며 이는 앞에서 논의하였던 연립미분방정식의 해법과 동일하다. 이 책에서는 두번째 방식을 사용하여 고차미분방정식을 해석하는 방법을 설명하기로 한다. 다음은 y 에 대한 2차 미분방정식을 구간 $0 \le t \le 1$ 에서 초기값 $y(0)=\alpha$, $y'(0)=\beta$ 와 함께 두 개의 1차 연립미분방정식으로 만들어서 Euler 방법으로 해를 구하는 내용이다.

$$y'' = f(t, y, y'), \qquad y(0) = \alpha \quad y'(0) = \beta, \qquad 0 \le t \le 1 \tag{43.1}$$

여기서 중간변수 v 를 도입하여 식 (43.1)을 다음과 같이 연립미분방정식의 형태로 만든다.

$$
\begin{aligned}
y' &= v, & y(0) &= \alpha \\
v' &= f(t, y, y') = f(t, y, v), & y'(0) &= v(0) = \beta
\end{aligned}
\tag{43.2}
$$

변수 y 와 v 에 대한 연립미분방정식을 Euler 방법을 적용하여 수치해석이 가능하도록 다음과 같이 차분식으로 만든다.

$$
\begin{aligned}
y_{i+1} &= y_i + hv_i \\
v_{i+1} &= v_i + hf(t_i, y_i, v_i)
\end{aligned}
\tag{43.3}
$$

다음의 예제 문제를 통해서 고차미분방정식을 해석하는 방법을 알아보고자 하며 엄밀해는 $y = \exp(-x^2/2)$ 이다.

$$
y'' - (t^2 - 1)y = 0, \qquad y(0) = 1, \qquad y'(0) = 0 \tag{43.4}
$$

위의 2차 미분방정식을 두개의 1차 미분방정식으로 변환시키면 다음과 같다.

$$
\begin{aligned}
y' &= v \\
v' &= (t^2 - 1)y = f(t, y, v)
\end{aligned}
\tag{43.5}
$$

이 식을 식 (43.3)에서와 같이 Euler 방법으로 차분화시키면 다음과 같다.

$$
\begin{aligned}
y_{i+1} &= y_i + hv_i \\
v_{i+1} &= v_i + h(t_i^2 - 1)y_i
\end{aligned}
\tag{43.6}
$$

위 식에서 $i = 0$ 에서 $h = 0.1$ 을 사용하여 초기값 $y_0 = 1.0$, $v_0 = 0.0$ 을 적용시키면 첫 번째 근사해 y_1 와 v_1는 다음과 같이 계산된다.

$$y_1 = 1.0 + 0.1 \times 0.0 = 1.0$$
$$v_1 = 0.0 + 0.1 \times (0.0^2 - 1.0) \times 1.0 = -0.1 \tag{43.7}$$

계속해서 $i=1$ 을 상정하여 계산하면 y_2, v_2 는 각각 다음과 같이 주어진다.

$$y_2 = 1.0 + 0.1 \times (-0.1) = 0.99$$
$$v_2 = -0.1 + 0.1 \times (0.1^2 - 1.0) \times 0.99 = -0.199 \tag{43.8}$$

이 과정을 반복하면 연립미분방정식에 대한 근사해를 구할 수 있다.

43.2 고차미분방정식과 Euler 방법: 코딩

고차미분방정식에 대한 프로그램에서는 from numpy import zeros 로 선언해서 필요로 하는 zeros 등의 함수를 불러온다. 또한, f(t,y,v) 함수를 f(t,y,v) 로 선언하여 정의한다. t0, tf 은 독립변수의 시작값과 끝값을 의미하며 여기서는 각각 0과 1이다. 연립미분방정식에 대한 Euler 알고리즘을 함수 euler_set(f,t0,tf,y0,v0,n) 로 구현하였다. 이 프로그램을 수행하면 euler_set 함수를 불러와서 결과를 y 와 v 로 각각 저장한 후 돌려주며 결과는 다음과 같다.

```
from numpy import zeros

# Define euler_set function
def euler_set(f,t0,tf,y0,v0,n):
    h = (tf - t0)/n
    t = zeros(n+1)
    y = zeros(n+1)
    v = zeros(n+1)
    t[0] = t0
```

```
    y[0] = y0
    v[0] = v0
    for i in range(n):
        y[i+1] = y[i] + h*v[i]
        v[i+1] = v[i] + h*f(t[i],y[i],v[i])
        t[i+1] = t[i] + h
    return t,y,v

# Define functions
def f(t,y,v):
    return (t**2 - 1.0)*y

# Set initial conditions
t0 = 0
tf = 1
y0 = 1.0
v0 = 0.0
n = 10

# Execute EULER_SET
t, y, v = euler_set(f,t0,tf,y0,v0,n)

# Print results
print('%5s %8s %8s' % ('t','y','v'))
for i in range(n+1):
    print("%9.4f %9.4f %9.4f" % (t[i],y[i],v[i]))
```

```
  t       y         v
 0.0   1.0000    0.0000
 0.1   1.0000   -0.1000
 0.2   0.9900   -0.1990
 0.3   0.9701   -0.2940
 0.4   0.9407   -0.3823
 0.5   0.9025   -0.4613
 0.6   0.8563   -0.5290
```

0.7	0.8034	-0.5838
0.8	0.7450	-0.6248
0.9	0.6826	-0.6516
1.0	0.6174	-0.6646

43.3 고차미분방정식과 4차 Runge-Kutta 방법: 해설

이번에는 4차 Runge-Kutta 방법을 사용하여 다음과 같은 고차미분방정식을 해석하는 방법을 알아보기로 한다. 앞 절에서와 마찬가지로 먼저 2차 미분방정식을 두 개의 1차 미분방정식으로 변환하는 과정을 수행한다.

$$y'' = f(t, y, y'), \qquad y(0) = \alpha \quad y'(0) = \beta, \qquad 0 \le t \le 1 \tag{43.9}$$

중간변수 v 를 도입하여 다음과 같이 두 개의 1차 미분방정식의 형태로 만든다.

$$\begin{aligned} y' &= v, & y(0) &= \alpha \\ v' &= f(t, y, y') = f(t, y, v), & y'(0) &= v(0) = \beta \end{aligned} \tag{43.10}$$

4차 Runge-Kutta 방법에서의 식 (42.8)은 다음과 같이 간략화 된다.

$$\begin{aligned} K_0 &= hv_i \\ K_1 &= h\left(v_i + \frac{M_0}{2}\right) \\ K_2 &= h\left(v_i + \frac{M_1}{2}\right) \\ K_3 &= h(v_i + M_2) \end{aligned} \tag{43.11}$$

이 식을 식 (42.7)에 대입하면 인자 K 은 M 으로 통합된다. 따라서 실제 계산은 다음에 주어진 M 에 관해서 만 진행하면 된다.

$$\begin{aligned}
M_0 &= hf(t_i, y_i, v_i) \\
M_1 &= hf\left(t_i + \frac{h}{2}, y_i + h\frac{v_i}{2}, v_i + \frac{M_0}{2}\right) \\
M_2 &= hf\left(t_i + \frac{h}{2}, y_i + h\frac{v_i}{2} + h\frac{M_0}{4}, v_i + \frac{M_1}{2}\right) \\
M_3 &= hf\left(t_{i+1}, y_i + hv_i + h\frac{M_1}{2}, v_i + M_2\right)
\end{aligned} \tag{43.12}$$

최종적으로 y 와 v 는 다음과 같이 계산할 수 있다.

$$\begin{aligned}
y_{i+1} &= y_i + hv_i + \frac{h}{6}(M_0 + M_1 + M_2) \\
v_{i+1} &= v_i + \frac{1}{6}(M_0 + 2M_1 + 2M_2 + M_3)
\end{aligned} \tag{43.13}$$

2차 미분방정식을 해석하기 위한 4차 Runge-Kutta 방법은 식 (43.12)과 (43.13)으로 구성되며 M 을 먼저 계산하고 순차적으로 y 와 v 를 구하는 방식으로 진행된다. 다음의 예제를 통해서 4차 Runge-Kutta 알고리즘을 설명하기로 한다.

$$y'' - (t^2 - 1)y = 0, \quad y(0) = 1, \quad y'(0) = 0 \tag{43.14}$$

이 식은 2차 미분방정식이므로 두 개의 1차 미분방정식으로 다음과 같이 정리할 수 있다.

$$\begin{aligned}
y' &= v \\
v' &= (t^2 - 1)y = f(t, y, v)
\end{aligned} \tag{43.15}$$

이 식을 식 (43.12)에서와 같이 인자 M 에 대하여 써보면 다음과 같다.

$$
\begin{aligned}
M_0 &= h(t_i^2 - 1)y_i \\
M_1 &= h\left(\left(t_i + \frac{h}{2}\right)^2 - 1\right)\left(y_i + h\frac{v_i}{2}\right) \\
M_2 &= h\left(\left(t_i + \frac{h}{2}\right)^2 - 1\right)\left(y_i + h\frac{v_i}{2} + h\frac{M_0}{4}\right) \\
M_3 &= h(t_{i+1}^2 - 1)\left(y_i + hv_i + h\frac{M_1}{2}\right)
\end{aligned} \tag{43.16}
$$

이 식에서 $i = 0$ 으로 시작하여 $h = 0.1$ 로 놓고 초기값 $y_0 = 1.0$ 와 $v_0 = 0.0$ 을 적용시키면 다음과 같다.

$$
\begin{aligned}
M_0 &= 0.1(0.0^2 - 1)1 = -0.1 \\
M_1 &= 0.1((0.0 + \frac{0.1}{2})^2 - 1)(1 + 0.1\frac{0.0}{2}) = -0.0997 \\
M_2 &= 0.1((0.0 + \frac{0.1}{2})^2 - 1)(1 + 0.1\frac{0.0}{2} + 0.1\frac{-0.1}{4}) = -0.0995 = \\
M_3 &= 0.1(0.1^2 - 1)(1 + 0.1 \times 0 + 0.1\frac{-0.0997}{2}) = -0.0985
\end{aligned} \tag{43.17}
$$

따라서 첫 번째 근사해 y_1 와 v_1 는 다음과 같이 주어진다.

$$
\begin{aligned}
y_1 &= y_0 + hv_0 + \frac{h}{6}(M_0 + M_1 + M_2) = 0.9950 \\
v_1 &= v_0 + \frac{1}{6}(M_0 + 2M_1 + 2M_2 + M_3) = -0.0995
\end{aligned} \tag{43.18}
$$

계속해서 $i = 1$ 을 상정하여 계산하면 y_2 와 v_2 는 다음과 같다.

$$
\begin{aligned}
y_2 &= 0.9801 \\
v_2 &= -0.1960
\end{aligned} \tag{43.19}
$$

이 과정을 반복하면 방정식에 대한 근삿값을 구할 수 있으며 나머지 항들에 대한 계산값은 다음 절에서 프로그램을 수행하여 보이기로 한다.

43.4 고차미분방정식과 RK4 방법: 코딩

프로그램에서 from numpy import zeros 로 선언해서 필요로 하는 zeros 등의 함수를 불러온다. 다음은 f(t,y,v) 로 선언하여 f(t,y,v) 함수를 정의한다. t0 와 tf 은 초기단계와 마지막 단계를 의미하며 각각 0과 1이다. 미분방정식에 대한 RK4 알고리즘을 rk4_set(f,t0,tf,y0,v0,n) 로 구현한다. 해석을 수행하기 위해서 rk4_set 함수를 불러와서 그 결과를 y 와 v 에 각각 저장한다. 출력하기 위해서 print 명령을 수행하면 다음과 같은 결과를 얻는다.

```
from numpy import zeros

# Define rk4_set function
def rk4_set(f,t0,tf,y0,v0,n):
    h = (tf - t0)/n
    t = zeros(n+1)
    y = zeros(n+1)
    v = zeros(n+1)
    t[0] = t0
    y[0] = y0
    v[0] = v0
    for i in range(n):
        M0 = h * f(t[i],y[i],v[i])
        M1 = h * f(t[i] + h/2.0, y[i] + h/2.0 * v[i], v[i] +  M0/2.0)
        M2 = h * f(t[i] + h/2.0, y[i] + h/2.0
             * v[i] + h/4.0 * M0, v[i] + M1/2.0)
        t[i+1] = t[i] + h
        M3 = h * f(t[i+1], y[i] + h * v[i] + h/2.0 * M1, v[i] + M2)
        y[i+1] = y[i] + h * v[i] + h/6.0 * (M0 + M1 + M2)
```

```
        v[i+1] = v[i] + (M0 + 2.0 * M1 + 2.0 * M2 + M3)/6.0
    return t,y,v

# Define fuctions
def f(t,y,v):
    return (t**2 - 1.0) * y

# Set initial conditions
t0 = 0
tf = 1
y0 = 1.0
v0 = 0.0
n = 10

# Execute RK4_SET
t, y, v = rk4_set(f,t0,tf,y0,v0,n)

# Print results
print('%5s %8s %8s' % ('t','y','v'))
for i in range(n+1):
    print("%9.4f %9.4f %9.4f" % (t[i],y[i],v[i]))
```

그림 43.1에서는 Euler 방법과 RK4 방법을 사용하여 식 (43.4)에서의 미분방정식을 해석한 결과이다. 구간은 $0 \le t \le 4$ 로 주었으며 $h = 0.4$ 로 하였다. 결과에서 보는 것처럼 t 가 증가할수록 두 방법에서의 결과는 차이가 커지고 있다. y 에 대해서는 Euler 방법에서는 $t = 1.5$ 근방에서부터 엄밀해와 비교하여 상대적으로 큰 오차가 발생되고 있으며 계산이 진행될수록 더 증가하는 모습을 보이고 있다. 그러므로 계속해서 계산을 진행한다면 불안정성을 보이며 프로그램은 결국 정지될 것으로 보인다. 따라서 보다 정교한 알고리즘 - 예를 들어 Runge-Kutta 방법 등을 사용하는 것이 좋다.

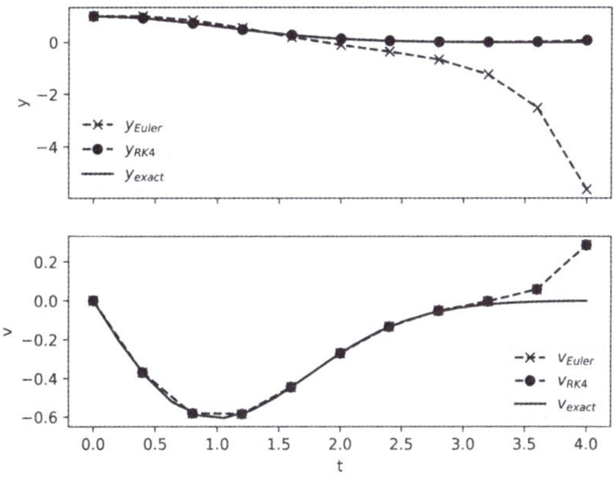

그림 43.1 고차미분방정식에 대한 Euler 방법, 4차 Runge–Kutta 방법과 엄밀해의 비교

43.5 요약

- 고차미분방정식에 대한 해법 중의 하나는 다수의 저차 미분방정식으로 변환한 후에 연립미분방정식의 개념을 적용하는 것이다. 예를 들어, 2차 미분방정식은 두 개의 1차 연립미분방정식으로 변환시켜서 사용한다.
- 연립미분방정식은 방정식 간에 공통의 변수로 연결(coupled) 되어있으므로 한쪽의 오차가 다른 쪽에도 영향을 쉽게 미치게 되어 전체 시스템을 불안정하게 만들 가능성이 커진다. 그러므로 보다 정교한 알고리즘을 사용하는 것이 바람직하다.

43.6 과제

1. Euler 방법을 사용하여 $y''+2y'=0$, $y(0)=0$,$y'(0)=1$의 해를 $0 \le t \le 1$ 에서 계산하시오. 단, $n=10$ 로 하고, 엄밀해는 $y=1/2-e^{-2t}/2$ 이다.
2. Euler 방법을 사용하여 $y''-(t^2-1)y=0$, $y(0)=1$, $y'(0)=0$ 의 해를 $0 \le t \le 1$ 에서 계산하시오. 단, $n=10$ 로 하고, 엄밀해는 $y=e^{-t^2/2}$ 이다.

3. Euler 방법을 사용하여 $y''+5y=0$, $y(0)=1$, $y'(0)=0$ 의 해를 $0 \le t \le 1$ 에서 계산하시오. 단, $n=10$ 로 하고, 엄밀해는 $y=\cos(\sqrt{5t})$ 이다.
4. Euler 방법을 사용하여 $y''+3y+t=0$, $y(0)=0$, $y'(0)=1$ 의 해를 $0 \le t \le 1$ 에서 계산하시오.
   단, $n=10$ 로 하고, 엄밀해는 $y=1/9(-3t+4\sqrt{3}\,sin(\sqrt{3t}))$ 이다.
5. Euler 방법을 사용하여 $y''-t=0$, $y(0)=0$, $y'(0)=1$ 의 해를 $0 \le t \le 1$ 에서 계산하시오. 단, $n=10$ 로 하고, 엄밀해는 $y=t+t^3/6$ 이다.
6. 4차 Runge-Kutta 방법을 사용하여 $y''+2y'=0$, $y(0)=0$, $y'(0)=1$ 의 해를 $0 \le t \le 1$ 에서 계산하시오. 단, $n=10$ 로 하고, 엄밀해는 $y=1/2-e^{-2t}/2$ 이다.
7. 4차 Runge-Kutta 방법을 사용하여 $y''-(t^2-1)y=0$, $y(0)=1$, $y'(0)=0$ 의 해를 $0 \le t \le 1$ 에서 계산하시오. 단, $n=10$ 로 하고, 엄밀해는 $y=e^{-t^2/2}$ 이다.
8. 4차 Runge-Kutta 방법을 사용하여 $y''+5y=0$, $y(0)=1$, $y'(0)=0$의 해를 $0 \le t \le 1$ 에서 계산하시오. 단, $n=10$ 로 하고, 엄밀해는 $y=\cos(\sqrt{5t})$ 이다.
9. 4차 Runge-Kutta 방법을 사용하여 $y''+3y+t=0$, $y(0)=0$, $y'(0)=1$ 의 해를 $0 \le t \le 1$ 에서 계산하시오.
   단, $n=10$ 로 하고, 엄밀해는 $1/9(-3t+4\sqrt{3}\,sin(\sqrt{3t})$ 이다.
10. 4차 Runge-Kutta 방법을 사용하여 $y''-t=0$, $y(0)=0$, $y(0)=1$ 의 해를 $0 \le t \le 1$ 에서 계산하시오. 단, $n=10$ 로 하고, 엄밀해는 $y=t+t^3/6$ 이다.

44장

모듈화 프로그래밍의 응용 II

44.1 모듈화 프로그래밍

앞에서 방정식의 근을 구하는 경우를 예로 들어 두 개의 다른 알고리즘을 비교하는 방법을 상세하게 설명한 바 있다. 이번에도 같은 형식으로 미분방정식의 해를 구하기 위하여 두 개의 다른 알고리즘을 사용하여 비교하는 과정을 설명하기로 한다. 본서에서는 대부분의 알고리즘을 모듈 형식으로 프로그램화 하였으므로 Python 프로그래밍을 배우며 활용하는 데 도움이 될 것이라고 생각한다.

44.2 모듈화 프로그래밍의 응용 II: 코딩

다음의 미분방정식의 해를 구하기 위한 두 개의 다른 알고리즘의 성능을 비교하고 할 때를 상정하여 설명하기로 한다.

$$y' = -y + ty, \qquad y(0) = 1 \qquad 0 \le t \le 4 \tag{44.1}$$

이를 위해서 하나는 2차 Runge-Kutta 방법을 그리고 다른 하나는 예측자-수정자 알고리즘인 Heun 방법을 채택하여 수행하기로 한다. 먼저 2차 Runge-Kutta 방법 그리고 Heun 방법에 대한 함수를 각각 복사하여 놓으면 그림 다음과 같다. Numpy 라이브러리를 설정할 때 필요한 함수를 명기하였는지 다시 한 번 확인한다. 이번 경우에는 특별한 함수를 사용하지 않았으므로 from numpy import zeros 선언으로 족하다. 만일 미분방정식에서 exp 나 cos 등의 함수가 사용되어야 할 때는 그에 맞게 추가로 표기하면 된다.

```
from numpy import zeros

def rk2(f,t0,tf,y0,n):
    h = (tf - t0)/n
    t = zeros(n+1)
    y = zeros(n+1)
    t[0] = t0
    y[0] = y0
    for i in range(n):
        K0 = h * f(t[i], y[i])
        K1 = h * f(t[i] + 3.0/4.0 * h, y[i] + 3.0/4.0 * K0)
        y[i+1] = y[i] + 1.0/3.0 * (K0 + 2.0 * K1)
        t[i+1] = t[i] + h
    return t,y

def heun(f,t0,tf,y0,n):
    h = (tf - t0)/n
    t = zeros(n+1)
    y = zeros(n+1)
    t[0] = t0
    y[0] = y0
    for i in range(n):
        yp = y[i] + h * f(t[i],y[i])
        t[i+1] = t[i] + h
        y[i+1] = y[i] + h/2.0 * (f(t[i],y[i]) + f(t[i+1],yp))
    return t,y
```

프로그램에서는 t0, tf, y0 등의 초기조건을 추가하였으며 구간의 개수는 n=10 으로 하였다. 한편, 엄밀해 $y_{ex} = \exp((t-2)t/2.0)$ 와의 비교를 수행하기 위해서 함수 exact(t) 를 추가하였다. 또한 미분방정식의 기울기에 해당하는 부분은 f(t,y) 에서 구현하였다.

```
from numpy import zeros,exp

def rk2(f,t0,tf,y0,n):
    h = (tf - t0)/n; t = zeros(n+1); y = zeros(n+1)
    t[0] = t0; y[0] = y0
    for i in range(n):
        K0 = h * f(t[i], y[i])
        K1 = h * f(t[i] + 3.0/4.0 * h, y[i] + 3.0/4.0 * K0)
        y[i+1] = y[i] + 1.0/3.0 * (K0 + 2.0 * K1)
        t[i+1] = t[i] + h
    return t,y

def heun(f,t0,tf,y0,n):
    h = (tf - t0)/n; t = zeros(n+1); y = zeros(n+1)
    t[0] = t0; y[0] = y0
    for i in range(n):
        yp = y[i] + h * f(t[i],y[i])
        t[i+1] = t[i] + h
        y[i+1] = y[i] + h/2.0 * (f(t[i],y[i]) + f(t[i+1],yp))
    return t,y

def exact(t): return exp((t - 2.0) * t/2.0)
def f(t,y): return  - y + t * y

t0 = 0; tf = 4.0; y0 = 1.0; n = 10

t, yrk2 = rk2(f,t0,tf,y0,n)
t, yhe = heun(f,t0,tf,y0,n)
ext = exact(t)

print('%7s %7s %8s %9s' % ('t', 'yrk2', 'yhe', 'exact'))
for i in range(n+1):
    print('%8.4f %8.4f %8.4f %8.4f' % (t[i],yrk2[i],yhe[i],ext[i]))
```

프로그램에서는 2차 Runge-Kutta 방법, Heun 방법 그리고 해석적 방법에 의한 결과를 비교하는 것이 되었으며 실행 결과는 다음과 같다.

```
t        yrk2     yhe      exact
0.0000   1.0000   1.0000   1.0000
0.1000   0.9096   0.9095   0.9094
0.2000   0.8357   0.8355   0.8353
0.3000   0.7754   0.7751   0.7749
0.4000   0.7267   0.7264   0.7261
0.5000   0.6879   0.6875   0.6873
0.6000   0.6577   0.6573   0.6570
0.7000   0.6351   0.6347   0.6344
0.8000   0.6194   0.6190   0.6188
0.9000   0.6102   0.6098   0.6096
1.0000   0.6072   0.6067   0.6065
```

계산 결과를 그림으로 나타내고 싶을 때는 먼저 Matplotlib 라이브러리를 import matplotlib.pyplot as plt 로 하여 추가한다. 또한 plot 관련 명령에서 3개의 그림에 대한 정보를 plt.plot(t,yrk2,'o',label ='RK2'), plt.plot(t,yhe,'--',label ='Heun'), plt.plot(t,exact,label ='Exact') 등과 같이하여 추가한다.

```
%matplotlib inline
from numpy import zeros,exp

def rk2(f,t0,tf,y0,n):
    h = (tf - t0)/n; t = zeros(n+1); y = zeros(n+1)
    t[0] = t0; y[0] = y0
    for i in range(n):
        K0 = h * f(t[i], y[i])
        K1 = h * f(t[i] + 3.0/4.0 * h, y[i] + 3.0/4.0 * K0)
        y[i+1] = y[i] + 1.0/3.0 * (K0 + 2.0 * K1)
        t[i+1] = t[i] + h
    return t,y
```

```
def heun(f,t0,tf,y0,n):
    h = (tf - t0)/n; t = zeros(n+1); y = zeros(n+1)
    t[0] = t0; y[0] = y0
    for i in range(n):
        yp = y[i] + h * f(t[i],y[i])
        t[i+1] = t[i] + h
        y[i+1] = y[i] + h/2.0 * (f(t[i],y[i]) + f(t[i+1],yp))
    return t,y

def exact(t): return exp((t - 2.0) * t/2.0)
def f(t,y): return  - y + t * y

t0 = 0; tf = 4.0; y0 = 1.0; n = 10

t, yrk2 = rk2(f,t0,tf,y0,n)
t, yhe = heun(f,t0,tf,y0,n)
ext = exact(t)

print('%7s %7s %8s %9s' % ('t', 'yrk2', 'yhe', 'exact'))
for i in range(n+1):
    print('%8.4f %8.4f %8.4f %8.4f' % (t[i],yrk2[i],yhe[i],ext[i]))

plt.plot(t,yrk2,'o-',label='RK2')
plt.plot(t,yhe,'^-',label='Heun')
plt.plot(t,ext,label='Exact')
plt.xlabel('t')
plt.ylabel('y')
plt.legend()
plt.show()
```

다음은 프로그램을 수행한 결과를 보여주고 있다. 이와 같이 본서에서 제공된 모듈화된 프로그램을 사용하여 다양한 알고리즘의 비교를 통해서 각 알고리즘의 특징, 수렴 성향, 정밀도 등을 확인할 수 있다.

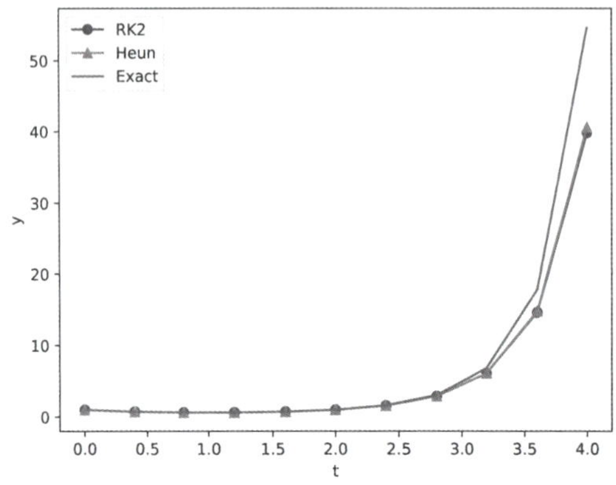

그림 44.1 RK2 방법, Heun 방법과 해석적 방법에 의한 미분방정식 근에 대한 결과 비교

부록

Appendices

과제 해답

2장 해답

1. 해답: exact 1.3499

n	exp
1	1.0000
2	1.3000
3	1.3450
4	1.3495
5	1.3498
6	1.3499

3. 해답: exact 0.7648

n	cos(x)
1	1.0000
2	0.7550
3	0.7650
4	0.7648

5. 해답: 수렴

```
0   0.8613
1   1.0004
2   0.6127
3   0.3513
4   0.1319
```

4장 해답

1. 해답

```
a = range(0,21,3)
print(list(a))
```

3. 해답

```
for i in range(1,11):
print(i)
```

5장 해답

1. 해답: a + b = [0 3 6], a − b = [2 1 0]

```
from numpy import array

a = array([1,2,3])
b = array([-1,1,3])
print("a + b =", a+b)
print("a - b =", a-b)
```

3. 해답: a dot b = 10

```
from numpy import array,dot

a = array([1,2,3])
b = array([-1,1,3])
print("a dot b = ", a.dot(b))
```

5. 해답: A dot B = [[4 30 8] [13 84 14] [21 80 2]]

```
from numpy import array,dot

A = array([[3,2,1],[4,9,6],[2,8,9]])
B = array([[1,6,2],[-1,4,2],[3,4,-2]])
print("A dot B = ", A.dot(B))
```

7. 해답: a = [1 -99   3 100   5   6   7   8]

```
from numpy import array

a = array([1,2,3,4,5,6,7,8])
a[1] = -99
a[3] = 100
print("a =",a)
```

9. 해답: A[1,2] = 6

```
from numpy import array

A = array([[3,2,1],[4,9,6],[2,8,9]])
print("A[1,2] = ", A[1,2])
```

11. 해답: a[1:4] = [2 3 4]

```
from numpy import array

a = array([1,2,3,4,5,6,7,8])
print("a[1:4] = ", a[1:4])
```

6장 해답

1. 해답

```
from numpy import linspace,pi,sin,cos
import matplotlib.pyplot as plt
%matplotlib inline

x = linspace(0.0,2*pi,40)
y = sin(x) + cos(x)
plt.plot(x,y)
plt.show()
```

3. 해답

```
from numpy import linspace,sqrt
import matplotlib.pyplot as plt
%matplotlib inline
x = linspace(0.0,3.0,40)
y = x/sqrt(1 + x**2)
plt.plot(x,y)
plt.show()
```

5. 해답

```
from numpy import linspace,pi,sin
import matplotlib.pyplot as plt
%matplotlib inline

x = linspace(0.0,2.0*pi,40)
y1 = sin(x)
y2 = sin(2*x)
plt.plot(x,y1,label = 'sin(x)')
plt.plot(x,y2,label = 'sin(2x)')
plt.legend()
plt.show()
```

7. 해답

```
from numpy import array
import matplotlib.pyplot as plt
%matplotlib inline

x = array([1,2,3,4,5])
y = array([-3,5,-7,-5,-3])
plt.plot(x,y)
plt.show()
```

8장 해답

1. 해답

```
k      c
1    2.5000
2    1.2500
```

3	0.6250
4	0.3125
5	0.4688
6	0.5469
7	0.5859
8	0.6055
9	0.6152
10	0.6104
11	0.6079
12	0.6067
13	0.6073
14	0.6070
15	0.6071

3. 해답

k	c
1	-2.7500
2	-1.6250
3	-1.0625
4	-0.7812
5	-0.9219
6	-0.8516
7	-0.8867
8	-0.8691
9	-0.8779
10	-0.8735
11	-0.8757
12	-0.8768
13	-0.8763
14	-0.8766
15	-0.8767

5. 해답

k	c
1	-1.0000
2	-1.5000
3	-1.2500
4	-1.1250
5	-1.1875
6	-1.1562
7	-1.1406
8	-1.1484
9	-1.1445
10	-1.1465
11	-1.1475
12	-1.1470
13	-1.1472
14	-1.1473
15	-1.1473

7. 해답

k	c
1	3.0000
2	2.0000
3	1.5000
4	1.2500
5	1.1250
6	1.0625
7	1.0312
8	1.0156
9	1.0078
10	1.0039
11	1.0020

12	1.0010
13	1.0005
14	1.0002
15	1.0001

9. 해답

k	c
1	2.5000
2	1.2500
3	1.8750
4	2.1875
5	2.0312
6	1.9531
7	1.9922
8	2.0117
9	2.0020
10	1.9971
11	1.9995
12	2.0007
13	2.0001
14	1.9998
15	2.0000

9장 해답

1. 해답

k	x
1	1.0000
2	0.5134
3	0.6237

4	0.6039
5	0.6077
6	0.6070
7	0.6071

10장 해답

1. 해답

k	x
1	0.0000
2	0.6667
3	0.6075
4	0.6071
5	0.6071
6	0.6071
7	0.6071

3. 해답

k	x
1	-1.0000
2	-0.8914
3	-0.8770
4	-0.8767
5	-0.8767
6	-0.8767
7	-0.8767

5. 해답

k	x
1	0.0000
2	-2.0000
3	-1.4849
4	-1.2206
5	-1.1514
6	-1.1472
7	-1.1472

7. 해답

k	x
1	0.0000
2	1.0000
3	0.6154
4	0.5038
5	0.4838
6	0.4815
7	0.4812

9. 해답

k	x
1	1.0000
2	1.5000
3	1.4167
4	1.4142
5	1.4142
6	1.4142
7	1.4142

11장 해답

1. 해답

k	x
1	0.0000
2	0.8333
3	0.5567
4	0.6201
5	0.6039
6	0.6079
7	0.6069
8	0.6072
9	0.6071
10	0.6071

3. 해답

k	x
1	-1.0000
2	-0.8642
3	-0.8801
4	-0.8759
5	-0.8769
6	-0.8767
7	-0.8767

5. 해답

k	x
1	0.0000
2	-2.5000

3	-1.5972
4	-1.1860
5	-1.1390
6	-1.1494
7	-1.1467

7. 해답

k	x
1	0.0000
2	1.2500
3	0.5593
4	0.4758
5	0.4819
6	0.4811
7	0.4812

9. 해답

k	x
1	1.0000
2	1.6250
3	1.3786
4	1.4237
5	1.4119
6	1.4148
7	1.4141

12장 해답

1. 해답

```
x1 =  [0.       6.9318 5.1989 5.6321 5.5238 5.5509 5.5441]
x2 =  [ 0.       -4.7727 -3.5795 -3.8778 -3.8033 -3.8219 -3.8172]
```

3. 해답

```
x1 =  [0.       1.875   0.8512 0.8162 0.8246
0.8225 0.823   0.8228 0.8229 0.8229]
x2 =  [-1.       -2.875   -1.8512 -1.8162
-1.8246 -1.8225 -1.823   -1.8228 -1.8229
 -1.8229]
```

13장 해답

1. 해답

```
k       x
1     0.6363
2     0.6028
3     0.6071
4     0.6071
5     0.6071
```

3. 해답

```
k       x
1    -0.5394
2    -1.8376
```

3	-0.6491
4	-0.7330
5	-0.9485
6	-0.8628
7	-0.8756
8	-0.8767
9	-0.8767
10	-0.8767

5. 해답

k	x
1	-0.4954
2	-1.8115
3	-0.8409
4	-1.0105
5	-1.1855
6	-1.1429
7	-1.1471

7. 해답

k	x
1	0.0870
2	0.1630
3	0.6759
4	0.4258
5	0.4730
6	0.4816
7	0.4812

9. 해답

```
k       x
1     0.5000
2     0.8889
3     1.7600
4     1.3456
5     1.4066
6     1.4144
7     1.4142
```

17장 해답

1. 해답

```
det(A) =    24.0000
det(A1) =    23.0000
det(A2) =    86.0000
det(A3) =    91.0000
x1 =    0.9583
x2 =    3.5833
x3 =    3.7917
```

3. 해답

```
det(A) =    26.0000
det(A1) =    26.0000
det(A2) =    52.0000
det(A3) =   104.0000
x1 =    1.0000
```

```
x2 =    2.0000
x3 =    4.0000
```

5. 해답

```
det(A) =   225.0000
det(A1) =  -90.0000
det(A2) =  215.0000
det(A3) =   -5.0000
x1 =  -0.4000
x2 =   0.9556
x3 =  -0.0222
```

7. 해답

```
det(A) =   277.0000
det(A1) =  113.0000
det(A2) =   -8.0000
det(A3) =   56.0000
x1 =   0.4079
x2 =  -0.0289
x3 =   0.2022
```

18장 해답

1. 해답

```
A =  [[ 5.          -1.          1.        ]
 [ 0.          2.8         -0.8        ]
 [ 0.          0.           1.71428571]]
b =  [5.  7.  6.5]
x1 =   0.9583
```

```
x2 =   3.5833
x3 =   3.7917
```

3. 해답

```
A =  [[ 2.   -1.    1. ]
 [ 0.    5.   -3. ]
 [ 0.    0.    2.6]]
b =  [ 4.   -2.   10.4]
x1 =   1.0000
x2 =   2.0000
x3 =   4.0000
```

5. 해답

```
A =  [[-5.0000000e+00 -1.0000000e+00  2.0000000e+00]
 [ 0.0000000e+00  6.0000000e-01  7.8000000e+00]
 [ 0.0000000e+00 -8.8817842e-16 -7.5000000e+01]]
b =  [1.          0.4         1.66666667]
x1 =  -0.4000
x2 =   0.9556
x3 =  -0.0222
```

7. 해답

```
A =  [[7.          2.          1.         ]
 [0.          7.42857143 6.71428571]
 [0.          0.          5.32692308]]
b =  [3.          1.14285714 1.07692308]
x1 =   0.4079
x2 =  -0.0289
x3 =   0.2022
```

19장 해답

1. 해답

```
L =  [[ 2.2361   0.        0.      ]
 [-0.4472   1.6733   0.      ]
 [ 0.       -0.5976   1.2817]]
y =  [2.2361 4.1833 5.0712]
x1 =    1.7826
x2 =    3.9130
x3 =    3.9565
```

3. 해답

```
L =  [[ 1.4142   0.        0.      ]
 [-0.7071   1.5811   0.      ]
 [ 0.7071  -0.3162   1.1832]]
y =  [ 2.8284   5.0596  12.3393]
x1 =  -0.5714
x2 =    5.2857
x3 =   10.4286
```

5. 해답

```
L =  [[ 2.2361   0.        0.      ]
 [-0.4472   2.6077   0.      ]
 [ 0.4472   1.2271   2.0722]]
y =  [0.4472 0.4602 2.0438]
x1 =  -0.0548
x2 =  -0.2877
x3 =    0.9863
```

7. 해답

```
L =  [[2.2361 0.      0.     ]
 [0.8944 2.49    0.     ]
 [0.4472 0.6426 2.896 ]]
y =  [3.1305 0.0803 1.2253]
x1 =   1.3462
x2 =  -0.0769
x3 =   0.4231
```

20장 해답

1. 해답

```
L =  [[ 2.2361  0.      0.     ]
 [-0.4472  1.6733  0.     ]
 [ 0.     -0.5976  1.2817]]
y =  [2.2361 4.1833 5.0712]
x1 =   1.7826
x2 =   3.9130
x3 =   3.9565
```

3. 해답

```
L =  [[ 1.4142  0.      0.     ]
 [-0.7071  1.5811  0.     ]
 [ 0.7071 -0.3162  1.1832]]
y =  [ 2.8284  5.0596 12.3393]
x1 =  -0.5714
x2 =   5.2857
x3 =  10.4286
```

5. 해답

```
L =  [[ 2.2361   0.        0.      ]
 [-0.4472   2.6077   0.      ]
 [ 0.4472   1.2271   2.0722]]
y =  [0.4472 0.4602 2.0438]
x1 =  -0.0548
x2 =  -0.2877
x3 =   0.9863
```

7. 해답

```
L =  [[2.2361 0.       0.      ]
 [0.8944 2.49    0.      ]
 [0.4472 0.6426 2.896 ]]
y =  [3.1305 0.0803 1.2253]
x1 =   1.3462
x2 =  -0.0769
x3 =   0.4231
```

21장 해답

1. 해답

```
k      x1         x2          x3
0   0.00000   0.00000   0.00000
1   1.00000   2.33333   3.16667
2   1.46667   3.54444   3.77222
3   1.70889   3.82704   3.91352
4   1.76541   3.89298   3.94649
5   1.77860   3.90836   3.95418
6   1.78167   3.91195   3.95598
```

7	1.78239	3.91279	3.95639
8	1.78256	3.91298	3.95649
9	1.78260	3.91303	3.95651

3. 해답

k	x1	x2	x3
0	0.00000	0.00000	0.00000
1	2.00000	2.66667	7.83333
2	-0.58333	4.41667	10.00000
3	-0.79167	5.06944	10.43056
4	-0.68056	5.25000	10.46528
5	-0.60764	5.28588	10.44676
6	-0.58044	5.28877	10.43461
7	-0.57292	5.28723	10.43007
8	-0.57142	5.28622	10.42882
9	-0.57130	5.28584	10.42857

5. 해답

k	x1	x2	x3
0	0.00000	0.00000	0.00000
1	0.20000	0.17143	0.71429
2	0.09143	-0.15020	0.89320
3	-0.00868	-0.24118	0.95537
4	-0.03931	-0.27220	0.97599
5	-0.04964	-0.28251	0.98286
6	-0.05308	-0.28595	0.98516
7	-0.05422	-0.28710	0.98592
8	-0.05460	-0.28748	0.98617
9	-0.05473	-0.28761	0.98626

7. 해답

k	x1	x2	x3
0	0.00000	0.00000	0.00000
1	1.40000	0.02857	0.39365
2	1.30984	-0.00190	0.41044
3	1.31867	-0.00683	0.41055
4	1.32062	-0.00740	0.41046
5	1.32087	-0.00746	0.41045
6	1.32089	-0.00746	0.41045
7	1.32090	-0.00746	0.41045
8	1.32090	-0.00746	0.41045
9	1.32090	-0.00746	0.41045

23장 해답

1. 해답

k	x1	x2	x3
0	0.00000	0.00000	0.00000
1	1.25000	3.02083	4.38802
2	1.69271	4.27843	4.07701
3	1.89643	3.91933	3.93033
4	1.75572	3.88936	3.94827
5	1.78341	3.91586	3.96035
6	1.78311	3.91414	3.95625
7	1.78276	3.91272	3.95639
8	1.78249	3.91302	3.95654
9	1.78263	3.91307	3.95653

3. 해답

k	x1	x2	x3
0	0.00000	0.00000	0.00000
1	2.50000	3.54167	10.02604
2	-2.17773	4.88471	11.28252
3	-0.95420	5.58229	10.63967
4	-0.42232	5.36166	10.33007
5	-0.49968	5.25558	10.38952
6	-0.58379	5.27182	10.43738
7	-0.58252	5.28823	10.43488
8	-0.57102	5.28788	10.42810
9	-0.56988	5.28562	10.42766

5. 해답

k	x1	x2	x3
0	0.00000	0.00000	0.00000
1	0.25000	0.22321	0.85007
2	0.03078	-0.32713	1.02719
3	-0.09628	-0.30712	0.99688
4	-0.05193	-0.28796	0.98324
5	-0.05482	-0.28596	0.98600
6	-0.05429	-0.28785	0.98638
7	-0.05499	-0.28770	0.98634
8	-0.05476	-0.28768	0.98629
9	-0.05480	-0.28766	0.98630

7. 해답

k	x1	x2	x3
0	0.00000	0.00000	0.00000
1	1.75000	-0.08929	0.47619
2	1.23810	0.03082	0.39488
3	1.32634	-0.01620	0.41601
4	1.32251	-0.00685	0.40866
5	1.32063	-0.00720	0.41086
6	1.32073	-0.00754	0.41039
7	1.32099	-0.00747	0.41045
8	1.32087	-0.00745	0.41045
9	1.32090	-0.00747	0.41045

25장 해답

1. 해답

```
a =    0.0500
b =    2.1900
y =    0.0500 x +    2.1900
```

3. 해답

```
a =    0.1233
b =    3.5278
y =    0.1233 x +    3.5278
```

26장 해답

1. 해답

```
a =  -0.5643
b =   3.4357
b =  -1.7600
y =  -0.5643 x^2 +   3.4357 x +  -1.7600
```

3. 해답

```
a =  -0.6236
b =   3.3197
b =   1.0530
y =  -0.6236 x^2 +   3.3197 x +   1.0530
```

27장 해답

1. 해답

```
A =    0.0007 B =    0.7050
a =    0.0007 b =    2.0238
y =    2.0238 exp(   0.0007 x)
```

3. 해답

```
A =  -0.1436 B =    1.4068
a =  -0.1436 b =    4.0827
y =    4.0827 exp( -0.1436 x)
```

28장 해답

1. 해답

```
f(x) =   2.9000 +   0.4000 (x -   0.0000)
f(x) =   3.3000 +   1.9000 (x -   1.0000)
f(x) =   5.2000 +  -0.9000 (x -   2.0000)
f(x) =   4.3000 +   1.8000 (x -   3.0000)
```

3. 해답

```
f(x) =   3.1000 +  -0.9000 (x -   1.0000)
f(x) =   2.2000 +   4.1000 (x -   2.0000)
f(x) =   6.3000 +  -1.1000 (x -   3.0000)
f(x) =   5.2000 +  -4.5000 (x -   4.0000)
```

5. 해답

```
f(x) =   1.1000 +   2.1000 (x -   1.0000)
f(x) =   3.2000 +  -0.7000 (x -   2.0000)
f(x) =   2.5000 +   1.4000 (x -   3.0000)
f(x) =   3.9000 +  -2.9000 (x -   4.0000)
f(x) =   1.0000 +   4.1000 (x -   5.0000)
f(x) =   5.1000 +  -0.4000 (x -   6.0000)
f(x) =   4.7000 +  -1.1000 (x -   7.0000)
f(x) =   3.6000 +  -1.5000 (x -   8.0000)
```

29장 해답

1. 해답

f(x)=2.9000 + 0.4000 (x - 0.0000) + 0.7500 (x - 0.0000)(x - 1.0000)
f(x)=5.2000 + -0.9000 (x - 2.0000) + 1.3500 (x - 2.0000)(x - 3.0000)

3. 해답

f(x)=3.1000 + -0.9000 (x - 1.0000) + 2.5000 (x - 1.0000)(x - 2.0000)
f(x)=6.3000 + -1.1000 (x - 3.0000) + -1.7000 (x - 3.0000)(x - 4.0000)

5. 해답

f(x)= 1.1000 + 2.1000 (x - 1.0000) + -1.4000 (x - 1.0000)(x - 2.0000)
f(x)= 2.5000 + 1.4000 (x - 3.0000) + -2.1500 (x - 3.0000)(x - 4.0000)
f(x)= 3.9000 + -2.9000 (x - 4.0000) + 3.5000 (x - 4.0000)(x - 5.0000)
f(x)= 1.0000 + 4.1000 (x - 5.0000) + -2.2500 (x - 5.0000)(x - 6.0000)

31장 해답

1. 해답

T = 0.2052

3 해답

T = 0.6941

5 해답

T = 0.4522

7 해답

T = 0.5282

9. 답

T = 0.6593

32장 해답

1. 해답

T = 0.2000

3. 해답

T = 0.6932

5. 해답

T = 0.8255

7. 해답

T = 0.5279

9. 해답

T = 0.6593

33장 해답

1. 해답

T = 10.6500

3. 해답

T = 11.8333

5. 해답

T = 20.0000

34장 해답

1. 해답

Gauss Quadrature = 0.4000

3. 해답

Gauss Quadrature = 0.6931

5. 해답

```
Gauss Quadrature =   0.6203
```

7. 해답

```
Gauss Quadrature =   1.9334
```

9. 해답

```
Gauss Quadrature =   1.8922
```

35장 해답

1. 해답

```
forward diff =   2.4000
backward_diff =   1.7000
central diff =   2.0500
```

3. 해답

```
forward diff =  -2.3000
backward_diff =  -5.8000
central diff =  -2.3000
```

5 해답

```
2nd diff =  -0.2500
```

36장 해답

1. 해답

t	y	y_exact
0.0000	1.0000	1.0000
0.1000	0.9000	0.9097
0.2000	0.8200	0.8375
0.3000	0.7580	0.7816
0.4000	0.7122	0.7406
0.5000	0.6810	0.7131
0.6000	0.6629	0.6976
0.7000	0.6566	0.6932
0.8000	0.6609	0.6987
0.9000	0.6748	0.7131
1.0000	0.6974	0.7358

3. 해답

t	y	y_exact
0.0000	1.0000	1.0000
0.0500	1.0500	1.0526
0.1000	1.1051	1.1111
0.1500	1.1662	1.1765
0.2000	1.2342	1.2500
0.2500	1.3104	1.3333
0.3000	1.3962	1.4286
0.3500	1.4937	1.5385
0.4000	1.6052	1.6667
0.4500	1.7341	1.8182
0.5000	1.8844	2.0000

5. 해답

t	y	y_exact
0.0000	1.0000	1.0000
0.1000	0.5000	0.6087
0.2000	0.2525	0.3718
0.3000	0.1275	0.2271
0.4000	0.0643	0.1386
0.5000	0.0323	0.0845
0.6000	0.0162	0.0514
0.7000	0.0081	0.0313
0.8000	0.0041	0.0190
0.9000	0.0020	0.0115
1.0000	0.0010	0.0070

7. 해답

t	y	y_exact
0.0000	1.0000	1.0000
0.1000	0.9900	0.9900
0.2000	0.9801	0.9802
0.3000	0.9703	0.9704
0.4000	0.9606	0.9608
0.5000	0.9510	0.9512
0.6000	0.9415	0.9418
0.7000	0.9321	0.9324
0.8000	0.9227	0.9231
0.9000	0.9135	0.9139
1.0000	0.9044	0.9048

9. 해답

t	y	y_exact
0.0000	1.0000	1.0000
0.1000	1.0010	1.0010
0.2000	1.0020	1.0020
0.3000	1.0030	1.0030
0.4000	1.0040	1.0040
0.5000	1.0050	1.0050
0.6000	1.0060	1.0060
0.7000	1.0070	1.0070
0.8000	1.0080	1.0080
0.9000	1.0090	1.0090
1.0000	1.0100	1.0101

37장 해답

1. 해답

t	y	y_exact
0.0000	1.0000	1.0000
0.1000	0.9100	0.9097
0.2000	0.8381	0.8375
0.3000	0.7824	0.7816
0.4000	0.7416	0.7406
0.5000	0.7142	0.7131
0.6000	0.6988	0.6976
0.7000	0.6944	0.6932
0.8000	0.7000	0.6987
0.9000	0.7145	0.7131
1.0000	0.7371	0.7358

3 해답

t	y	y_exact
0.0000	1.0000	1.0000
0.0500	1.0525	1.0526
0.1000	1.1109	1.1111
0.1500	1.1761	1.1765
0.2000	1.2494	1.2500
0.2500	1.3325	1.3333
0.3000	1.4273	1.4286
0.3500	1.5366	1.5385
0.4000	1.6640	1.6667
0.4500	1.8144	1.8182
0.5000	1.9944	2.0000

5. 해답

t	y	y_exact
0.0000	1.0000	1.0000
0.1000	0.6270	0.6087
0.2000	0.3940	0.3718
0.3000	0.2476	0.2271
0.4000	0.1555	0.1386
0.5000	0.0976	0.0845
0.6000	0.0612	0.0514
0.7000	0.0383	0.0313
0.8000	0.0240	0.0190
0.9000	0.0150	0.0115
1.0000	0.0094	0.0070

7. 해답

t	y	y_exact
0.0000	1.0000	1.0000
0.1000	0.9900	0.9900
0.2000	0.9802	0.9802
0.3000	0.9704	0.9704
0.4000	0.9608	0.9608
0.5000	0.9512	0.9512
0.6000	0.9418	0.9418
0.7000	0.9324	0.9324
0.8000	0.9231	0.9231
0.9000	0.9139	0.9139
1.0000	0.9048	0.9048

9. 해답

t	y	y_exact
0.0000	1.0000	1.0000
0.1000	1.0010	1.0010
0.2000	1.0020	1.0020
0.3000	1.0030	1.0030
0.4000	1.0040	1.0040
0.5000	1.0050	1.0050
0.6000	1.0060	1.0060
0.7000	1.0070	1.0070
0.8000	1.0080	1.0080
0.9000	1.0090	1.0090
1.0000	1.0101	1.0101

38장 해답

1. 해답

t	y
0.0000	1.0000
0.1000	0.9097
0.2000	0.8375
0.3000	0.7816
0.4000	0.7406
0.5000	0.7131
0.6000	0.6976
0.7000	0.6932
0.8000	0.6987
0.9000	0.7131
1.0000	0.7358

3. 해답

t	y
0.0000	1.0000
0.0500	1.0526
0.1000	1.1111
0.1500	1.1765
0.2000	1.2500
0.2500	1.3333
0.3000	1.4286
0.3500	1.5385
0.4000	1.6667
0.4500	1.8182
0.5000	2.0000

5 해답

t	y
0.0000	1.0000
0.1000	0.6090
0.2000	0.3721
0.3000	0.2274
0.4000	0.1388
0.5000	0.0846
0.6000	0.0515
0.7000	0.0314
0.8000	0.0191
0.9000	0.0116
1.0000	0.0070

7. 해답

t	y
0.0000	1.0000
0.1000	0.9900
0.2000	0.9802
0.3000	0.9704
0.4000	0.9608
0.5000	0.9512
0.6000	0.9418
0.7000	0.9324
0.8000	0.9231
0.9000	0.9139
1.0000	0.9048

9. 해답

t	y
0.0000	1.0000
0.1000	1.0010
0.2000	1.0020
0.3000	1.0030
0.4000	1.0040
0.5000	1.0050
0.6000	1.0060
0.7000	1.0070
0.8000	1.0080
0.9000	1.0090
1.0000	1.0101

39장 해답

1. 해답

t	y
0.0000	1.0000
0.1000	0.9100
0.2000	0.8381
0.3000	0.7824
0.4000	0.7416
0.5000	0.7142
0.6000	0.6988
0.7000	0.6944
0.8000	0.7000
0.9000	0.7145
1.0000	0.7371

3. 해답

t	y
0.0000	1.0000
0.0500	1.0526
0.1000	1.1109
0.1500	1.1762
0.2000	1.2495
0.2500	1.3326
0.3000	1.4275
0.3500	1.5370
0.4000	1.6645
0.4500	1.8151
0.5000	1.9954

5. 해답

t	y
0.0000	1.0000
0.1000	0.6262
0.2000	0.3934
0.3000	0.2472
0.4000	0.1553
0.5000	0.0975
0.6000	0.0611
0.7000	0.0383
0.8000	0.0240
0.9000	0.0150
1.0000	0.0094

7. 해답

t	y
0.0000	1.0000
0.1000	0.9900
0.2000	0.9802
0.3000	0.9704
0.4000	0.9608
0.5000	0.9512
0.6000	0.9418
0.7000	0.9324
0.8000	0.9231
0.9000	0.9139
1.0000	0.9048

9. 해답

t	y
0.0000	1.0000
0.1000	1.0010
0.2000	1.0020
0.3000	1.0030
0.4000	1.0040
0.5000	1.0050
0.6000	1.0060
0.7000	1.0070
0.8000	1.0080
0.9000	1.0090
1.0000	1.0101

40장 해답

1. 해답

t	y
0.0000	1.0000
0.1000	0.9097
0.2000	0.8375
0.3000	0.7816
0.4000	0.7406
0.5000	0.7131
0.6000	0.6976
0.7000	0.6932
0.8000	0.6987
0.9000	0.7131
1.0000	0.7358

3. 해답

t	y
0.0000	1.0000
0.0500	1.0526
0.1000	1.1111
0.1500	1.1765
0.2000	1.2500
0.2500	1.3333
0.3000	1.4286
0.3500	1.5385
0.4000	1.6667
0.4500	1.8182
0.5000	2.0000

5. 해답

t	y
0.0000	1.0000
0.1000	0.6090
0.2000	0.3721
0.3000	0.2274
0.4000	0.1374
0.5000	0.0831
0.6000	0.0503
0.7000	0.0304
0.8000	0.0183
0.9000	0.0111
1.0000	0.0067

7. 해답

t	y
0.0000	1.0000
0.1000	0.9900
0.2000	0.9802
0.3000	0.9704
0.4000	0.9608
0.5000	0.9512
0.6000	0.9418
0.7000	0.9324
0.8000	0.9231
0.9000	0.9139
1.0000	0.9048

9. 해답

t	y
0.0000	1.0000
0.1000	1.0010
0.2000	1.0020
0.3000	1.0030
0.4000	1.0040
0.5000	1.0050
0.6000	1.0060
0.7000	1.0070
0.8000	1.0080
0.9000	1.0090
1.0000	1.0101

41장 해답

1. 해답

t	y
0.0000	1.0000
0.1000	0.9000
0.2000	0.8300
0.3000	0.7755
0.4000	0.7357
0.5000	0.7091
0.6000	0.6945
0.7000	0.6908
0.8000	0.6969
0.9000	0.7119
1.0000	0.7350

3. 해답

t	y
0.0000	1.0000
0.0500	1.0500
0.1000	1.1077
0.1500	1.1721
0.2000	1.2445
0.2500	1.3263
0.3000	1.4195
0.3500	1.5267
0.4000	1.6511
0.4500	1.7973
0.5000	1.9715

5. 해답

t	y
0.0000	1.0000
0.1000	0.5000
0.2000	0.3787
0.3000	0.2227
0.4000	0.1512
0.5000	0.0941
0.6000	0.0615
0.7000	0.0390
0.8000	0.0252
0.9000	0.0161
1.0000	0.0103

7. 해답

t	y
0.0000	1.0000
0.1000	0.9900
0.2000	0.9801
0.3000	0.9704
0.4000	0.9607
0.5000	0.9512
0.6000	0.9417
0.7000	0.9323
0.8000	0.9231
0.9000	0.9139
1.0000	0.9048

9. 해답

t	y
0.0000	1.0000
0.1000	1.0010
0.2000	1.0020
0.3000	1.0030
0.4000	1.0040
0.5000	1.0050
0.6000	1.0060
0.7000	1.0070
0.8000	1.0080
0.9000	1.0090
1.0000	1.0100

42장 해답

1. 해답

t	y	v
0.0	0.0000	1.0000
0.1	0.1000	1.0000
0.2	0.1990	0.9890
0.3	0.2961	0.9673
0.4	0.3905	0.9354
0.5	0.4813	0.8936
0.6	0.5677	0.8424
0.7	0.6487	0.7825
0.8	0.7236	0.7143
0.9	0.7917	0.6385
1.0	0.8521	0.5559

3. 해답

t	y	v
0.0000	0.0000	1.0000
0.1000	0.0998	0.9950
0.2000	0.1987	0.9801
0.3000	0.2955	0.9553
0.4000	0.3894	0.9211
0.5000	0.4794	0.8776
0.6000	0.5646	0.8253
0.7000	0.6442	0.7648
0.8000	0.7174	0.6967
0.9000	0.7833	0.6216
1.0000	0.8415	0.5403

43장 해답

1. 해답

t	y	v
0.0000	0.0000	1.0000
0.1000	0.1000	0.8000
0.2000	0.1800	0.6400
0.3000	0.2440	0.5120
0.4000	0.2952	0.4096
0.5000	0.3362	0.3277
0.6000	0.3689	0.2621
0.7000	0.3951	0.2097
0.8000	0.4161	0.1678
0.9000	0.4329	0.1342
1.0000	0.4463	0.1074

3. 해답

t	y	v
0.0000	1.0000	0.0000
0.1000	1.0000	-0.5000
0.2000	0.9500	-1.0000
0.3000	0.8500	-1.4750
0.4000	0.7025	-1.9000
0.5000	0.5125	-2.2513
0.6000	0.2874	-2.5075
0.7000	0.0366	-2.6512
0.8000	-0.2285	-2.6695
0.9000	-0.4954	-2.5553
1.0000	-0.7510	-2.3075

5. 해답

t	y	v
0.0000	0.0000	1.0000
0.1000	0.1000	1.0000
0.2000	0.2000	1.0100
0.3000	0.3010	1.0300
0.4000	0.4040	1.0600
0.5000	0.5100	1.1000
0.6000	0.6200	1.1500
0.7000	0.7350	1.2100
0.8000	0.8560	1.2800
0.9000	0.9840	1.3600
1.0000	1.1200	1.4500

7. 해답

t	y	v
0.0000	1.0000	0.0000
0.1000	0.9950	-0.0995
0.2000	0.9802	-0.1960
0.3000	0.9560	-0.2868
0.4000	0.9231	-0.3692
0.5000	0.8825	-0.4412
0.6000	0.8353	-0.5012
0.7000	0.7827	-0.5479
0.8000	0.7261	-0.5809
0.9000	0.6670	-0.6003
1.0000	0.6065	-0.6065

9. 해답

t	y	v
0.0000	0.0000	1.0000
0.1000	0.0993	0.9800
0.2000	0.1947	0.9208
0.3000	0.2822	0.8240
0.4000	0.3583	0.6926
0.5000	0.4197	0.5305
0.6000	0.4636	0.3425
0.7000	0.4876	0.1343
0.8000	0.4900	-0.0879
0.9000	0.4697	-0.3174
1.0000	0.4265	-0.5474

참고문헌

1. Greenspan et al., Numerical Analysis for Applied Mathematics, Science, and Engineering, Addison-Wesley
2. W. H. Press et al., Numerical Recipes in C, Cambridge University Press
3. B. M. Ayyub et al., Numerical Methods for Engineers, Prentice Hall
4. S. S. Rao, Applied Numerical Methods for Engineers and Scientists, Prentice Hall
5. S. C. Chapra, Applied Numerical Methods with MATLAB, McGraw-Hill
6. W. Cheney et al., Numerical Mathematics and Computing, Thomson
7. A. Kharab et al., An Introduction to Numerical Methods, CRC press
8. J. D. Faires et al., Numerical Methods, Thomson
9. B. Carnahan et al., Applied Numerical Methods, John Wiely
10. W.T. Vetterling et al., Numerical Recipes, Cambridge

찾아보기

1차 상미분 방정식, 323
2단계 Adams–Bashforth–Moulton 방법
    코딩, 365
2차 Runge–Kutta 방법
    코딩, 335
    해설, 333
4단계 Adams–Bashforth–Moulton 방법
    해설 및 코딩, 366
4차 Runge–Kutta 방법, 340
    코딩, 343
    해설, 340

Adams–Bashforth 2단계 공식, 355
Adams–Bashforth 방법, 355
    코딩, 358
    해설, 355
Adams–Bashforth–Moulton 2단계 방법, 364
Adams–Bashforth–Moulton 4단계 공식: 해설, 366
Adams–Bashforth–Moulton 방법, 363
    해설, 363
arange, 62

backward difference formula, 311

Bisection methods, 92

central differnce scheme, 311
Cholesky 분해법, 170
    코딩, 174
    해설, 170
Cramer 방법, 145
    코딩, 147
    해설, 145

Euler 방법, 322, 324
    코딩, 325
    해설, 323

Fixed point methods, 98
for, 52
forward differnce scheme, 310
functions, 55

Gauss 소거법
    일반화, 155
    코딩, 158
    해설, 153
Gauss 적분
    코딩, 306

Gauss 적분법, 303
해설, 303
Gauss-Seidel 방법, 189
코딩, 192
해설, 189

Heun 방법, 347
코딩, 349
해설, 347

if (조건문), 50
interpolation, 250

Jacobi 방법, 178
알고리즘, 180
코딩, 183
해설, 178
Jupyter notebook, 43

Lagrange 보간법, 270
linspace, 62
lists, 47
LU 분해법, 165
선형연립방정식의 해법, 167
해설, 165

Matplotlib, 77

Newton 다항식 보간법, 259
코딩, 264
해설, 259
Newton-Raphson 방법, 103
코딩, 105
해설, 103
Newton의 다항식 보간법
데이터, 261
함수, 266
Numpy, 58
Numpy 행렬, 60

ones, 64

pivoting, 161, 200

Ralston 방법, 333
range, 52
Relaxation Methods, 109
Runge-Kutta 방법, 332
해설, 332

Secant methods, 123
Simpson 수치적분
코딩, 297
Simpson 적분공식, 287
해설, 287
SOR, 203
SOR 방법
코딩, 205

해설, 203

zeros, 64

간격척도, 215
경곗값 문제, 322
계산, 348
고정점 방법, 98
코딩, 100
해설, 98
고차미분방정식, 382
4차 Runge-Kutta 방법: 해설, 386
Euler 방법: 코딩, 384
RK4 방법: 코딩, 389
고차미분방정식: 해설, 382
공학용 계산기, 46
근의 존재 여부, 87
근의 존재구간, 84

내적, 66

다단계 방법, 354
다항식 회귀법, 235
단 단계 방법, 354
대각우세, 200
데이터
그리기, 80
수치적분, 295
데이터에 대한 사다리꼴 수치적분, 295
데이터에 대한 Simpson 수치적분, 295
등 간격이 아닌 데이터에 대한 수치적분
코딩, 298
들여쓰기, 54

리스트, 47

명목척도, 215
모델링 오차, 30
모듈화 프로그래밍, 133

반복, 52
반복법, 144
반올림 오차, 30, 31
방정식의 근 구하기, 84
벡터, 60
벡터화 기법, 73
보간법, 226, 250
분산, 218
비대각우세, 200
비선형 연립방정식, 116
코딩, 119
해설, 116
비선형 회귀법, 241

사다리꼴 수치적분
코딩, 295
사다리꼴 적분공식, 278
해설, 277

상대 오차, 35
상미분방정식, 322
서열척도, 215
산점도, 220
선그림, 220
선형보간법, 251
  데이터, 252
  함수, 255
  해설, 251
선형연립방정식, 142
  개요, 142
  반복법, 144
  직접법, 144
  해법, 144
수정, 348
수치미분, 310
수치적분, 276

아래삼각행렬, 165
연립미분방정식, 373
  Euler 방법, 373
  Euler 방법 코딩, 375
  RK4 방법, 376
  RK4 방법 코딩, 378
  RK4 방법 해설, 376
연립미분방정식: 해설, 373
연산기호, 49
예측, 348
예측자-수정자 방법, 347
오차, 35
완화법, 109
  코딩, 112
  해설, 109
윗삼각행렬, 153
이분법, 92
  코딩, 93

전방대치법, 173
전방차분 공식, 311
절단 오차, 32
조건, 50
조합 Simpson 적분공식, 289
  코딩, 290
  해설, 289
조합 사다리꼴 적분공식
  코딩, 282
  해설, 279
조회, 69
중간값 정리, 85
중앙값, 218
중앙차분 공식, 311
직접법, 144

척도, 214
초기값 문제, 322
최소자승법, 227
추출, 69

평균, 217
평균값 정리, 86
표준편차, 218
피보팅, 161

할선법, 123
    코딩, 125
    해설, 123
함수, 55
    그리는 법, 77
행렬, 60
    덧셈과 뺄셈, 64
회귀법, 226
후방대치법, 153
후방차분 공식, 311
히스토그램, 220

저자소개

최덕기 단국대학교 공과대학 교수

〈저서〉

- 탄성론 입문, 학산미디어
- 이공학도를 위한 수치해석 : Python으로 코딩하기
- 이공계를 위한 글쓰기와 발표하기, 대가
- 텐서를 사용한 연속체 역학 입문, 인터비전
- 텐서해석개론, 범한서적
- 공학도를 위한 텐서방정식의 이해, 범한서적
- 핵심연속체역학, 영 출판사
- 연속체역학, 영 출판사
- 재료의 거동과 파손 (공저), 진샘출판사

〈역서〉

- 이공학도를 위한 수치해석 (공역), 학산미디어
- 재료역학 (공역), 영 출판사

이공학도를 위한 수치해석:
Python으로 코딩하기 제2판

초 판 발행일 _ 2017년 9월 5일
제2판 발행일 _ 2019년 5월 20일
저자 _ 최덕기
발행인 _ 문정임
발행처 _ 학산미디어
기획 _ 이덕선
주소 _ 서울특별시 노원구 동일로245가길 41
전화 _ 02-935-0670 / 010-3223-7340
팩스 _ 02-932-0670
이메일 _ sorgento2000@hanmail.net
등록번호 _ 제 25100-2011-000001호
편집/표지 _ 강정자
ISBN 979-11-85294-27-8 93410
정가 _ 30,000원

* 본 도서의 무단복제를 금하며 파본은 교환해 드립니다.

이 도서의 국립중앙도서관 출판예정도서목록(CIP)은
서지정보유통지원시스템 홈페이지(http://seoji.nl.go.kr)와
국가자료종합목록시스템(http://www.nl.go.kr/kolisnet)에서
이용하실 수 있습니다. (CIP제어번호 : CIP2019017031)